"十三五"职业教育国家规划教材

1+X 职业技能等级证书培训考核配套教材

数控设备维护与维修（中级）

北京机床研究所有限公司
北京发那科机电有限公司　组编

主　编　周　兰　赵小宣

副主编　祝战科　庄晓龙　陈　佶　吴振杰

参　编　许文娟　李思达　季维军　俞鸿斌
　　　　刘高进

主　审　朱　强

U0255910

机械工业出版社

北京机床研究所有限公司作为职业教育培训评价组织，与北京发那科机电有限公司共同组织行业企业专家、职业院校教师编写了本书。本书是1+X 数控设备维护与维修职业技能等级证书（中级）培训考核配套用书。

本书遵循专业设置与产业需求对接、课程内容与职业标准对接、教学过程与生产过程对接的要求编写。本书通过针对 1+X 数控设备维护与维修职业技能等级证书（中级）标准进行解构、提取技能要求中蕴含的知识点、技能点及素养点，并引入企业生产中维护与维修的案例，融入新技术、新工艺、新规范，以配置 FANUC 0i-F Plus 的数控机床作为技能实训载体，设计 8 个项目，36 个教学任务；每个教学任务都基于工作过程，分别从任务描述、任务学习、任务实施问题探究等方面，进行知识讲解和实操技能强化训练。

本书围绕我国机床百年史、机床强国等题材，开发了"筚路蓝缕，中国百年机床""大国重器，中国智造"课程思政专题和八个主题，放在配套资源中，旨在增强学生道路自信、理论自信、制度自信、文化自信的信念，在开启全面建设社会主义现代化国家新征程的重要历史时期，担当强国使命，成为有志有为青年。

本书可供中、高职院校及应用型本科院校相关专业开展书证融通，进行模块化教学及考核评价使用，也可供社会从业人员开展技术技能培训及考核评价使用。

图书在版编目（CIP）数据

数控设备维护与维修. 中级/周兰，赵小宣主编. —北京：机械工业出版社，2020.8（2022.1 重印）

1+X 职业技能等级证书培训考核配套教材

ISBN 978-7-111-66301-0

Ⅰ. ①数… Ⅱ. ①周… ②赵… Ⅲ. ①数控机床-维修-职业技能-鉴定-教材 Ⅳ. ①TG659.027

中国版本图书馆 CIP 数据核字（2020）第 144922 号

机械工业出版社（北京市百万庄大街 22 号 邮政编码 100037）
策划编辑：王英杰 责任编辑：王英杰 杨作良
责任校对：刘雅娜 封面设计：鞠 杨
责任印制：郜 敏
北京富资园科技发展有限公司印刷
2022 年 1 月第 1 版第 3 次印刷
184mm×260mm · 20 印张 · 491 千字
3801—5800 册
标准书号：ISBN 978-7-111-66301-0
定价：59.80 元

电话服务	网络服务
客服电话：010-88361066	机 工 官 网：www.cmpbook.com
010-88379833	机 工 官 博：weibo.com/cmp1952
010-68326294	金 书 网：www.golden-book.com
封底无防伪标均为盗版	机工教育服务网：www.cmpedu.com

关于"十三五"职业教育国家规划教材的出版说明

2019年10月,教育部职业教育与成人教育司颁布了《关于组织开展"十三五"职业教育国家规划教材建设工作的通知》(教职成司函〔2019〕94号),正式启动"十三五"职业教育国家规划教材遴选、建设工作。我社按照通知要求,积极认真组织相关申报工作,对照申报原则和条件,组织专门力量对教材的思想性、科学性、适宜性进行全面审核把关,遴选了一批突出职业教育特色、反映新技术发展、满足行业需求的教材进行申报。经单位申报、形式审查、专家评审、面向社会公示等严格程序,2020年12月教育部办公厅正式公布了"十三五"职业教育国家规划教材(以下简称"十三五"国规教材)书目,同时要求各教材编写单位、主编和出版单位要注重吸收产业升级和行业发展的新知识、新技术、新工艺、新方法,对入选的"十三五"国规教材内容进行每年动态更新完善,并不断丰富相应数字化教学资源,提供优质服务。

经过严格的遴选程序,机械工业出版社共有227种教材获评为"十三五"国规教材。按照教育部相关要求,机械工业出版社将坚持以习近平新时代中国特色社会主义思想为指导,积极贯彻党中央、国务院关于加强和改进新形势下大中小学教材建设的意见,严格落实《国家职业教育改革实施方案》《职业院校教材管理办法》的具体要求,秉承机械工业出版社传播工业技术、工匠技能、工业文化的使命担当,配备业务水平过硬的编审力量,加强与编写团队的沟通,持续加强"十三五"国规教材的建设工作,扎实推进习近平新时代中国特色社会主义思想进课程教材,全面落实立德树人根本任务。同时突显职业教育类型特征,遵循技术技能人才成长规律和学生身心发展规律,落实根据行业发展和教学需求及时对教材内容进行更新的要求;充分发挥信息技术的作用,不断丰富完善数字化教学资源,不断提升教材质量,确保优质教材进课堂;通过线上线下多种方式组织教师培训,为广大专业教师提供教材及教学资源的使用方法培训及交流平台。

教材建设需要各方面的共同努力,也欢迎相关使用院校的师生反馈教材使用意见和建议,我们将组织力量进行认真研究,在后续重印及再版时吸收改进,联系电话:010-88379375,联系邮箱:cmpgaozhi@ sina. com。

机械工业出版社

前言
FOREWORD

为落实 2019 年国务院印发的《国家职业教育改革实施方案》（即职教 20 条），把学历证书与职业技能等级证书结合起来，探索实施 1+X 证书制度，教育部等四部门联合印发了《关于在院校实施"学历证书+若干职业技能等级证书"制度试点方案》，部署启动"学历证书+若干职业技能等级证书"（即 1+X 证书）制度试点工作。

北京机床研究所有限公司是数控设备维护与维修职业技能等级证书及标准的建设主体，主要职责包括标准开发、教材和学习资源开发，并协助试点院校实施证书培训。基于 1+X 证书制度试点工作的要求，北京机床研究所有限公司组织行业技术专家、职业院校骨干教师共同开发了相关课程的教材及教学资源。

编写本书的目的是希望学习者通过教材及教学资源的学习，能获得以下技术技能：能对数控设备外围电路进行检查与维修；能对数控装置、交流伺服驱动装置、主轴驱动装置等电气部件进行更换与恢复；能结合外部设备的故障，进行 PLC 逻辑故障的判断与处理；能对数控机床进行几何精度的检测，能对数控设备机械部件进行装配、更换和调整；能进行试件的切削和检验。

本书的编写遵循"项目导向、任务驱动、做学合一"的原则，依据 1+X 数控设备维护与维修职业技能等级标准（中级），围绕典型工作任务及技能要求萃取知识点、技能点及素养点，并基于数控设备维护与维修相关岗位工作实情，融入了企业真实案例。此外，按照新形态一体化教材编写要求，还开发了微课、习题、案例等多样化资源，以实现线上与线下混合式学习。

按照推进习近平新时代中国特色社会主义思想进教材进课堂进头脑要求，开发了课程思政专题和主题，讲好中国机床百年故事，颂扬中国智造伟大成果，弘扬精益求进大国工匠精神。增强学生勇于探索的创新精神，激发学生科技报国的家国情怀和使命担当。

本书既可作为职业院校开展 1+X 书证融通和模块化教学的教材，也可作为 1+X 证书考核强化培训的教材。

本书编写分工为：武汉船舶职业技术学院周兰编写项目 2 及项目 5，金华职业技术学院庄晓龙、李思达、季维军、俞鸿斌、刘高进编写项目 3，陕西工业职业技术学院祝战科编写项目 6 及项目 7，渤海船舶职业学院陈估编写项目 1 及项目 8，北京发那科机电有限公司吴振杰，赵小宣、许文娟编写项目 4。在本书的编写过程中还得到陕西法士特汽车传动集团有限责任公司张超高级技师、沈阳机床股份有限公司培训部杨天宇高级讲师、关百军高级讲师的支持，编者在此表示感谢。

由于编者水平有限，书中难免有不当之处，恳请读者予以批评指正。

编　者

目 录
CONTENTS

项目1 数控装置故障诊断与维修

项目教学导航

教学目标	1. 掌握数控装置参数的设置 2. 熟悉操作履历页面相关参数及信息显示 3. 能够排除数控装置常见故障 4. 掌握故障诊断的操作方法 5. 能够使用存储设备进行各类数据的备份与恢复
教学重点	1. 数控系统相关参数的设置与修改 2. 数控装置故障排除
思政要点	专题一　筚路蓝缕，中国百年机床（1921—2021） 主题一　中国近代机床走上历史舞台
教学方法	理实一体化教学
建议学时	14 学时
实训任务	任务 1　系统基本参数的设定 任务 2　操作履历的应用 任务 3　数控装置故障排除 任务 4　数据备份与恢复

项目引入

在学习数控设备的维护与维修时，首先应该掌握相关参数的设置与修改；在进行参数的设置与修改时需要掌握参数设定页面的使用方法。此外，还要能够进行数控装置外围设备的硬件连接与故障诊断，学会数控装置电源故障的排查；能够根据现场情况，使用存储设备进行各类数据的备份与恢复。

知识图谱

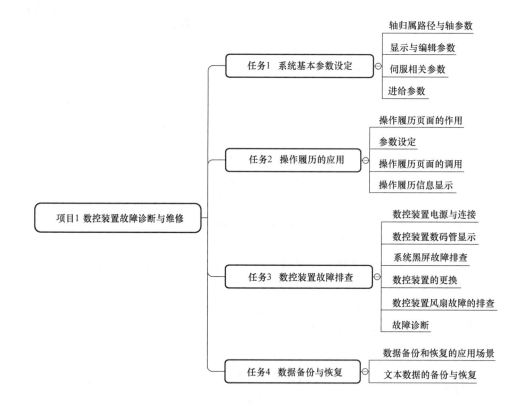

任务1　系统基本参数设定

任务描述

　　数控系统参数设定可以大致分为 3 部分，第 1 部分为 CNC 基本参数设定，这部分参数需要根据机床机械系统、编程规范、控制方式等的不同设定。第 2 部分为伺服系统参数设定，这部分主要是根据电动机的规格进行标准参数的载入，再配合机械规格参数设定。第 3 部分为主轴系统参数设定，与伺服参数设定一样，根据主轴电动机规格载入标准参数以及配合机械传动设定。本任务参数设定即针对 CNC 基本参数的设定进行讲解。

学前准备

　　1. 学习巩固参数页面的操作及参数输入方法。
　　2. 查阅资料了解数控机床的系统参数。

学习目标

　　1. 掌握轴归属路径与轴参数的设定方法。
　　2. 掌握显示编辑参数的设定方法。

3. 掌握伺服系统基础参数的设定方法。

4. 掌握进给参数的设定方法。

5. 能够对软限位轴参数进行正确的设定。

任务学习

一、轴归属路径与轴参数

1. 系统各轴归属路径参数 No.0981

在最大控制轴数范围内，各路径的控制轴在参数 No.0981 中设定。设定此参数后需要暂时切断电源，输入数据类型为字节轴型，数据范围为 1~最大路径数，设定为 0 时，视为属于第 1 路径。

参数	0981	各轴归属路径号

例：总控制轴数为 6，两个路径各控制 3 个轴的设定，设定方法见表 1-1-1。

表 1-1-1 轴归属路径参数设定

轴编号	路径	轴	参数 0981 设定值
1		1	1
2	1	2	1
3		3	1
4		1	2
5	2	2	2
6		3	2

2. 主轴归属路径参数 No.0982

此参数设定各主轴属于哪个路径。设定此参数后需要暂时切断电源，输入数据类型为字节轴型，数据范围为 1~最大路径数，设定为 0 时，视为属于第 1 路径。

参数	0982	各主轴的归属路径号

例：2 条路径控制下，对第 1 路径分配 1 个主轴，对第 2 路径分配 1 个主轴的情形见表 1-1-2。

表 1-1-2 主轴归属路径参数设定

参数 0982 设定值	适用
1	第 1 路径,第 1 主轴
2	第 2 路径,第 1 主轴

3. 控制轴数

参数	0987	控制轴数

设定范围为 1~最大控制轴数。

设定参数值为 0 时，铣床（M）系列将控制轴数默认为 3；车床（T）系列将控制轴数默认为 2。

4. 控制主轴数

| 参数 | 0988 | 控制主轴数 |

设定范围为 1~最大控制主轴数。

设定参数值为 0 时，将控制主轴数默认为 1。

要将控制主轴数设定为 0，则本参数设定为-1。

5. 轴属性参数的认知

（1）各轴设定单位参数 No. 1013　该参数为位轴型参数，参数设定后需切断电源。

| 参数 | 1013 | #7 | #6 | #5 | #4 | #3 | #2 | #1 ISCx | #0 ISAx |

设定值为 0 时，不使用；设定值为 1 时使用。默认为 IS-B 单位（0.001mm）。详细设定方法见表 1-1-3。

表 1-1-3　轴设定单位设定

设定单位	#1 ISC	#0 ISA
IS-A	0	1
IS-B	0	0
IS-C	1	0

（2）轴名称参数 1020　参数数据输入为字节轴型，数据输入范围为 65~67，85~90。

轴名称（第 1 轴名称，参数 No. 1020）可以从 A、B、C，U、V、W，X、Y、Z 中任意选择。（车床系统中 G 代码体系 A 的情形下不可使用 U、V、W）

| 参数 | 1020 | 各轴的轴名称 |

X 轴为 88　　U 轴为 85　　A 轴为 65

Y 轴为 89　　V 轴为 86　　B 轴为 66

Z 轴为 90　　W 轴为 87　　C 轴为 67

数控机床的坐标系采用笛卡儿坐标系，如图 1-1-1 所示。

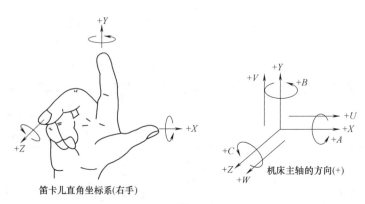

图 1-1-1　机床坐标系

（3）轴名称扩展参数　当 EEA（No. 1000#0）= 1 即扩展轴名称有效时，则可通过设定第 2 轴名称（参数 No. 1025），第 3 轴名称（参数 No. 1026），将轴名称最多扩展为 3 个字符。

参数	1000		#7	#6	#5	#4	#3	#2	#1	#0
				OTS						EEA

扩展轴名功能：#0：EEA0，不使用扩展轴名功能。1，使用扩展轴名功能。

参数	1025	各轴的第 2 程序轴名称
参数	1026	各轴的第 3 程序轴名称

各轴的第 2 程序轴名称与第 3 程序轴名称，详见表 1-1-4 。

表 1-1-4　各轴的第 2 或第 3 轴名称与参数值的关系

轴名称	参数值	轴名称	参数值	轴名称	参数值	轴名称	参数值	轴名称	参数值	轴名称	参数值
0	48	6	54	C	67	I	73	O	79	U	85
1	49	7	55	D	68	J	74	P	80	V	86
2	50	8	56	E	69	K	75	Q	81	W	87
3	51	9	57	F	70	L	76	R	82	X	88
4	52	A	65	G	71	M	77	S	83	Y	89
5	53	B	66	H	72	N	78	T	84	Z	90

如果未设定第 2 轴名称，则第 3 轴名称无效。

（4）轴属性参数 No. 1022　设定各轴为基本坐标系的哪一个轴或其平行轴。参数输入为字节轴型输入，输入范围 0~7，见表 1-1-5。

参数	1022	设定各轴为基本坐标系的哪根轴

G17 为 Xp-Yp 平面，G18 为 Zp-Xp 平面，G19 为 Yp-Zp 平面。

表 1-1-5　轴属性设定

设定值	含义
0	旋转轴（即非基本轴，也非平行轴）
1	基本 3 轴的 X 轴
2	基本 3 轴的 Y 轴
3	基本 3 轴的 Z 轴
5	X 轴的平行轴
6	Y 轴的平行轴
7	Z 轴的平行轴

设定错误时，圆弧插补、刀具长度/刀具直径补偿、刀尖圆弧补偿不能正确进行。

通常，进行钻孔的轴设定为 Z 轴，回转轴和周边轴设定为 0。

（5）回转轴参数 No. 1006

参数	1006		#7	#6	#5	#4	#3	#2	#1	#0
										ROT

把任一轴当作回转轴使用时，设定该参数。

#0 位参数 ROT 为 0 时，表示直线轴；为 1 时，表示旋转轴。

（6）参数 No. 1008

参数	1008	#7	#6	#5	#4	#3	#2	#1	#0
							RRL		ROA

#0 位参数 ROA 为 0 时，表示绝对坐标旋转轴循环显示功能无效；为 1 时，表示绝对坐标旋转轴循环显示。

#2 位参数 RRL 为 0 时，表示相对坐标不按每转移动量循环显示；为 1 时，表示相对坐标按每转移动量循环显示。

（7）参数 No.1260

参数	1260	旋转轴转动一周的移动量

在设定中，1 转的移动量设为 360°时，当旋转轴旋转到 359.999°时，接着同一方向旋转会回到 0°。

（8）参数 1023

参数	1023	各轴的伺服轴号

通过此参数设定每个控制轴与第几号伺服轴对应。

二、显示与编辑参数

（1）参数 No.3105　数据类型为位路径型，可以设置是否显示实际速度、是否将 PLC 控制轴的移动添加至实际速度显示、是否显示主轴转速。

参数	3105	#7	#6	#5	#4	#3	#2	#1	#0
							DPS		DPF

#0 位参数 DPF 表示是否显示实际速度；为 0 时，表示不予显示；为 1 时，表示予以显示。
#2 位参数 DPS 表示是否显示实际主轴转速，0 表示不显示，1 表示显示。

（2）参数 No.3108　数据类型为位路径型。

参数	3108	#7	#6	#5	#4	#3	#2	#1	#0
		JSP	SLM						

#6 位参数 SLM 表示在当前位置显示页面上，显示主轴速度 S 时，是否显示主轴负载表。为 0 时表示，表示不显示，为 1 时，表示显示。

#7 位参数 JSP 表示是否在当前位置显示页面和程序检查页面上显示 JOG 进给速度或者空运行速度，为 0 时，表示不显示，为 1 时，表示显示。

手动运行方式时，显示第 1 轴的 JOG 进给速度，自动运行方式时，显示空运行速度。两者都显示应用了手动进给速度倍率的速度。

（3）参数 No.3111　为设定输入，输入类型为位路径型。设置伺服页面、伺服电动机的显示，主轴页面的调整等。

参数	3111	#7	#6	#5	#4	#3	#2	#1	#0
		NPA	OPS					SPS	SVS

#0 位参数 SVS 表示是否显示伺服设定页面的软键，为 0 时，表示不显示，为 1 时，表示显示。
#1 位参数 SPS 表示是否显示主轴设定页面，为 0 时，表示不显示，为 1 时，表示显示。
#6 位参数 OPS 表示操作监视页面的速度表上的速度显示，为 0 时，表示显示出主轴电

动机速度，为 1 时，表示显示出主轴速度。

#7 位参数 NPA 表示是否在报警发生时以及操作信息输入时切换到报警/信息页面，为 0 时，表示切换，为 1 时，表示不切换。

三、伺服相关参数

（1）参数 No.1815　在更换新的编码器后，需要重新设置回零点等参数。增量方式的编码器伺服电动机，机床每次上电都要进行回零的操作；绝对方式的编码器伺服电动机，机床首次调好零点后，不再需要机床每次上电都进行回零的操作。

	#7	#6	#5	#4	#3	#2	#1	#0
参数　1815			APC				OPT	

#1 位参数 OPT 是否使用分离型位置检测器，为 0 时，表示不使用，为 1 时表示使用。

首先，应使用电动机内置的脉冲编码器，确认电动机运行正常，然后安装分离型位置检测器并进行正确设定。

#5 位参数 APC 表示位置检测器类型，为 0 时，表示绝对位置检测器以外的检测器，为 1 时表示绝对式位置检测器（绝对脉冲编码器）。

设定该参数后，"要求回原点"的报警灯亮。此时请正确执行返回参考点的操作。

（2）参数 No.1825　设置每个轴的伺服环增益。

参数　1825	每个轴的伺服环增益（0.01s）

1）设定伺服响应，标准值设定为 3000。

2）设定的值越大，伺服的响应越快，但过大时会导致伺服系统不稳定。

3）进行插补（2 轴以上控制，移动指定的路径）的轴，所有轴应设定相同的值。

4）定位专用轴和刀库，托盘等其他驱动轴，可设定不同的值。

5）伺服环增益 3000 时，伺服时间常数为 33ms。

$$伺服时间常数 = \frac{1}{伺服环增益} = \frac{1}{30}s \approx 0.033s$$

（3）参数 No.1826　设置每个轴的到位宽度。

参数　1826	每个轴的到位宽度

位置偏差量（诊断号 300 号的值）的绝对值小于该设定值时，认作定位已结束。因为位置偏差量与进给速度成正比，所以到位状态可以认为是设定的速度下的状态。当增大该设定值时，轴就可能会在没有完全停止时进入下面的动作区，如图 1-1-2 所示。

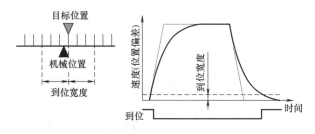

图 1-1-2　到位宽度

（4）参数 No.1828 设置每个轴移动中的位置偏差极限。

| 参数 | 1828 | 每个轴移动中的位置偏差极限 |

给出移动指令后，如位置偏差量超出设定值就发出 SV0411 号报警。为了使在一定的超程内报警灯不亮，用检测单位求出快速进给时的位置偏差量应留有约 20% 的余量。

$$设定值 = \frac{快速移动速度}{60} \times \frac{1}{伺服环增益} \times \frac{1}{检测单位} \times 1.2$$

（5）参数 No.1829 设置每个轴停止时的位置偏差极限。

| 参数 | 1829 | 每个轴停止时的位置偏差极限 |

在没有给出移动指令时，位置偏差量超出该设定值时出现 SV0410 报警。

四、进给参数

进给参数与快速进给、倍率信号的关系见表 1-1-6。

表 1-1-6 进给参数

快速进给	基准速度	倍率信号
0	参数 1423	手动进给倍率（JV） （0~655.34%）
1	参数 1420,1424	快速进给倍率（ROV） （100%,50%,25%,F0）

（1）参数 No.1423 每个轴手动连续进给（JOG 进给）时的进给速度（mm/min）。

| 参数 | 1423 | 每个轴手动连续进给时的进给速度 |

该数设定的为手动进给速度的基准速度，需要与倍率信号 *JV 进行相乘，得出的速度为实际手动进给速度。

（2）参数 No.1420 每个轴的快速移动时的速度（mm/min）。

| 参数 | 1420 | 每个轴的快速移动时的速度 |

（3）参数 No.1421 每个轴的快速移动倍率的 F0 速度（mm/min）。

| 参数 | 1421 | 每个轴的快速移动倍率的 F0 速度 |

此参数为每个轴设定快速移动倍率的 F0 速度

快速移动速度受参数设定的最大值、进给电动机的最高转速、机械性能等因素的限制。在自动运行方式下，程序指令 G00 以及固定循环的定位等，均以此速度移动。

（4）参数 No.1424 每个轴的手动快速移动时的速度（mm/min）。

| 参数 | 1424 | 每个轴的手动快速移动时的速度 |

设定值为 0 时，使用 1420 参数的设定值。

（5）参数 No.1410 空运行速度（mm/min）。

| 参数 | 1410 | 空运行速度 |

此参数设定 JOG 进给速度指定度盘的 100% 的位置的空运行速度。数据单位取决于参考轴的设定单位。将本参数设定为 0 时，系统发出报警（PS5009）"进给速度为 0（空运行）"。

（6）参数 No.1430　每个轴的最大切削进给速度（mm/min）。

参数	1430	每个轴的最大切削进给速度

任务实施

立式加工中心配备 FANUC 0i-MF 数控系统后，为实现加工零件的种类或复杂度的增加，需要加装第4轴转台。已知电动机和旋转轴（转台）之间的减速比为90∶1，检测单位为1°/1000，需要进行相关第4轴系统基本参数设定。设定过程中观察参数设定带来的显示变化，并进行模拟运行检验参数设定是否正确，配合程序运行和监控信息体现。

步骤1　伺服参数设定（0i-F追加第4轴）：修改伺服控制的轴数，见表1-1-7。断电重启，系统显示4轴，如图1-1-3所示。

表 1-1-7　控制轴数设定

设定项	参数号	设定值
控制轴数	No.0987	4

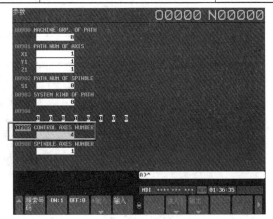

图 1-1-3　控制轴数设定

步骤2　完成第4轴系统基本参数设定。具体需要设定的参数及设定值见表1-1-8，请按照表1-1-8完成第4轴系统基本参数的设定，设定完成后断电重启。

表 1-1-8　基本参数设定

设定项	参数号	设定值	备注
设定轴归属路径	No.0981	1	
设定轴名称	No.1020	65	各轴的轴名称 A:65
设定轴属性	No.1022	0	各轴属性的设定 0:既不是基本轴,也不是基本轴的平行轴 旋转轴设定为0
旋转轴转动一周的移动量	No.1260	360.0	
伺服环增益	No.1825	3000	与其他轴保持一致
将无挡块参考点设定为有效	No.1005#1	1	

（续）

设定项	参数号	设定值	备注
设定为旋转轴	No. 1006#0#1	0, 1	
将旋转轴的循环功能设为有效	No. 1008#0	1	
每个轴的到位宽度	No. 1826	200	
每个轴的移动中的位置偏差极限	No. 1828	16000	
每个轴停止时的位置偏差极限	No. 1829	150	

步骤3　设定第4轴相关的速度参数。具体设定项目、参数号及设定值见表1-1-9。速度参数设定如图1-1-4所示。

表 1-1-9　速度参数设定

设定项目	参数号	设定值
快速移动速度	No. 1420	3000
轴快移倍率 F0 速度	No. 1421	200
各轴 JOG 运行速度	No. 1423	300
各轴手动快移速度	No. 1424	3000

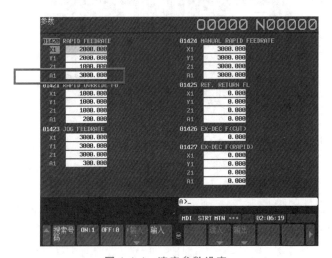

图 1-1-4　速度参数设定

步骤4　消除所有数控系统报警，进行模拟运行。模拟运行参数见表1-1-10。

表 1-1-10　模拟运行参数

设定项	参数号	设定值	备注
通电后没有执行一次参考点返回的状态下，通过自动运行指定了 G28 以外的移动指令时不报警	No. 1005#0	1	
各轴的伺服轴号	No. 1023	−128	拆下和屏蔽放大器时，对应的轴设为−128

步骤5 参数设定完成后，测试运行。运行机床检验参数设定正确，并配合程序运行和监控信息体现，如图1-1-5所示。

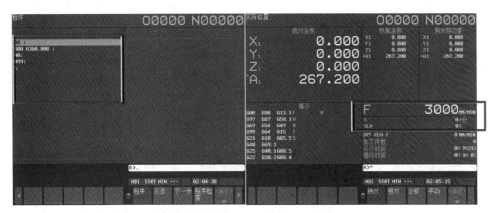

图1-1-5 测试程序与位置监控

问题探究

1. 手动速度设定如果大于G00和手动快速设定值时，执行手动100%移动速度时，其速度为多少？

2. 切削速度设定如果大于G00速度设定值时，执行切削速度100%速度时，其速度为多少？

任务2 操作履历的应用

任务描述

通过学习操作履历页面、应用、相关参数与数据显示形式，借助设置信号X8.4完成操作履历数据的输出，记录操作和信号变化，了解操作履历在维修中的应用。

学前准备

1. 查阅资料了解什么是操作履历。

2. 查阅资料了解操作履历可以应用的场合。

学习目标

1. 了解操作履历页面的显示内容。

2. 掌握操作履历的应用场合，并灵活运用。

任务学习

一、操作履历页面的作用

操作履历页面可记录操作者执行的键入操作或信号操作，发生的报警等信息，在发生故障或报警时，我们可以根据操作履历记录的信息进行有针对性的检查，尽快发现问题、解决故障。

二、参数设定

（1）参数 No.3106　在调用操作履历页面时，首先将此参数的第4位设置为1，即可以显示操作履历页面。此参数仅在参数 DPS（No.3105#2）为1时有效。

参数	3106	#7	#6	#5	#4	#3	#2	#1	#0
			DAK	SOV	OPH				OHD

#4 位参数 OPH 表示是否显示操作履历页面，为0时表示不显示，为1时表示显示。

（2）参数 No.3195　为设置是否记录按键操作履历、DI/DO 的履历以及是否显示擦除全部履历数据的软键"清除"。

参数	3195	#7	#6	#5	#4	#3	#2	#1	#0
		EKE	HDE	HKE					

（3）参数 No.3122　参数输入，字路径型，输入范围 0～1440。

参数	3122	在操作履历中记录时刻的周期

在操作履历中记录时刻的周期，也是操作履历中当前时间显示间隔，单位为分钟，默认值为0，表示间隔时间为 10min。

（4）参数 No.3112　位型参数输入。本参数只有在参数 HAL（3196#7）＝0 的情况下有效。

参数	3112	#7	#6	#5	#4	#3	#2	#1	#0
						EAH	OMH		

#2 位参数 OMH 表示是否显示外部信息操作履历页面。

0：不显示。

1：显示。

#3 位参数 EAH 表示是否在报警和操作履历中记录外部报警/宏报警的信息，为0时，表示不记录，为1时，表示记录。

（5）参数 No.3196　位型参数。希望从报警详细信息记录更多的报警履历个数时，将本参数设定为1。

参数	3196	#7	#6	#5	#4	#3	#2	#1	#0
		HAL	HOM	HOA		HMV	HPM	HWO	HTO

三、操作履历页面的调用

1）有时在判断故障时需调用操作履历。操作履历页面调用方法如下：

修改参数 No.3106#4＝1，按下 MDI 面板上的"SYSTEM"→">"→"操作履历"键，进入操作履历页面（进入操作履历页面后的操作不记录），如图 1-2-1 所示。存储最大履历条数大约为 8000，因记录内容数据大小不同而变化。

2）通过操作履历页面能够查找一些最近的按键历史，能够查看一些参数修改记录，能

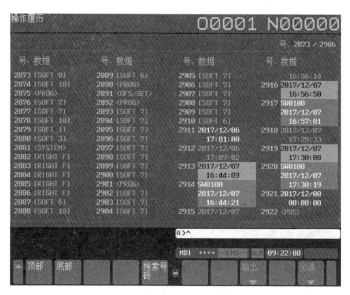

图 1-2-1 操作履历记录页面（一）

够查看刀具补偿更改记录，能够查询报警记录以及能够自定义一些信号地址。操作履历画面
所能记录显示的内容整理如下：

① MDI 键及系统软键的操作。

② 登录的输入/输出信号的变化。

③ 系统报警发生的日期和时间。

④ 电源接通和关断的时间。

⑤ 以一定时间间隔显示当前时间。

四、操作履历信息显示

1. MDI 按键的记录显示

在操作履历页面下进行 MDI 键盘检索时，MID 键盘对应履历页面的键值就是按键字符
显示，例如：在"程序"页面下键入"G01X100F100;"→"INSERT"后，对应的履历页面
显示如图 1-2-2 所示。

2. 系统软键记录显示

系统软键记录显示及各软键功能见表 1-2-1。

表 1-2-1 系统软键记录显示及各软键功能

◀ □ □ □ □ □ □ □ □ □ □ ▶ LEFT F SF1 SF2 SF3 SF4 SF5 SF6 SF7 SF8 SF9 SF10 RIGHT F	
［SOFT X］	横排软键
［LEFT F］	横排软键左翻页键
［RIGHT F］	横排软键右翻页键
＜XX＞	MDI 键盘按键

图 1-2-2　操作履历记录页面（二）

3. 输入/输出信号记录的显示

操作履历页面除了可以记录一些页面按键还有信号选择功能，可以记录机床操作面板某一个按键对应的 PLC 信号。

例如：记录 singleblock 单段功能键信号的变化，单段信号对应的是 G46.1，在页面中将G46 地址对应的第 1 位 G46.1 设成 1，再返回来按单段按键就可以在操作履历页面记录G46.1 信号的变化，如图 1-2-3、图 1-2-4 所示。

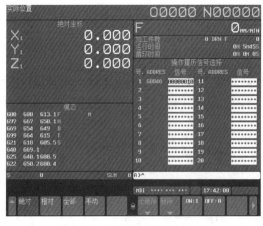

图 1-2-3　信号记录页面（一）

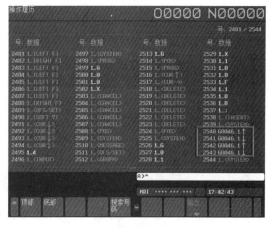

图 1-2-4　信号记录页面（二）

注：可以记录的信号为 X、Y、G、F，可以记录信号变化的时间为 8ms。

任务实施

通过操作履历记录修改刀具偏置值，以及 X8.4 信号变化。

步骤 1　写参数开关打开后，按下"SYSTEM"功能键，进入参数页面，在 MDI 方式下，设定参数 No. 3106#4 为 1，显示操作履历页面，如图 1-2-5 所示。

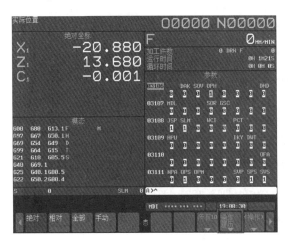

图 1-2-5　操作履历页面

步骤 2　按下"SYSTEM"功能键，按下扩展键，找到"操作履历"软键。

步骤 3　按下"SYSTEM"功能键，进入参数页面，在 MDI 方式下，设定参数 No. 3196#0 为 1（希望从报警详细信息记录更多的报警履历个数时，将本参数设定为 1），记录刀具偏置变更。

步骤 4　在参数履历页面下修改刀具偏置值，并将履历文件输出。首先按下"OFS/SET"功能键，进入刀偏页面，修改 01 号刀，如图 1-2-6 所示。

步骤 5　按下"SYSTEM"功能键，扩展键找到操作履历页面，进入后按下"操作履历"→"操作"键。插入 CF 卡，参数 20 改为 4（存储卡接口生效）。工作方式改为 EDIT，按下软键输出，如图 1-2-7 所示，输出闪烁完成。使用读卡器在计算机上查看操作履历输出数据文件，找到修改刀具偏置文字解释，如图 1-2-8 所示。

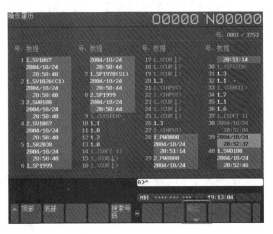

图 1-2-6　刀具偏置设定　　　　　　　　图 1-2-7　履历输出

步骤 6　下面借助操作履历页面观察信号的变化。按下"SYSTEM"功能键，扩展键找到"操作履历"软件，进入后按下"信号选择"键，输入"X8"，按下"INPUT"键。光

OPRT_HIS - 记事本

文件(F) 编辑(E) 格式(O) 查看(V) 帮助(H)

Screen Number 0114H -> 0112H at 19:12:28

MDI 01_1 19:12:30

MDI 01_0 19:12:31

MDI 01_0 19:12:31

MDI 01_. 19:12:32

MDI 01_<INPUT> 19:12:33

Tool Offset 01_XW 0001 0.010 -> 100.000 at 19:12:33

MDI 01_<SHIFT> 19:12:35

MDI 01_<SHIFT + FUNC> 19:12:51

MDI 01_<SYSTEM> 19:12:52

图 1-2-8　操作履历记录信息

标左移至把 X8 信号第 4 位，通过软键"ON：1"置为 1，如图 1-2-9 所示。

步骤 7　按下急停按钮。按下软键"操作履历"→"操作"→"底部"，就可以看到 X8.4 信号变化，如图 1-2-10 所示。

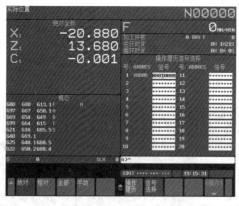

图 1-2-9　修改"X8"信号

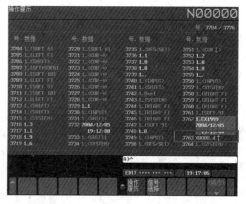

图 1-2-10　观察 X8.4 信号变化

问题探究

是否所有相关的机床操作，操作履历都可以记录？若不是，哪些相关操作不能记录？

任务 3　数控装置故障排查

任务描述

通过数控系统 24V 电源接口、硬件连接的学习，借助系统控制器黑屏故障的任务实施，了解控制器数码管的显示，掌握数控装置的更换操作方法，能够进行数控装置简单故障的排查，并掌握数控系统故障诊断的操作方法。

学前准备

1. 复习 CNC 的接口以及电池、风扇等器件的拆装方法。
2. 查阅资料了解控制器数码管的功能。
3. 查阅资料了解哪些硬件部分需要提供 24V 控制电源。

学习目标

1. 了解数控系统 24V 电源接口及硬件连接。
2. 了解控制器数码管的显示功能。
3. 掌握数控装置的更换操作方法。
4. 能够进行数控装置简单故障的排查。
5. 掌握数控系统故障诊断操作方法

任务学习

一、数控装置电源与连接

1. 24V 电源电路图

DC24V 电源连接示意图如图 1-3-1 所示。DC24V 电源必须为开关电源，规格为输出电压 24V±10%（21.6~26.4V）。电源的容量要求可以参考数控装置的熔断器（5A），当系统出现异常时，比如电源故障，请按照规格对输入电源侧进行检测。

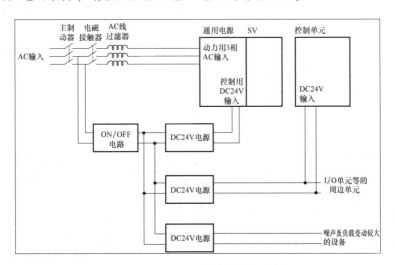

图 1-3-1 DC24V 电源连接示意图

2. 电源接口

1）系统熔断器如图 1-3-2 所示。系统熔断器为 5A。在电流异常升高到一定的高度和热度的时候，可自身熔断切断电流，保护电路安全运行。

2）如图 1-3-2 所示，CP1 接口为控制电源+24V 接口，波动范围±10%。

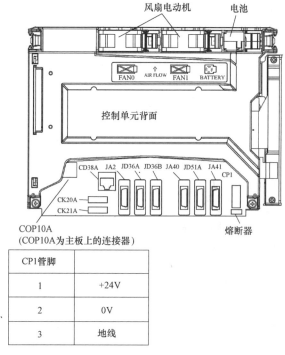

CP1管脚	
1	+24V
2	0V
3	地线

图 1-3-2　系统电源接口

二、数控装置数码管显示

数控装置启动时，可以通过控制器数码管显示的内容，查看数控装置当前的状态。如果当前出现故障，可以根据控制器数码管显示的内容分析故障原因。

在实际工作中，涉及数控装置不能正常工作的情况，一定观察控制器数码管的显示及指示灯的状态。在数控装置控制面板的背面左下角有个 7 段 LED 数码管以及指示灯，可据此进行数控装置的工作状态及故障判断，如图 1-3-3 所示。

1）报警 LED（红色）。报警 LED 状态说明见表 1-3-1。

表 1-3-1　报警 LED 状态说明

CORE ALM	ALM 1	ALM 2	ALM 3	CCPU ALM	含义
◇	□	■	□	◇	电池电压下降。可能是因为电池寿命已尽
◇	■	■	□	◇	软件检测出错误并停止系统
◇	□	□	■	◇	硬件检测出系统内故障
◇	■	□	■	◇	主板上的伺服电路中发生了报警
◇	□	■	■	◇	FROM/SRAM 模块上的 SRAM 的数据中检测到错误 可能是由于 FROM/SRAM 模块的不良、电池电压下降、主板不良等原因
◇	■	■	■	◇	电源异常。可能是噪声的影响及后面板（带电源）故障
◇	◇	◇	◇	■	可能是主板故障
■	◇	◇	◇	◇	主板上的电源存在异常时点亮

注：■：点亮　□：熄灭　◇：无关

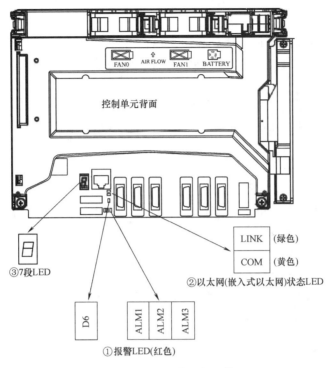

图 1-3-3　数控装置数码管

2）内置以太网状态。内置以太网 LED 状态说明见表 1-3-2。

表 1-3-2　内置以太网 LED 状态说明

LED	含义
LINK（绿色）	与 HUB 正常连接时点亮
COM（黄色）	传输数据时点亮

三、系统黑屏故障排查

黑屏故障是现场常见的故障，黑屏故障的原因有以下几种：

1）电源故障，造成系统不能上电；2）显示部分故障；3）显示板卡故障。

1. 电源故障排查步骤

1）确认数控装置数码管是否点亮，如果点亮，则可能与显示部分或显示控制板卡故障有关，如果没有点亮，则为控制器电源故障。

2）电源故障。首先测量 CP1 的 1、2 管脚是否有 24V 电压，如果没有，根据电气原理图检查 CNC 控制电源 ON/OFF 上电回路。

3）如果输入电压有且在正常范围内，检查 CNC 熔断器。

4）如果电源、熔断器都正常，则故障原因就是短路引起的，需要判断是外部短路还是本体短路。断开 CNC 系统所有的外部连线，只是 CNC 通电，如果数码管依然不亮，则为本体短路，可进行数控装置更换；如果数码管点亮，则为外部短路，可以依次接插外部连线，确认短路点。

2. 显示故障排查

1）如果数码管点亮的同时，显示器不亮，首先检查机床是否可以运行。

2）如果机床可以运行，则为显示器（灯管）故障或显示器用的电源板（内部板卡）故障。

3）如果机床不能运行，则为主板问题，需更换主板。

4）以上2）、3）判断在现场处理时，建议整体更换数控装置为好。

四、数控装置的更换

一体型控制单元、显示单元、MDI 单元以及机床操作面板有两种类型：从单元背面用 M4 螺母进行固定的类型和从单元前面用 M3 螺钉进行固定的类型。从前面进行安装的单元，4 个角的螺钉安装孔上已有螺母。

1. 数控装置拆除步骤

1）拔下数控装置所有的连接电缆。

2）将精密螺钉旋具插入 4 个角的螺钉安装孔上安装的螺母的凹陷处，拉出螺母。

3）转动螺母下的螺钉，拆下单元。

2. 数控装置的安装步骤

根据图 1-3-4 所示：

1）用螺钉固定 4 个角的螺钉安装孔，用适当的安装力矩拧紧螺钉。

2）注意使螺母的凹陷位置成为与图中所示的相同的方向，将螺母安装在螺钉安装孔上，进行按压，直到螺母的表面与单元的表面成为相同的高度。

3）正确连接所有的电缆线。

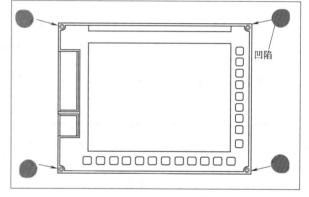

图 1-3-4　数控装置安装图

4）插入带有 SRAM 备份的存储卡，进入 BOOT 页面将 SRAM 数据恢复至新的系统，并验证机床动作正常。

五、数控装置风扇故障的排查

数控装置风扇的作用是系统散热。为保证 CNC 系统正常工作，具有数控装置风扇（包括伺服风扇）检测电路，当风扇停转时，数控装置会显示 OH701 风扇停转报警开机后系统会执行风扇检测，并出现 "FAN MOTOR 0（1）STOP SHUTDOWN" 报警，如图 1-3-5 所示，必须解决故障后才能进行正常操作。

FAN MOTOR 1 STOP SHUTDOWN

图 1-3-5　风扇报警开机检测页面

数控装置风扇有 2 个，1 大 1 小，在图 1-3-5 中系统自检页面显示的为"MOTOR1"，代表着大的风扇停转。数控装置风扇安装如图 1-3-6。

风扇故障原因排查

1）检测数控装置风扇是否停转。

2）如果停转，检查是否为机械堵转，若是则可拆下风扇进行清洁，并再次安装。

3）如果仍然不转，则可能是风扇电动机烧毁或主板或风扇适配器供电异常，可更换风扇进行判断。

4）如果出现报警时，风扇仍然在转，则可能为风扇检测或主板检测回路故障，也需要更换风扇进行判断。

拆卸风扇电动机时，握住风扇电动机的闩锁部并将其拔出。

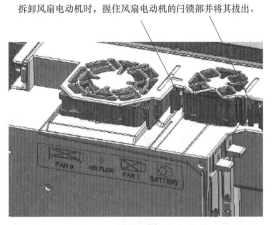

图 1-3-6 数控装置风扇安装

六、故障诊断

解决故障报警首要任务就是故障原因的分析。数控系统将实时检测出的故障报警，通过页面给出系统所分析出的原因，并通过与操作者的对话，最终聚焦到具体排除方法上。这部分的操作在系统页面上称之为"引导"。

1）当系统出现报警时，按下"MES-SAGE"→"+"→"引导"键，显示出当前报警信息以及故障原因，如图 1-3-7 所示。

2）进入该页面后，按下"操作"键，根据向导区域的内容，通过"是"或"无"，一步一步解析故障原因，并最终显示引导出的结论，如图 1-3-8 所示。

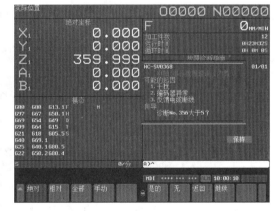

图 1-3-7 引导页面（一）

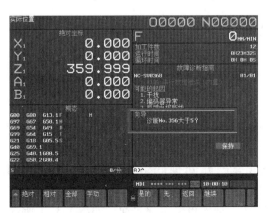

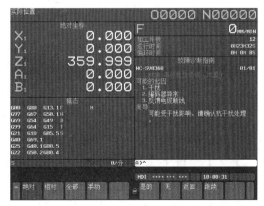

图 1-3-8 引导页面（二）

2）引导中也可以通过"返回"键，返回至引导上一步重新进行引导。

3）按下"继续"键，可以进入系统所记录的其他报警引导页面，进行故障原因分析。

任务实施

任务实施 1　数控装置电源故障排除。机床运行过程中突然出现系统控制器屏幕黑屏，将怎样排查故障原因？

步骤 1　检查黑屏是否是因为屏保原因造成故障。在屏幕保护参数（3123）为设定的时间（分钟）内屏幕保护后，按下任意键即可重新显示 CNC 页面，若非如此则确认不是屏幕保护造成的黑屏。

步骤 2　检查数控装置数码管显示不亮。

步骤 3　检查 24V 控制电源，拔下 CP1 插头测量 1、2 管脚电压，看电压正常。

步骤 4　继续检查电源熔断器，若发现熔断器烧断，则更换熔断器，问题依旧，确认故障为短路引起。

步骤 5　拔下 CNC 上除电源单元电源线外所有的连线，开机后数码管点亮。

步骤 6　依次接插电缆线，当连接 JD51A I/O Link 通信电缆时，故障出现，确认为该条通信回路故障。

步骤 7　再依次排查回路中的 I/O 模块，并检测出为模块输出回路中继电器是否短路。

图 1-3-9 所示为数控装置黑屏故障时的故障案例图。

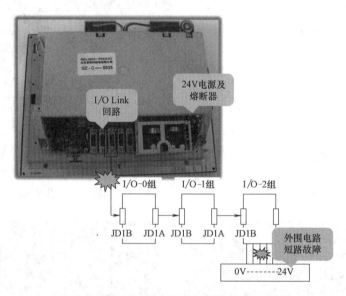

图 1-3-9　数控装置黑屏故障时的故障案例图

任务实施 2　报警故障诊断。模拟 SP9073 主轴编码器反馈报警，并根据引导页面操作，引导出故障原因的结论。

步骤 1　拔下主轴驱动器 JA2 接口的反馈线，并开机产生 SP9073 反馈报警，如图 1-3-10 所示。

步骤 2　按下"MESSAGE"→"+"→"引导"键，进入报警引导页面，如图 1-3-11 所示。

图 1-3-10 引导实施案例页面（一）

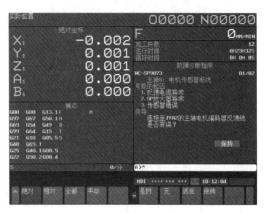

图 1-3-11 引导实施案例页面（二）

步骤3 根据引导问题"连接至 JYA2 的主轴电机反馈线是否有误"，回答"是的"（回答"无"代表连接无误），如图 1-3-12 所示。

步骤4 根据引导问题"连接至 JYA2 的通信电缆是否正确屏蔽"，回答"无"，显示分析结果，如图 1-3-13 所示。

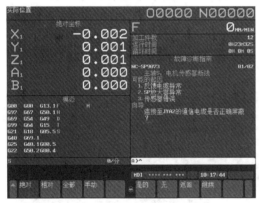

图 1-3-12 引导实施案例页面（三）

图 1-3-13 引导实施案例页面（四）

任务 4 数据备份与恢复

任务描述

通过对数据的备份与恢复的学习，能够在掌握 BOOT 页面备份的基础上，熟悉系统文本备份以及全数据备份的操作，并能够根据现场的需求灵活应用备份文件进行恢复操作。

学前准备

复习系统的数据种类以及 BOOT 页面备份、恢复操作。

学习目标

1. 能够掌握文本文件的备份与恢复。

2. 能够掌握全数据备份操作。

任务学习

一、数据备份和恢复的应用场景

1）机床操作误删程序导致的 NC 程序丢失、CNC 参数丢失、PLC 程序丢失、螺距补偿参数丢失等，需要恢复 SRAM 数据。

2）机床长时间不使用，电池没电并且没有及时更换导致的数据丢失，需要恢复 SRAM 或 FROM 数据。

3）数控系统在维修过程中出现故障更换了系统主板后，需要进行 SRAM 数据的恢复。

4）数控系统在维修过程中出现故障更换了存储板后，需要进行 SRAM+FROM 用户程序数据的恢复。

二、文本数据的备份与恢复

在系统的正常页面下进行备份的参数、程序、宏变量等文件是以文本格式进行输出的（PLC 程序、I/O 配置除外），可在计算机上编辑和修改。在修改中注意不要破坏文件的原有格式，否则系统不会识别。这些文件在备份时，文件名可以自定义，以方便记忆。

1. 系统参数的备份

常用参数类文件有以下几种：系统参数、刀具补偿、坐标系、螺距补偿、宏变量。这几类数据文件的备份操作步骤基本相同。

1）系统参数页面下的备份。按下"SYSTEM"键进入参数页面，按下"操作"→"输出"键，如图 1-4-1 所示，系统参数文件默认名称为 CNC-PARA.TXT，输入参数时，进入该页面后，按下"读入"键即可。

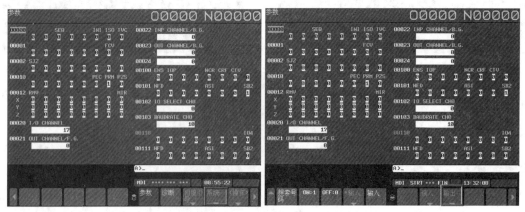

图 1-4-1 系统参数输出页面（一）

2）所有 I/O 页面下的参数备份。按下"SYSTEM"键，向右扩展，进入"所有 I/O"页面，按下"参数"键，如图 1-4-2 所示，按下"操作"键，选择"输出"软件，可输出参数文件。

选择输出时，可设定参数备份文件的文件名。输入文件并按下"F 名称"→"执行"键，如图 1-4-3 所示。如不进行文件名称设定，以系统默认名称输出参数文件。

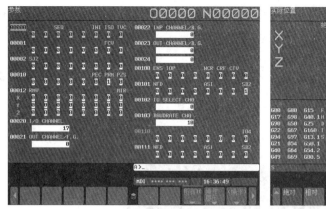

图 1-4-2 系统参数输出页面（二）

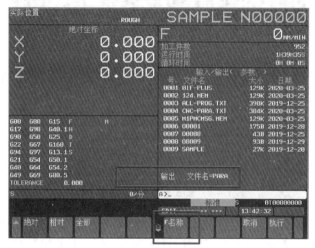

图 1-4-3 系统参数输出页面（三）

3）所有 I/O 页面下的参数恢复。按下"SYSTEM"键，向右扩展，进入"所有 I/O"页面，按下"参数"→"操作"键，选择"F 读取"或"N 读取"键，进入如图 1-4-4 所示

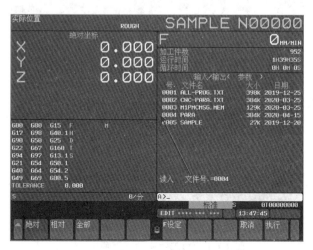

图 1-4-4 参数"F 读取"输入页面

的页面，并输入相应的文件号（选"F读取"时）或文件名（选"N读取"时），选择"执行"可输入参数文件。

2. 加工程序的备份与恢复

在系统页面下可以对加工程序进行备份与恢复。可以恢复单个程序也可以对所有的加工程序以及PLC程序进行备份和恢复。

（1）单个加工程序的备份

① 进入程序页面，编辑模式下，按键"PROG"键，选择列表页面如图1-4-5所示。

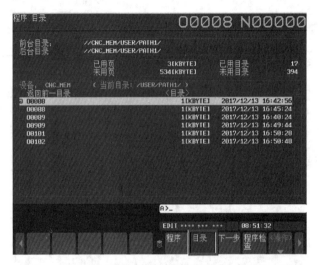

图1-4-5 加工程序输出页面（一）

② 按"→"→"操作"→"输出"键，进入"输出"页面。

③ 移动光标至需要备份的程序，如图1-4-6所示，按"P获取"→"P设定"键，输入备份的文件名→"F设定"→"执行"，输出备份程序。如果以系统程序名作为文件名，"F设定"留空，直接按"执行"键，输出文件即可。

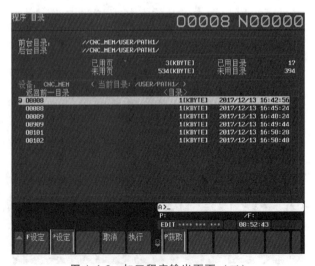

图1-4-6 加工程序输出页面（二）

"P 设定"：指定要进行备份的程序文件名称，如：备份 O0111 文件。

"F 名称"：备份文件保存至存储设备，显示的文件名称，如：ATA。

注：若备份当前目录里全部 NC 程序，输入 0~9999，按 "P 设定"，执行后以默认文件名称 ALL-PROG. TXT 输出至存储设备。

④ 程序读入时，按 "PROG"→"设备选择"→"存储卡" 键，显示存储卡文件列表。

⑤ 按 "读入" 键，移动光标至输入的文件，如图 1-4-7 所示，按 "F 取得"→"F 设定"→"执行" 键，完成程序的输入。

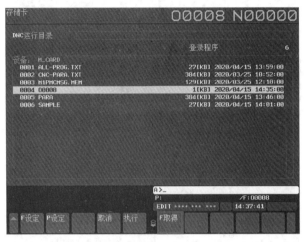

图 1-4-7　加工程序输入页面

（2）所有加工程序的备份　前面 0~9999 仅代表前台路径下的所有的加工程序，而这里所指的 "所有加工程序" 代表所有文件下的加工程序，其备份和恢复操作如下所述：

① 按下功能键 "SYSTEM"，向右扩展找到 "所有 I/O"，按 "程序" 键，如图 1-4-8 所示。

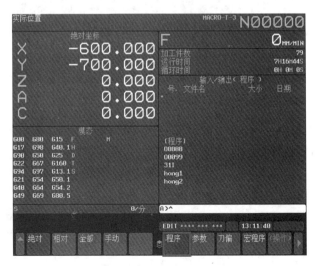

图 1-4-8　所有加工程序输出页面（一）

② 按下 "操作" 键，按 "全部输出" 键，如图 1-4-9 所示。

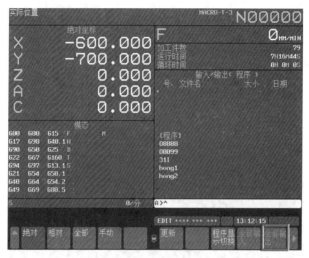

图 1-4-9　所有加工程序输出页面（二）

③ 按 "F 名称" 设定所有加工程序备份文件的文件名，如图 1-4-10 所示，如：ALL-PROG。

图 1-4-10　所有加工程序输出页面（三）

④ 按 "执行" 键，全部目录里的所有加工程序备份到存储设备。

（3）所有加工程序的恢复　①按下 "操作" → "全部输入" 键，如图 1-4-11 所示，输入所有加工程序的文件名。②按下 "执行" 键，即完成了所有加工程序的恢复。

3. PLC 数据的备份与恢复

PLC 数据包括存储在 FROM 中的 PLC 程序、I/O 配置信息，和存储在 SRAM 中的 PLC 参数（定时器、计数器、K 参数、数据表），这部分数据备份和恢复可通过 PLC 功能键下的 "I/O" 页面。

1）按下 "SYSTEM" 功能键 → "→" → "PMC 维护" → "I/O" 键，进入 PMC I/O 页面，如图 1-4-12 所示。

图 1-4-11 所有加工程序输入页面

2）参考以上页面，依次选择外部"装置""功能""数据类型"，如图 1-4-13 所示。

图 1-4-12 PMC I/O 页面（一）

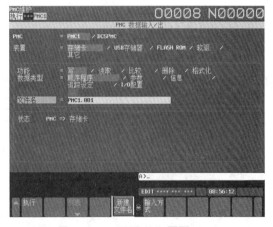

图 1-4-13 PMC I/O 页面（二）

3）按"新建文件名"键，系统检索存储卡后生成文件名，或在"文件名"栏直接输入文件名。

4）按"执行"键，在存储卡中会保存数据文件，例如：梯形图文件"PMC1_LAD.×××"（×××为检索后生成的序号）。

5）执行 PLC 程序恢复时，在执行存储卡读取之后，需执行"FLASH ROM"→"写"，如图 1-4-14 所示，完成 PLC 程序的固化操作，否则关机后输入的 PLC 程序会丢失。

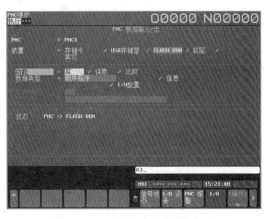

图 1-4-14 PMC I/O 页面（三）

4. 全部数据输出

通过一次操作完成全部数据的输出。所谓全部数据代表 SRAM 区全部数据，以及 FROM 用户区的数据，例如 PLC 程序、二次开发软件等，SRAM 区的数据输出格式包括打包型输出以及文本数据的输出。需注意是，为了切实进行备份，本功能在输出设备中存在同名文件时，全部进行覆盖保存，因此在执行功能之前，建议用户对输出设备进行格式化处理。

1）通过 NC 数据输出操作，可以向存储卡和 USB 外部设备输出如下数据：

① 文本数据（文本格式的参数以及程序等）。

② SRAM 数据。

③ 用户文件（PLC 梯形图程序等用户创建的文件）。

2）全部数据输出的操作步骤：

① 打开系统，在 OFFSET 页面下，打开写参数开关，设置参数 PRM313#0 = 1（NC 数据输出功能有效）。

② 使用 CF 卡进行备份恢复。插入 CF 卡，参数 20 设为 4 或者 17（USB 存储器），设置 PRM20 = 4（CF 卡）或 17（USB 存储器）。

③ PRM138#0 = 1（多路径系统时对文本文件的扩展名附加路径号）。

④ 解除急停状态，NC 置于 EDIT 方式。

⑤ 按下 "SYSTEM" 键，向右扩展找到所有 IO，扩展找到全部数据，按 "操作" "输出" 键，选择需要输出的文本数据或 SRAM 数据和用户文件。

⑥ 文本数据输出过程中，进度条上显示进展情况，如图 1-4-15 所示。

⑦ 文本数据输出完成后，信息栏显示断电重启，如图 1-4-16 所示。

图 1-4-15　全数据备份页面（一）

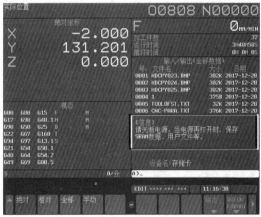

图 1-4-16　全数据备份页面（二）

⑧ 重启后开始执行输出 SRAM 数据和用户文件，如图 1-4-17 所示。

⑨ 输出全部完成，查看存储卡里文件，如图 1-4-18 所示。

图 1-4-17　全数据备份页面（三）

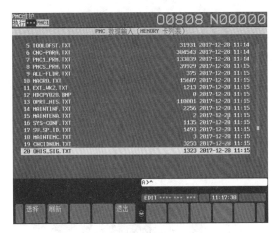

图 1-4-18　全数据备份页面（四）

任务实施

按"PROG"→"目录"→"操作"→"存储卡"键，显示当前存储卡文件列表和说明，如图 1-4-19 所示，对应文件含义见表 1-4-1。

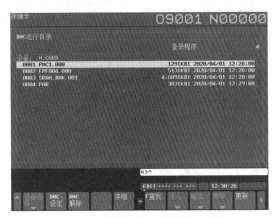

图 1-4-19　存储卡文件列表和说明

表 1-4-1　恢复文件列表

序号	文件名	文件类型	文件格式
1	PMC1.000	PLC 程序文件	存储卡格式
2	FPF004.000	FP 页面软件	存储卡格式
3	SRAM_BAK.001	SRAM 数据备份	文件包
4	PAR	参数文件	文本

现在需要根据数据类型和文件格式，选择合适的操作方法将数据载入数控装置。

步骤 1　文件 1 为 PLC 程序文件，可以选择 BOOT 页面或 PLC 的 I/O 页面将其载入。选择 BOOT 页面操作，相对比较简单，可以省略 FROM 固化操作。进入 BOOT 页面，选择第 2 项操作载入，如图 1-4-20 所示。

步骤 2 对于文件 2 的 FP 人机界面软件，同样采用步骤 1 完成。

步骤 3 退出"2. USER DATA LOADING"操作，选择"7. SRAM DATA UTILITY"-"SRAM RESTORE（MEMORY CARD-CNC）"，将文件 3 SRAM 打包文件载入 CNC 系统。

步骤 4 文件 4 为参数的文本文件，通过"所有 I/O"页面载入，载入前确认参数写保护打开。

1）将参数写保护打开，并切换至"EDIT"编辑模式。

2）按下"SYSTEM"→"+"→"所有 I/O"→"参数"→"F 读取"键，如图 1-4-21 所示。

图 1-4-20 BOOT 页面

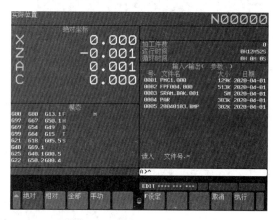

图 1-4-21 参数"F 读取"页面

3）按下输入文件号"4"，按下"F 设定"→"执行"键，将参数载入系统，根据系统提示执行关开机。

问题探究

掌握系统数据备份和恢复的各种操作方法后，请思考在维修场景中，什么的时候会使用到备份数据，会使用哪种备份数据，文本的备份数据在维修现场中会有哪些应用场景，将这些问题以表格形式总结出。

项目小结

1. 学员通过思维导图的形式罗列出本项目的学习内容。
2. 通过分组的形式，每组总结 BOOT 画面和文本备份应用场合及备份恢复的内容。
3. 通过分组的形式，总结引起数控装置黑屏的原因，并分析故障排查思路。

拓展训练

根据系统基本参数设定和操作履历页面的应用学习内容，选择设置某几个参数，通过操作履历来分析设置的内容。

项目2 电源单元故障诊断与维修

项目教学导航

教学目标	1. 熟悉电源单元 LED 数码管显示字符的含义 2. 能够检索电源单元数码管显示故障内容 3. 能够根据电源单元 LED 数码管显示内容判断电源单元状态 4. 正确分析数控机床电源单元供电电路 5. 能够掌握电源单元数码管显示典型故障排查的思路和方法
教学重点	1. 电源单元数码管显示与状态判断 2. 电源模块数码管显示故障分析 3. 电源单元上电时序 4. 熟悉数控机床电气控制电路 5. 电源单元典型故障数码管显示检索与排查
思政要点	专题一　筚路蓝缕，中国百年机床（1921—2021） 主题二　建国之初新中国机床十八罗汉
教学方法	理论知识讲授、教学演示与实操教学相结合的教学方法
建议学时	3 学时
实训任务	任务 1　电源单元 LED 数码管显示 任务 2　电源单元故障排查

项目引入

本项目通过 2 个学习任务从电源单元数码管显示和电源单元故障排查的角度进行电源单元的故障诊断与排除。

知识图谱

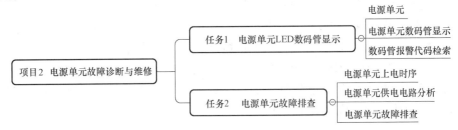

任务 1　电源单元 LED 数码管显示

任务描述

通过电源单元 LED 数码管显示，了解数码管显示内容与电源单元状态的关系，并结合 LED 数码管显示和 CNC 系统报警信息，通过维修说明书快速查找故障报警原因。

学前准备

1. 查阅资料了解电源单元 LED 数码管显示常见符号。
2. 查阅资料了解电源单元 LED 数码管显示内容与电源单元状态的关系。
3. 查阅资料了解电源单元接口的含义。

学习目标

1. 能够检索电源单元数码管显示故障内容。
2. 能够初步判断数码管显示符号与电源单元状态的关系，能够判断电源单元一般故障。

任务学习

一、电源单元

1. 数控系统伺服控制类型

数控系统的伺服控制系统按照电源主回路输入电压高低分为三相 400V 高压伺服和三相 200V 低压伺服 2 种类型。高压和低压伺服系统除了电源规格不同外，其余伺服控制原理与器件知识是相同的。下面以低压伺服系统为例进行介绍。

数控系统伺服控制单元分为 αi 系列和 βi 系列。αi 系列有独立的电源单元，配置主轴模块和伺服模块，完成对主运动和进给运动的控制。αi 系列伺服控制硬件配置（铣床）如图 2-1-1 所示，由电源单元、主轴模块、2 个伺服模块构成。βi 系列伺服驱动器则没有独立的电源单元。

2. 电源单元的作用

（1）强电输入与整流　电源单元通过 CZ1/TB1 接口输入 200V 三相交流电，经过内部整流电路转换成直流电，为主轴放大器和伺服放大器提供 300V 直流电源（该条直流回路也称之为 DC Link 回路）。在运动指令控制下，主轴放大器和伺服放大器经过由 IGBT 模块组成的三相逆变回路输出三相变频交流电，控制主轴电动机和伺服电动机按照指令要求的动作运行，并且在电动机制动时，将电动机制动的能量经过转换反馈回电网。

（2）提供控制电源　电源单元通过 CXA2D/CXA2C 接口输入 24V 直流电源，通过 CXA2A→CXA2B 方式为主轴模块、伺服模块提供 DC24V 控制电源。

（3）安全保护　通过 CX3（MCC）接口检查伺服就绪信号；通过 CX4（ESP）接口检查急停关联信号。只有在急停解除且伺服就绪的情况下才能够给电源单元输入 200V 交流电，保证主轴模块、伺服模块安全工作。

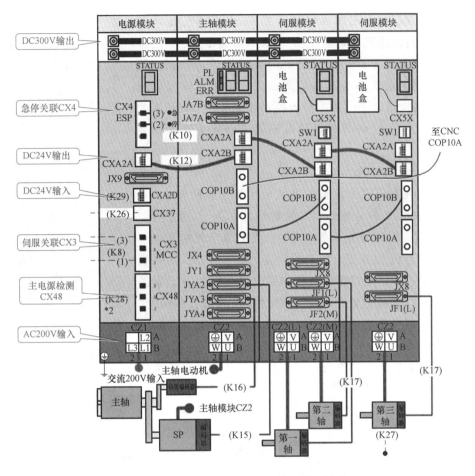

图 2-1-1　αi 系列伺服控制硬件配置（铣床）

二、电源单元数码管显示

电源单元本体具备检测回路，可以检测器件本身以及外部电源回路的故障，并通过本体上数码管状态进行显示，对应到数控装置上显示的报警。因为从与 CNC 通信上来看，电源单元没有与 CNC 直接的通信回路，而是借助主轴或伺服驱动器控制回路（FSSB 回路）与 CNC 建立通信，在数控装置页面上就会显示出全轴的伺服和主轴报警，不利于故障的判断，所以当数控装置上出现全轴报警时，建议通过读取电源单元数码管的状态进行故障分析和判断。

1. 电源单元数码管显示位置

电源单元上有一个双位 7 段数码显示窗口，通过字符加数字显示电源单元的状态。数码管旁边配有 3 个 LED 指示灯，从上到下依次为电源灯（绿）、报警灯（红）、错误灯（黄）。电源单元数码管显示位置位于电源单元上方，如图 2-1-2 所示。

2. 电源单元数码管显示作用

当数控系统发生伺服报警时，显示器上会显示 SV 开头的报警号。伺服报警的原因可能是由于电源单元故障导致（如伺服就绪、急停、控制电源等），也可能是伺服本身的原因导致（如 FSSB 信号、编码器反馈等），在进行故障判断时除了观察显示器显示的 SV 报警号外，还要观察电源单元、伺服模块的数码管显示状态。因为电源单元、伺服模块本身具备检测回路，很多故障可以通过器件检测回路检测出来，并通知数控系统转换成 SV 开头的伺服报警，因此，可以说有些故障数码管的表述更准确、更直接。

LED灯

3. 电源单元数码管显示与状态判断

部分电源单元数码管显示与电源单元状态关系见表 2-1-1。接通控制电源的情况下，电源单元数码管显示为 "--"；当与 CNC 建立通信后，数码管显示为 "00"；当电源单元检测到一些异常时，会以红色 LED 配合数码管相应的数字显示，由系统产生相应的报警，并停止机床运行。如果没有红色 LED 显示的数字，则为警告（系统也会有相应的信号传递给 PMC，由 PMC 控制机床运行或产生警告信息），持续发出警告状态一段时间后，进入报警状态。

完整电源单元数码管报警代码请查阅电动机放大器等维修说明书 B-65515。

图 2-1-2　αi 系列电源单元

表 2-1-1　电源单元数码管显示与电源单元状态关系

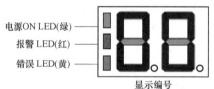

电源ON LED(绿)：控制电源ON时灯亮
报警 LED(红)：报警时灯亮
错误 LED(黄)：错误时灯亮

电源ON LED(绿)
报警 LED(红)
错误 LED(黄)
显示编号

报警 LED	错误 LED	显示编号	内容
		不显示	未接通控制电源或硬件不良 详细内容请参照说明书中的"通用电源"部分
		英文数字	接通电源后　大约 4s 的时间里软件系列/版本分 4 次进行显示 最初的 1s：软件系列前 2 位 下一 1s：软件系列后 2 位 下一 1s：软件版本前 2 位 下一 1s：软件版本后 2 位 例）软件版本系列 9G00/01.0 版的情况 9G → 00 → 01 → 0
		-- 闪烁	正在确立与伺服放大器或主轴放大器的串行通信
		5C 闪烁	在故障诊断功能中,正在执行伺服放大器或主轴放大器的自我诊断

（续）

报警 LED	错误 LED	显示编号	内容
		FC 闪烁	正在确认通用电源、伺服放大器及主轴放大器中的软件的兼容性 通常确认处理瞬间完成,进入--灯亮状态 **FC**闪烁状态未结束时,以下部位可能存在误连接。请再次确认配线 ①通用电源、伺服放大器及主轴放大器之间(电缆 CXA2A、CXA2B) ②CNC-伺服放大器或主轴放大器之间(FSSB 连接)
		––	确立与伺服放大器或主轴放大器的串行通信
		00 闪烁	预充电动作中
		00	主电源准备就绪
灯亮		显示 01~	报警状态
		显示 01~	警告状态

三、数码管报警代码检索

出现故障时,首先应该掌握通过说明书检索故障报警的原因。下面以电源单元数码管出现报警"2"为例,介绍如何查找故障和解决故障的步骤。

根据电源单元数码管显示报警号"2",查阅《B-65515_ CM αi/βi 系列电机放大器维修说明书》(后简称维修说明书),目录中对应报警号"2"的章节是"II-3.1.2",进入章节找到对应报警号可能的报警原因,报警代码检索步骤如图 2-1-3 所示。然后根据维修说明书提示的故障原因进行检测和排查。

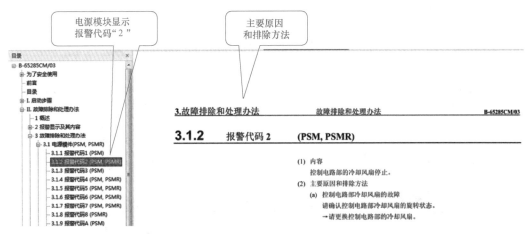

图 2-1-3　电源单元数码管显示报警代码的说明

任务实施

任务实施 1　观察电源单元从上电待机状态到伺服就绪状态数码管显示的变化。

给数控系统及电源单元上电,电源单元及数控系统处于待机状态。此时电源单元对输入控制电源电压、内部 MCC 状态、外部 ESP 进行开机诊断,数码管显示为"––"。当伺服准备就绪后，电源单元数码管显示"0"，表明处于正常工作状态。电源单元从上电到伺服就绪状态显示如图 2-1-4 所示。

图 2-1-4　电源单元从上电到伺服就绪状态显示

任务实施 2　数控机床配置 αi 系列伺服放大器，数控系统上电后，显示器出现"SV434 变频器控制电源低电压"报警，通过说明书检索故障原因。

步骤 1　查看电源单元及伺服模块数码管显示。当在数控系统显示 SV434 报警时，查看电源单元数码管显示为"6"。

步骤 2　检索故障原因。查阅维修说明书，目录中对应电源单元报警号"6"的章节是"II-3.1.6"，进入章节找到对应报警号可能的报警原因，故障代码"6"（PSM，PSMR）报警原因检索如图 2-1-5 所示。

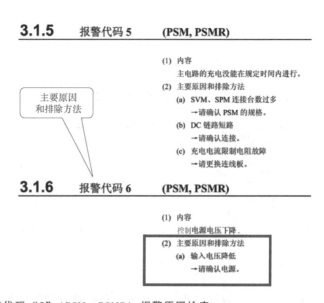

图 2-1-5　故障代码"6"（PSM，PSMR）报警原因检索

任务实施 3　电源单元数码管显示与数控系统报警显示。

步骤1 关机并拔下电源单元风扇。

步骤2 开机后查看数码管显示报警数字，并观察其他伺服驱动器状态。电源单元数码管显示为"02"，如图2-1-6所示。

步骤3 查找说明书，故障代码为"02"表示控制板检测到电源单元风扇报警。观察数控系统页面上会有443号所有轴风扇报警，如图2-1-7所示。

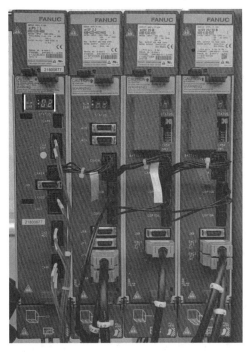

图2-1-6 电源单元风扇报警"02"

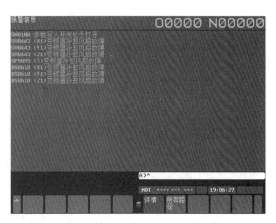

图2-1-7 系统页面电源单元风扇报警显示

结论：虽然数控系统显示为伺服风扇报警，但观察数码管发现伺服数码管为"--"显示，电源单元数码管显示为"02"，因此，确认风扇故障报警是发生在电源单元上的，但因电源单元与数控系统通信是通过伺服（主轴）驱动器建立的，所以在数控系统上显示为所有伺服轴的风扇报警。

问题探究

查找资料检索电源单元警告说明。如果电源单元的电源出现警告，通常机床会出现什么状态？

任务2 电源单元故障排查

任务描述

通过电源单元故障排查任务学习，了解数控系统各功能模块电源接口的作用及管脚定义，阅读并理解数控机床电气控制原理图，对电路进行检测并排除电源单元故障。

学前准备

1. 查阅资料了解数控系统功能模块电源关联接口的作用及管脚定义。
2. 查阅资料熟悉常用电气元器件的符号及连接表示方法。
3. 查阅资料熟悉电气线路检查仪表的类型与使用。

学习目标

1. 阅读并理解数控机床电气原理图。
2. 熟练使用工具、仪表检测数控机床电源单元关联线路并能排除相关电气故障。

任务学习

一、电源单元上电时序

1. 电源单元电源接口（以 0i F 数控系统配置 αi-B 系列放大器为例）

αi-B 系列放大器有独立电源单元，电源单元各电源接口如图 2-2-1 所示，电源单元各电源接口的作用见表 2-2-1。

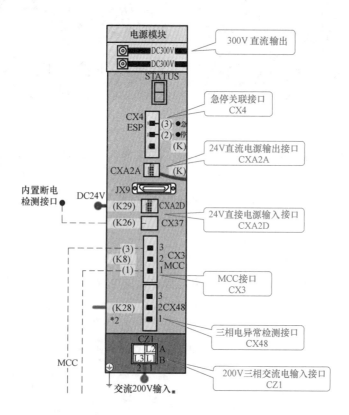

图 2-2-1　电源单元各电源接口

表 2-2-1 电源单元各电源接口的作用

序号	接口名称	接口作用
1	CZ1	电源单元 200V 三相交流电输入接口,经过电源单元整流为 300V 直流电源输出
2	直流母线(DC Link)	300V 直流电源输出,200V 三相交流电经过电源单元整流为 300V 直流,通过直流母线给主轴模块、伺服模块供电
3	CXA2D	24V 直流电源输入,是电源单元 PCB 板工作电源输入接口
4	CXA2A	24V 直流电源输出,为主轴模块、伺服模块 PCB 板提供工作电源
5	CX3(MCC)	数控系统伺服就绪信号内部检测接口
6	CX4(ESP)	数控系统外围设备安全检测接口
7	CX48	三相交流电异常检测接口

2. 数控系统电源接通、电源切断顺序

(1) 数控系统电源接通顺序 数控系统电源接通按照下述顺序进行或者同时进行。

1) 机械整体的电源上电（AC 输入）。

2) 伺服放大器控制电源上电（DC24V 输入）。

3) I/O Link i 上所连接的从控 I/O 设备、分离型检测器 I/F 单元电源（DC24V）、控制单元的电源（DC24V）、分离型检测器（量尺）电源上电。

各模块上电时序关系如图 2-2-2 所示。

(2) 数控系统电源切断顺序 数控系统电源切断按照下述顺序进行或者同时进行。

1) I/O Link i 上所连接的从控 I/O 设备、分离型检测器 I/F 单元的电源（DC24V）、控制单元电源（DC24V）切断。

2) 伺服放大器控制电源（DC24V）、分离型检测器（量尺）电源切断。

3) 机械整体的电源（AC 输入）。

各模块断电时序关系如图 2-2-3 所示。

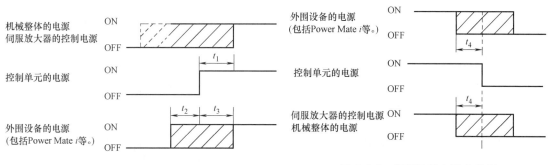

图 2-2-2 各模块上电时序关系 图 2-2-3 各模块断电时序关系

二、电源单元供电电路分析

1. 总电源电路分析

数控机床总电源,取自用户提供的 380V 交流电,经过设备保护断路器,配送至机床电气柜。数控机床总电源电路如图 2-2-4 所示。

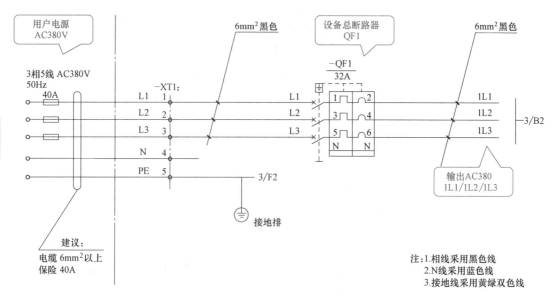

图 2-2-4　数控机床总电源电路

2. 伺服主电源电路分析

来自设备总漏电断路器 QF1 的 380V 交流电，经过变压器 TM1，电压值变为 210V 交流，满足 FANUC 伺服放大器对输入电源电压的要求。伺服主电源电路如图 2-2-5 所示。

3. 电源单元三相交流电输入电路分析

电源单元三相交流电输入电路如图 2-2-6 所示。

（1）CZ1 接口电源输入　电源单元 200V 三相交流电通过底端接口 CZ1 输入。电源传输路径如下：来自变压器 TM1 输出端 R1/S1/T1 200V 三相交流电→电源单元断路器 QF2-交流接触器 KM1 常开触点→电抗器 L1→电源单元输入接口 CZ1。

（2）CX48 接口电源输入　三相交流电异常检测接口 CX48 要求电源输入相序与 CZ1 完全相同。电源传输路径如下：来自变压器 TM1 输出端 R1/S1/T1 200V 三相交流电→相序检测接口断路器 QF3→三相交流电异常检测接口 CX48。

4. 24V 直流电源电路分析

数控系统 CNC 模块、I/O 模块、机床操作面板、电源单元等都需要 24V 直流电源作为工作电源。开关电源 GS1 将 220V 交流电整流为 24V 直流电，为各个模块供电。24V 直流电源电路如图 2-2-7 所示。

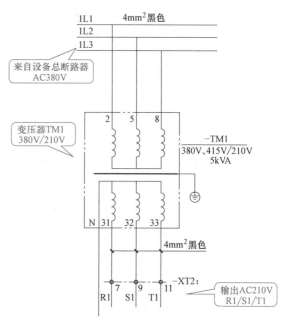

图 2-2-5　伺服主电源电路

43

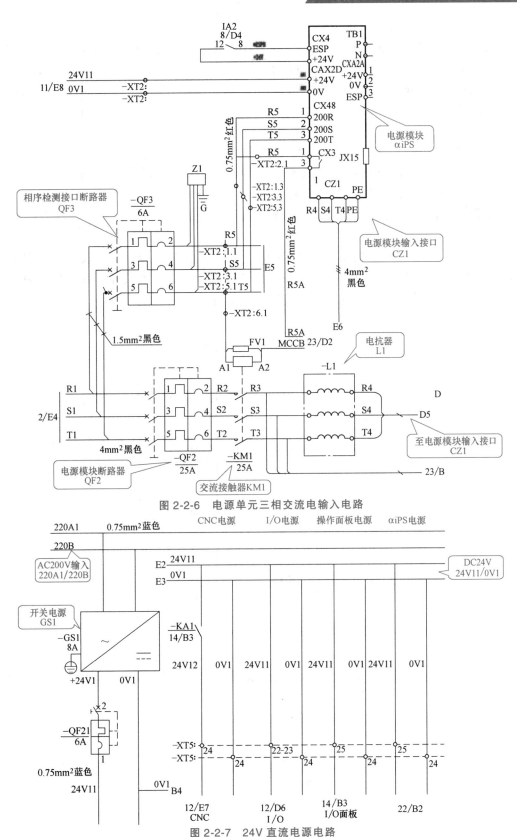

图 2-2-6 电源单元三相交流电输入电路

图 2-2-7 24V 直流电源电路

5. CX3（MCC）电路分析

（1）CX3 接口　CX3（MCC）接口是电源单元或一体化放大器上一个内部继电器接口，当系统上电放大器准备就绪后，内部继电器常开触点 CX3 导通，作为伺服上电的前提条件。只有在伺服准备就绪后才能给伺服放大器提供 AC200V 动力电源。

（2）MCC 管脚　MCC 内部继电器管脚如图 2-2-8 所示。交流接触器线圈通过交流电源与 MCC 的 1、3 管脚相连，当 MCC 常开触点闭合后交流接触器线圈导通，通过交流接触器常开触点控制电源单元动力电源接通。

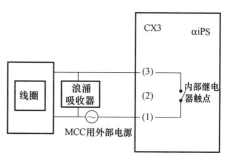

图 2-2-8　MCC 内部继电器管脚

（3）MCC 电路　MCC 电路如图 2-2-9 所示。200V 交流电源、交流接触器线圈 KM1、CX3 触点构成一个回路，当伺服准备就绪后，CX3 闭合，交流接触器线圈 KM1 线圈得电，其常开触点闭合（图 2-2-6），电源单元接口 CZ1 接通 200V 三相交流电。

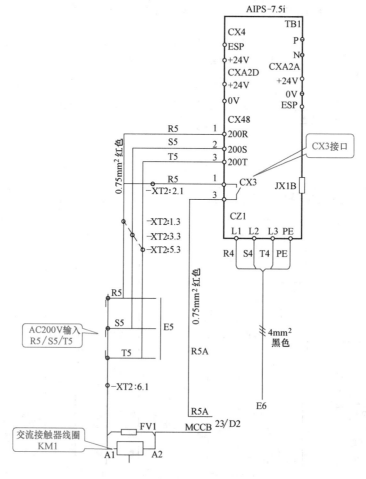

图 2-2-9　MCC 电路

6. CX4（ESP）电路分析

（1）CX4 管脚　CX4 接口用于伺服放大器判断数控系统是否有外部故障。CX4 管脚接线如图 2-2-10 所示。当未按下急停按钮时，CX4 两个管脚 2、3 处于短接状态；如果按下了急停按钮，CX4 两个管脚 2、3 处于断开状态，表明存在数控系统外部故障。

（2）急停电路　急停控制电路如图 2-2-11 所示。当未按急停按钮时，中间继电器 KA2 线圈得电，常开触点闭合；当按下急停按钮时，中间继电器 KA2 线圈失电，常开触点断开。KA2 常开触点接至电源单元 CX4 管脚上。

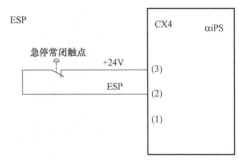

图 2-2-10　CA4 管脚接线

（3）CX4 电路　CX4 电路如图 2-2-12 所示。KA2 常开触点接至 CX4 的第 2、3 管脚上，只要第 2、3 管脚处于短接状态，就表明没有外部故障。

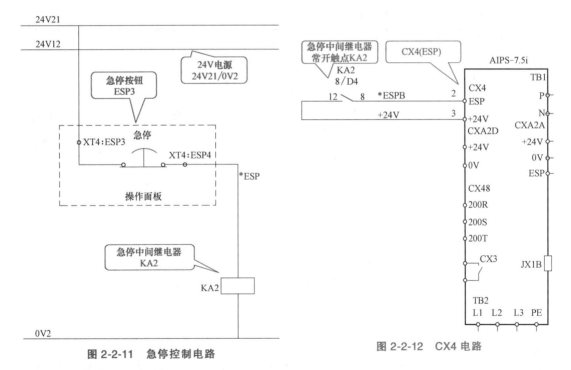

图 2-2-11　急停控制电路

图 2-2-12　CX4 电路

三、电源单元故障排查

1. 电源单元状态显示 LED 指示灯未亮时的故障排查

（1）故障现象　数控系统上电后，电源单元状态显示 LED 指示灯未亮，同时数控系统显示页面显示"SV1067　FSSB 配置错误（软件）""SP1987 串行主轴控制错误"报警。数控系统开机检测报警页面如图 2-2-13 所示。

（2）故障排查　电源单元数码管无显示，数控系统显示伺服、主轴报警，如果从数控

46

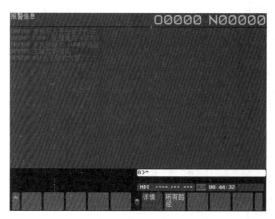

图 2-2-13　数控系统开机检测报警页面

系统显示报警分析，涉及故障原因很多，但从电源单元数码管不亮角度看，故障是由于电源故障产生的，具体原因见表 2-2-2。

表 2-2-2　数控系统报警、电源单元数码管不亮故障可能原因

电源单元数码管不亮	SV1067	SP1987
1）尚未接通控制电源 2）控制电源电路不良	1）发生了 FSSB 配置错误 2）所连接的放大器类型与 FSSB 设定值存在差异	CNC 端 SIC-LSI 不良

1）确认电源单元控制电源状态。αi-B 系列伺服控制单元电源单元由外部开关电源通过接口 CXA2D 提供 24V 直流电源，然后由电源单元给主轴模块、伺服模块通过 CXA2A-CXA2B 接口提供 24V 控制电源。这时应该检查 CXA2D 插头输入电压大小及电压极性，CXA2D 管脚连接图如图 2-2-14 所示。

2）确认电源单元熔断器状态。按照电源单元侧板上下锁扣，将电路板从电源单元罩壳中抽出来，如图 2-2-15 所示，检查熔断器 FU1 的通断状态。

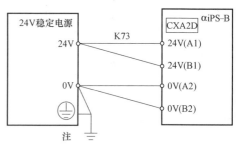

图 2-2-14　CXA2D 管脚连接图

3）确认是电源单元外围器件连线短路故障还是器件本体电源回路故障。拆卸电源单元所有外部连线，如 CX2A、CX3、CX4 的连线，只保留 CXA2D 的 DC24V 电源连线，确认 LED 显示是否正常。如果 LED 点亮，说明是外部故障；如果 LED 不亮，说明是电源单元本身的故障。电源单元排除法接线图如图 2-2-16 所示。

4）如果为外部故障，再分别插接拆卸电缆判断短路点，如果为内部短路，则更换电源单元。

2. 电源单元状态显示 LED 指示为"6"时的故障排查

（1）故障现象　电源单元状态显示 LED 指示为"6"，故障原因指向控制电源电压下降，同时数控系统显示"SV432 转换器 控制电流低电压""SP9111 转换器 控制电流低电压"报警。

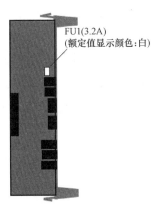

FU1(3.2A)
(额定值显示颜色:白)

图 2-2-15　电源单元侧板

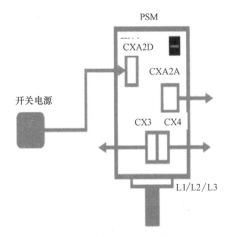

PSM

CXA2D

CXA2A

开关电源

CX3　CX4

L1/L2/L3

图 2-2-16　电源单元排除法接线图

（2）故障排查　全轴报警，首先检查电源单元，正常情况下电源单元电压值应≥22.8V，低于该值就会出现报警。这时应检查提供 24V 直流电压的开关电源至电源单元 CXA2D 接口的整个链路的连接情况和电压情况。

（3）故障排除　如果外部电源异常请更换，反之请更换电源单元。

3. 电源单元状态显示 LED 指示为"1"时的故障排查

（1）故障现象　电源单元状态显示 LED 指示为"1"，故障原因指向主电路电源模件（IPM）出现异常，同时数控系统显示"SV437 转换器 输入电路过电流"。

（2）故障排查

1）测量交流接触器前端三相交流电压是否在正常范围，三相间是否平衡。

2）检查交流接触器是否良好，并尝试更换。

3）测量电抗器绕组间阻值是否正常、平衡，并尝试更换。

4）以上没有问题，请更换电源单元模块。

4. 电源单元状态显示 LED 指示为"5"时的故障排查

（1）故障现象　电源单元状态显示 LED 指示为"5"，故障原因指向 DC 链路短路、充电电流限制电阻故障，同时数控系统显示"SV442 转换器 DC 链路充电异常""SP9033 转换器 DC 链路充电异常"报警。

（2）故障排查

1）断电情况下，测量 CX48 与 L1/L2/L3 之间是否连接良好且相序是否一致。

2）测量交流接触器前端电压是否正常。

3）检查交流接触器线圈回路是否存在除 CX3 之外的触点，并确认其状态。

4）尝试更换电源单元。

5）如以上仍未解决故障，则尝试判断是否为直流母线回路短路引起的，确认连接的伺服或主轴单元是否良好。

CX48 管脚图如图 2-2-17 所示。

5. 电源单元状态显示 LED 指示为"4"时的故障排查

（1）故障现象　电源单元状态显示 LED 指示为"4"，故障原因指向主电路电源切断，

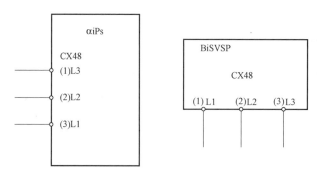

图 2-2-17   CX48 管脚图

同时数控系统显示"SV433 变频器 DC LINK 电压低""SP9051 DC LINK 电压低"报警。此时电源单元、主轴模块数码管显示如图 2-2-18 所示。

图 2-2-18   电源单元、主轴模块数码管显示

（2）故障排查

1）确认三相交流输入电压以及接触器线圈控制回路是否正常。

2）尝试更换电源单元。

3）如果在运动中出现该故障时，请动态监测输入电源以及交流接触器吸合状态。

6. 电源单元状态显示 LED 指示为"2/A"时的故障排查

（1）故障现象   电源单元状态显示 LED 指示为"2/A"时，数控系统也同时显示伺服报警和主轴报警，数控系统显示报警见表 2-2-3，从故障描述可以看出，电源单元数码指示、主轴、伺服报警全部指向风扇故障。

表 2-2-3   电源单元状态显示 LED 指示为"2/A"时数控系统显示报警

电源单元数码显示报警	数控系统显示报警
2-控制电路内部的冷却风扇停止	SV443 转换器、冷却风扇停止
A-外部冷却散热片的冷却风扇停止	SV606 转换器、散热器冷却风扇停止

风扇电动机有3根线，2根是电源线，提供电动机旋转动力；另外1根是风扇转速模拟电压检测信号线，连接到控制器的主板上，正常旋转时是+5V电压，允许误差范围是±5%。如果风扇扇叶脏了，转速下降造成模拟电压值低于4.75V时，就会出现风扇报警。

（2）故障排查

1）首先确认内部还是外部风扇报警。

2）确认风扇扇叶是否附着油污，尝试清洁风扇。

3）更换风扇。

4）更换电源单元。

任务实施

某加工中心采用0i FMF数控系统，配置αi-B系列放大器，数控系统上电后，显示"SV433变频器DC LINK电压低""SP9051 DC LINK电压低"报警，查看电源单元数码管显示为"4"，分析故障原因并对故障进行排查。

步骤1　故障分析。数控系统显示SV433、SP9051报警及电源单元数码管显示为"4"的报警，根据前面分析可以确定电源单元故障原因是主电路电源切断。下面通过排查具体定位故障点。

步骤2　伺服主电源电路分析。

（1）伺服主电源电路分析　图2-2-19所示为根据数控机床电源单元200VAC伺服主电源电气原理图绘制的接线图，电路图中主要元器件名称、规格及作用见表2-2-4，其中变压器TM1位于数控机床电气柜外。

表2-2-4　数控机床电气控制柜主要元器件名称

序号	元器件名称	元器件规格	元器件作用
1	QF1	32A	设备总断路器
2	QF2	25A	电源单元断路器
3	QF3	6A	相序检测接口断路器
4	TM1	380V、415V/210V，5kV·A	伺服主电源变压器
5	KM1	25A	电源单元交流接触器
6	L	—	电抗器
7	KA2	—	急停按钮中间继电器
8	αiPS	αiPS-7.5i	电源单元

为了方便阅读，伺服主电源电路接线图中标注了电气连接顺序号。主电源回路连接顺序如下：

设备总断路器QF1输出AC380V→1L1/1L2/1L3→端子排XT2：1/ XT2：3/ XT2：5，1L1/1L2/1L3→伺服主电源变压器输入端→伺服主电源变压器输出端R1/S1/T1→端子排XT2：7/ XT2：9/ XT2：11，R1/S1/T1→电源单元断路器QF2输入端，电源单元断路器QF2输出端R2/S2/T2→电源单元交流接触器KM1常开触点输入端，电源单元交流接触器KM1常开触点输出端R3/S3/T3→电抗器输入端，电抗器输出端R4/S4/T4→αiPS电源单元电源输入接口CZ1。

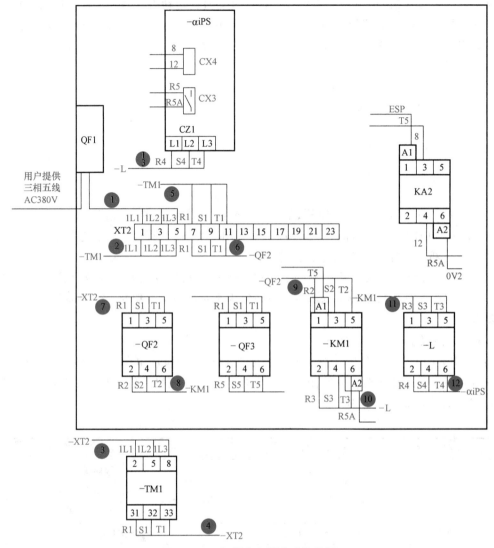

图 2-2-19　伺服主电源电路接线图

（2）伺服主电源控制电路分析　伺服主电源控制电路接线图如图 2-2-20 所示，主要是
CX3（MCC）控制回路。回路取断路器 QF3 单相 AC200V 输出电压，为了方便阅读，伺服主
电源控制电路接线图中标注了电气连接顺序号，CX3（MCC）控制回路连接顺序为：

QF3 接线端子 R5→CX3 R5 经 CX3 内部继电器常开触点（管脚 1、3）R5A→交流接触
器线圈接线端 A2→交流接触器 KM1 线圈接线端 A1→ QF3 接线端子 T5，构成一个回路。

步骤 3：故障排查。分两种情况进行排查，交流接触器 KM1 吸合时和没有吸合时。

（1）交流接触器 KM1 吸合时电气线路检查　如果交流接触器 KM1 吸合，说明 CX3
（MCC）控制回路没有问题，故障出现在伺服主电源电路，在系统上电的情况下，使用万用
表交流电压档，电压档位值范围大于 AC380V，采用分段检查的方式：

1）测量 KM1 常开触点进线相电压。KM1 进线端子两两测量，如果电压不正确或者缺
相，说明故障在 KM1 之前，这时沿着路径"设备总断路器 QF1 输出 AC380V，1L1/1L2/1L3

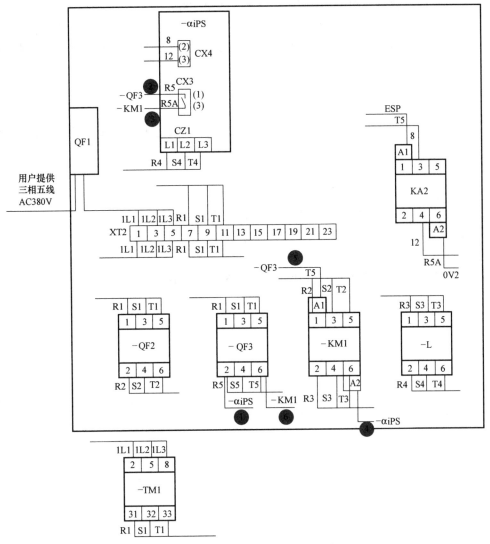

图 2-2-20 伺服主电源控制电路接线图

→端子排 XT2：1/ XT2：3/ XT2：5，1L1/1L2/1L3→伺服主电源变压器输入端→伺服主电源变压器输出端 R1/S1/T1→端子排 XT2：7/ XT2：9/ XT2：11，R1/S1/T1→电源单元断路器 QF2 输入端，电源单元断路器 QF2 输出端 R2/S2/T2→电源单元交流接触器 KM1 常开触点输入端"进行排查。

2）如果测量 KM1 常开触点进线相电压正确，说明故障出现在 KM1 常开触点接线端子之后，这时沿着路径"电源单元交流接触器 KM1 常开触点输出端 R3/S3/T3→电抗器输入端，电抗器输出端 R4/S4/T4-αiPS 电源单元电源输入接口 CZ1"进行排查。

（2）交流接触器 KM1 没有吸合时电气线路检查　如果交流接触器 KM1 没有吸合，应该先检查 CX3（MCC）控制回路。使用万用表交流电压档，若电压档位值范围大于 AC200V，则采用分段检查的方式。

1）检查断路器 QF2 输入相电压 R5-T5 电压值，正常为 AC200V。

2）检查交流接触器线圈 KM1 电压值，正常为 AC200V。

3）检查 CX3 内部触点电压值，正常为 0V。

经过检查，发现故障是由于交流接触器 KM1 线圈击穿所致，更换同规格交流接触器，故障排除。

问题探究

熟悉图 2-2-19、图 2-2-20 接线图，在数控系统上电前及上电后，选用万用表正确档位对线路进行检查。

项目小结

每个人通过思维导图的形式，总结该项目的知识点。

拓展训练

以小组为单位，设计出该项目的任务书，任务中应包括硬件连接和报警处理。

项目3 交流伺服驱动装置故障诊断与维修

项目教学导航

教学目标	1. 掌握伺服初始化和相关参数的设定，掌握伺服监控页面的各状态信息的含义 2. 理解数码管和伺服报警检测之间的关系，能够根据驱动器各模块数码管显示内容判断分析驱动器当前报警的主要原因并排除故障 3. 掌握伺服驱动器电源控制回路硬件连接，排查伺服驱动器常见故障 4. 熟悉参考点返回的过程，掌握参考点的建立和相关参数的设定 5. 掌握软硬限位报警与故障排查的方法
教学重点	1. 伺服控制原理 2. 伺服初始化相关的参数、参数含义及计算方法 3. 数码管显示内容的类别和含义 4. 伺服驱动器电源控制回路硬件连接 5. 伺服编码器的种类及报警分析 6. 参考点的建立方法 7. 软限位和硬限位的调整、设置方法
思政要点	专题一 筚路蓝缕，中国百年机床（1921—2021） 主题三 中国机床撑起中国制造脊梁
教学方法	教学演示与理论知识教学相结合
建议学时	22 学时
实训任务	任务 1 伺服参数初始化及伺服页面介绍 任务 2 伺服驱动器的 LED 数码管显示 任务 3 伺服单元报警与故障排查 任务 4 伺服位置检测器及其报警处理 任务 5 参考点的建立与调整 任务 6 软限位与硬限位的调整

项目引入

　　交流伺服驱动装置是数控机床的重要组成部分，它是具体实现数控系统位移和速度控制的电气部分。要对其进行故障诊断与维修，首先要理解伺服系统的控制原理与硬件知识，理解伺服系统的初始化和相关参数的设定，掌握伺服系统内部和伺服系统与数控系统的硬件连接，能根据数控系统和伺服系统提供的相关信息提示来进行故障诊断和维修。

　　本项目主要学习伺服参数的含义、计算和初始化方法、步骤，驱动器数码管显示内容的含义，系统控制电源的连接方式、系统上电动作时序和上电时常见的电源故障排除方法，系统上电时出现的电源故障的排查方法，伺服控制原理、伺服编码器的种类和伺服编码器报警的故障排查思路，4种参考点的建立方法及故障诊断，软、硬限位的设置方法。通过学习能够完成交流伺服驱动装置常见故障的诊断与维修。

知识图谱

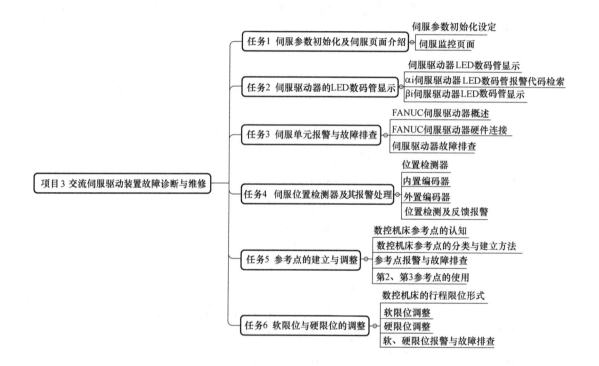

任务1　伺服参数初始化及伺服页面介绍

任务描述

　　通过学习伺服参数初始化方法，了解伺服初始化相关参数的含义，掌握伺服参数初始化的设定步骤，能够结合维修中电动机的更换或故障的排查，完成伺服电动机的参数初始化任务。

学前准备

1. 查阅资料，思考什么是伺服参数初始化。
2. 查阅资料，思考伺服参数初始化应用在维修中有哪些场景。

学习目标

1. 掌握伺服初始化的步骤。
2. 熟悉伺服监控页面的进入方法。
3. 掌握伺服监控页面各状态信息的含义。
4. 能够结合伺服监控页面的信息进行故障分析和判断。

任务学习

一、伺服参数初始化设定

伺服控制涉及大量现代控制理论，伺服驱动器和伺服电动机厂家通过大量实验和测试获得伺服控制数据，数控系统 FROM 中存放了 FANUC 所有电动机型号规格的标准伺服参数。例如，某机床 X 轴和 Y 轴电动机为 βiS12/3000，Z 轴电动机为 βiS22/2000，用户需要将这些型号的电动机参数从 FROM 中提取出来，存放到 SRAM 中。FANUC 数控系统提供了设置方法，方便用户将相应的伺服参数写入 SRAM 中，这一过程称为伺服参数初始化。

从维修角度讲，一般不需要做伺服参数初始化，只有在维修中更换了不同的伺服电动机时，才需要做伺服参数初始化，或是维修中当怀疑系统参数设定出了问题时也可以做伺服参数初始化，通过故障现象是否消除来判断是伺服参数故障还是电气、机械等其他故障。比如电动机运行发生过载或振动时，可以通过伺服参数初始化和调整来帮助分析故障原因。

1. 伺服参数初始化准备

1）选择 MDI 模式或将数控系统设定为急停状态。

2）设定写参数（PWE=1）。

3）检查参数 No. 1023 是否为非 0 和负值，确认没有执行伺服轴屏蔽设定操作。

2. 伺服参数的初始化

1）按 MDI 面板上的"SYSTEM"键数次，直至显示参数设定支援页面，如图 3-1-1 所示。

2）按 MDI 面板上的"↓"将光标指向"伺服设定"位置，按下键"操作"，再按下键"选择"，进入伺服设定页面，如图 3-1-2 所示。

3）需执行初始化时，移动光标至"标准参数读入"栏，设定数值为 0 输入，系统提示关机，进行标准参数载入，如图 3-1-3 所示。

4）如果还有其他轴需要同时进行伺服初始化，按下"操作"→"轴改变"键，可以切换到另一个轴的设定页面，如图 3-1-4 所示，同样执行"标准参数读入"设定为 0 的操作。

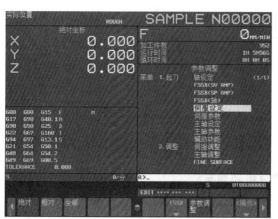

图 3-1-1 参数设定支援页面

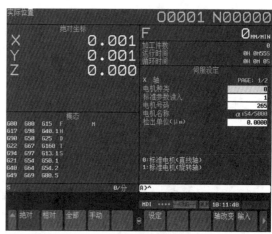

图 3-1-2 伺服设定页面（一）

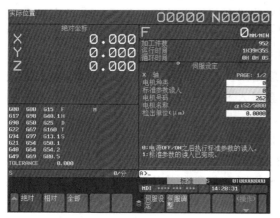

图 3-1-3 伺服设定页面（二）

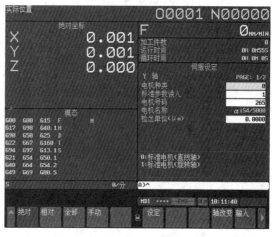

图 3-1-4 伺服设定页面（三）

5）断电重启后，"标准参数读入"栏变为1，代表初始化设定完成。

在上述伺服设定页面中下按软键">"，再按键"切换"，也可以切换到如图3-1-5所示伺服设定页面。

6）在该页面下设定初始化设定位第二位#1为0，并执行关、开机操作，初始化设定完成后设定位#1变为1，完成伺服参数初始化。

注：不同版本的系统伺服设定不同，各别版本的系统只能显示该伺服设定页面的显示。

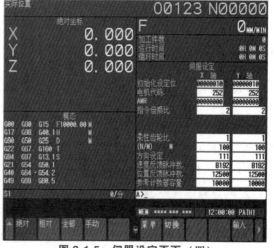

图 3-1-5 伺服设定页面（四）

3. 更换不同电动机的初始化操作

在维修中，有时需要更换不同型号的电动机作为替代，这时电动机的型号发生了变化，在上面所提到的初始化基础上，需要增加以下操作。

1）电动机规格铭牌确认，通过电动机铭牌确定电动机型号，伺服电动机型号的格式基本都是 A06B 开头，如图 3-1-6 所示，订货号是：A06B-0215-B100，电动机类型 αiS 4 /5000，电动机图号为 0215。

图 3-1-6　电动机铭牌

2）根据 B-65270 伺服电动机说明书的参数表，查询可知该型号所对应的电动机代码为 265，如图 3-1-7 所示。

电动机型号		αiS2 5000，-B	αiS2 6000，-B	αiS4 5000，-B
电动机图号		0212, 2212	0218, 2218	0215, 2215
电动机型式		262	284	265
PRM NO	SERVO PRM.			
2003		00001000	00001000	00001000
2004		00000011	00000011	00000011
2005		00000000	00000000	00000000
2006		00000000	00000000	00000000
2007		00000000	00000000	00000000
2008		00000000	00000000	00000000
2009		00000000	00000000	00000000
2010		00000000	00000000	00000000
2011		00000000	00000000	00000000
2012		00000000	00000000	00000000
2013		00000000	00000000	00000000
2014		00000000	00000000	00000000
2210		00000000	00000000	00000000
2211		00001010	00001010	00001010
2300		00000000	00000000	00000000
2301		00000000	00000000	00000000
2560		00000000	00000000	00000000
2040	CUR GAIN I	530	552	420

图 3-1-7　B-65270 伺服电动机参数说明书

左侧目录树：
B-65270CM/09
- 警告、注意和注释
- 目录
- 1 概要
- 2 αi-B/αi/βi-B/βi 系列伺服电机的参数设定
- 3 直线电机和同步内装伺服电动机的参数设定
- 4 伺服参数的调整
- 5 伺服功能详细
- 6 伺服学习控制（选项功能）的介绍
- 7 压力和位置控制功能（选项功能）
- 8 关于伺服调整工具 伺服向导
- 9 参数详细
- 10 参数表
  - 10.1 αi -B／αi 系列伺服电机用标准参数
    - 10.1.1 αiS-B／αiS 系列
    - 10.1.2 αiS-B／αiS 系列 HV
    - 10.1.3 αiF-B／αiF 系列
    - 10.1.4 αiF-B／αiF 系列 HV
    - 10.1.5 αCi 系列
  - 10.2 βi -B／βi 系列伺服电机用标准参数
  - 10.3 直线电机用标准参数
  - 10.4 同步内装伺服电机用标准参数
- 附录

3）进入前述的伺服设定页面，在电动机代码栏输入查询到的电动机代码"265"，并确认下方显示的电动机规格是否一致，如图 3-1-8 所示。

4）将标准参数设定为"0"，关、开机执行标准参数载入。

4. SV0417 故障报警

FANUC 系统出现 SV0417（417 报警）报警时，一般是由于数字伺服参数的设定值不正确引起的。417 报警内容为"伺服非法 DGTL

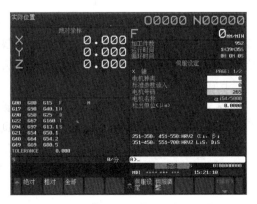

图 3-1-8　伺服设定页面（五）

参数"，如果机床出现 SV0417 报警，请通过诊断信息 No.203 来判断报警原因，如图 3-1-9 所示。如果检查出是伺服侧参数问题，需要尝试伺服参数初始化。

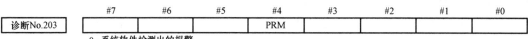

诊断No.203	#7	#6	#5	#4	#3	#2	#1	#0
				PRM				

0：系统软件检测出的报警
1：伺服控制软件检测出的报警

图 3-1-9　诊断信息 No.203

No.203#4＝0 表明系统软件检测出了参数非法。可能导致的原因见诊断信息 No.280，如图 3-1-10 所示。

诊断No.280	#7	#6	#5	#4	#3	#2	#1	#0
		AXS		DIR	PLS	PLC		MOT

MOT(#0)　1：　参数 No.2020的电动机编号中设定了指定范围外的值。

下面列出在各系列中有效的电动机号的范围。当设定此范围外的编号时，就会成为参数非法报警。（此时，PRM=0保持不变。）

伺服控制软件系列	电动机编号设定范围
90G0，90J0，90K0，90GP，90JP	1～909
90E0	1～550（～28.0 版），　1～909(29.0版～)
90D0	1～550
90E1	1～550（～04.0 版）　1～909(05.0版～)
90M0，90M8	1～909
90C5，90E5	1～550(～D 版)　1～909(E版～)
90C8，90E8	1～909
90H0	1～909

PLC(#2)　1：在参数No.2023的电动机每转动一圈的速度反馈脉冲数中设定了0以下等错误值。

PLS(#3)　1：在参数No.2024的电动机每转动一圈的位置反馈脉冲数中设定了0以下等错误值。

DIR(#4)　1：没有在参数No.2022的电动机旋转方向中设定一个正确的值(111或−111)。

AXS(#6)　1：参数No.1023(伺服轴编号)的设定不适当。伺服轴号重复，或者设定了超过伺服卡的控制轴数的值。

图 3-1-10　诊断信息 No.280

No.203#4＝1 表明通过伺服软件检测出参数非法，尝试执行参数初始化消除报警。

二、伺服监控页面

伺服维修中，当机床出现异常状态时，例如：机床出现振动时，需观察电动机电流或速度的变化，降低振动需调整速度增益时，都需要进行伺服参数的调整以及电动机运行状态的监控。在系统页面中，也集成了伺服调整页面，可以完成上述的维修调整任务。

1. 页面进入方法

按 MDI 面板上按"SYSTEM"键→扩展键"＞"→"伺服设定"→"伺服调整"，进入伺服监控页面，如图 3-1-11 所示。用户可以借助伺服调整页面对位置环、速度环增益进行调整，观察监视页面可帮助了解电动机的工作状态。

注：未显示伺服页面时，设定参数 No.3111#0＝1，断电重启生效。

2. 伺服监控页面

伺服监控页面分成左右两部分，左边为伺服常用的调整参数，右边为对应参数值。伺服

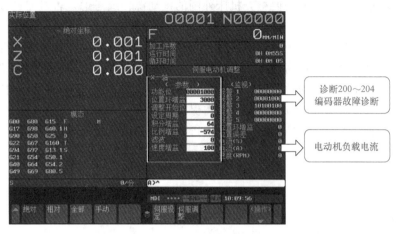

诊断200~204
编码器故障诊断

电动机负载电流

图 3-1-11 伺服监控页面

调整参数见表 3-1-1。

表 3-1-1 伺服调整参数

调整参数	对应参数号	调整参数	对应参数号
功能位	No. 2003	比例增益	No. 2044
位置增益	No. 1825	滤波	No. 2067
积分增益	No. 2043	速度增益	No. 2021

伺服参数解决的故障，通常与产品精度、表面粗糙度、效率有关，但精细的调整需要具备伺服原理知识以及精密测量设备和软件，通过手动的参数调整，很难达到精细化，但维修中，也可以通过一些参数解决或者判断一些常见的故障。在伺服监控页面下进行参数调整的好处是不需要记忆参数号，同时系统也将这些经常调整的参数整合在一起，便于用户进行快速设定。

例如，机床运行中出现振动时，可以调整滤波参数，按照振动的频率（大致判断）进行调整。如振动频率为200Hz，振动的截止频率需设定100Hz，100Hz对应的参数设定值为2185，则设定为当前值，见表3-1-2。

表 3-1-2 转矩指令滤波器设定值

截止频率/Hz	参数设定值	截止频率/Hz	参数设定值
90	2327	170	1408
95	2255	180	1322
100	2185	190	1241
110	2052	200	1166
120	1927	220	1028
130	1810	240	907
140	1700	260	800
150	1596	280	705
160	1499	300	622

调整滤波器若无效，可以适当降低速度增益进行减振，如果速度增益降低很多，对振动

带来的变化依然不明显，可能需要检查机床外围的振动源，或考虑是否机械连接、轴承等方面的问题。

对于产品精度以及机床停止时过冲振荡，也可以借助该页面的位置增益进行调整，提高位置增益，减少跟随误差以提高精度。电动机定位停止时，观察电动机跟随误差的显示，确定是否过冲，通过降低位置增益也可以改善过冲，尤其全闭环出现振动时，调整位置增益比较有效，但需注意，调整后的位置增益全轴需保持一致。

伺服监控页面右边可以监控伺服电动机运行的转台，以及报警对应的诊断号。

① 诊断号。

报警1：诊断号200号

报警2：诊断号201号

报警3：诊断号202号

报警4：诊断号203号

报警5：诊断号204号

报警1到报警5所显示的诊断位，对应串行脉冲编码器，报警细节或有伺服软件检测编码器反馈数据所分析出的断线、过载等原因，详细的诊断位说明参考 B-64695 数控系统维修说明书。当出现例如 SV36X（X：0~8）的报警时，可以检测对应的诊断位进行故障原因排查。

结合报警诊断显示（图 3-1-12 和图 3-1-13），查找处理办法。具体的处理办法请参考任务 4 "伺服位置检测器及其报警处理"。

	#7	#6	#5	#4	#3	#2	#1	#0
①报警1	OVL	LVA	OVC	HCA	HVA	DCA	FBA	OFA
②报警2	ALD			EXP				
③报警3		CSA	BLA	PHA	RCA	BZA	CKA	SPH
④报警4	DTE	CRC	STB	PRM				
⑤报警5		OFS	MCC	LDM	PMS	FAN	DAL	ABF
⑥报警6					SFA			
⑦报警7	OHA	LDA	BLA	PHA	CMA	BZA	PMA	SPH
⑧报警8	DTE	CRC	STB	SPD				
⑨报警9		FSD			SVE	IDW	NCE	IFE

图 3-1-12　串行脉冲编码器报警位诊断图

报警3							报警5		1	报警2		报警内容	处理办法
CSA	BLA	PHA	RCA	BZA	CKA	SPH	LDM	PMA	FBA	ALD	EXP		
						1						软相报警	2
				1								电池电压零	1
			1						1	1	0	计数错误报警	2
		1										相位报警	2
1												电池电压降低(警告)	1
								1				脉冲错误报警	
							1					LED异常报警	

图 3-1-13　串行脉冲编码器报警处理表格

② 位置环增益：表示实际环路增益。

③ 位置误差：表示实际位置误差值（诊断号 300）。

④ 电流（%）：以相对于电动机额定值的百分比表示电流值。电流（%）显示的是伺服电动机实际电流与额定电流的百分比，主要有以下两个用途：一是确定负载状况，二是作为手动调整快速移动（G00）和切削进给（G01、G02等）的加减速时间常数的依据。

⑤ 电流（A）：表示实际采样周期内的平均电流值。在伺服电动机加/减速中若电流急剧变化，就无法确认数值。若设定参数 No.2201，如图 3-1-14 所示，就会持续显示电流峰值 3s 左右，就可以读取加/减速时的最大电流。

CPEEKH(#6) 0：通常方式
1：峰值保持电流显示

图 3-1-14　参数 No.2201

⑥ 速度（RPM）：表示电动机实际转速。

任务实施

任务实施1　串行编码器故障，拔下机床上的电动机编码器反馈线，让数控系统产生报警。进入伺服监控页面，观察报警 1~5 对应位变化。结合本节所学知识，查找故障原因。

操作步骤如下：

步骤1　修改参数 No.3111 第 0 位为 1，如图 3-1-15 所示，在参数页面中按扩展键"＞"至出现"伺服设定"软键，如图 3-1-16 所示。

步骤2　按下"伺服设定"键进入伺服设定页面，再按下"伺服调整"键，进入图 3-1-17 所示伺服监控调整页面后，记录报警号 1~5。

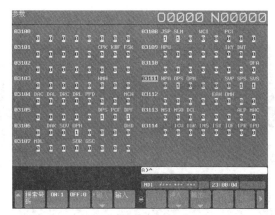

图 3-1-15　参数页面

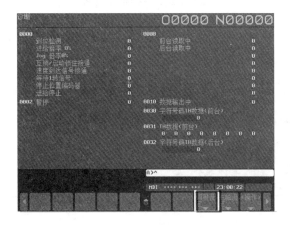

图 3-1-16　诊断页面

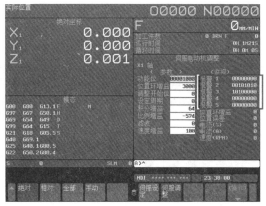

图 3-1-17　伺服监控调整页面

步骤 3　在系统断电状态拔出 X 轴伺服电动机编码器反馈线，如图 3-1-18 所示，此时系统报警为：SV0368（X）串行数据错误（内装），如图 3-1-19 所示。

步骤 4　按下"SYSTEM"功能键，返回伺服设定页面，再进入伺服调整页面，记录下报警号 1~5 对应的变化。可以看到报警号 4 的第 7 位变为 1，如图 3-1-20 所示。

步骤 5　查找 B-65515CM αi-B 驱动器维修说明书。按目录"Ⅱ故障追踪及处理→3 追踪及处理→3.3 伺服软件→3.3.7 脉冲编码器、分离式串行检测器相关报警"进行查看，如图 3-1-21、图 3-1-22 所示。

图 3-1-18　X 轴伺服电动机编码器反馈接口

图 3-1-19　SV0368（X）报警页面

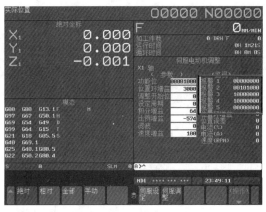

图 3-1-20　伺服调整页面

（用来判断报警的位）

	#7	#6	#5	#4	#3	#2	#1	#0
①报警1	OVL	LVA	过电流	HCA	HVA	DCA	FBA	OFA
②报警2	ALD			EXP				
③报警3		CSA	BLA	PHA	RCA	BZA	CKA	SPH
④报警4	DTE	CRC	STB	PRM				
⑤报警5		OFS	MCC	LDM	PMS	FAN	DAL	ABF
⑥报警6					SFA			
⑦报警7	OHA	LDA	BLA	PHA	CMA	BZA	PMA	SPH
⑧报警8	DTE	CRC	STB	SPD				
⑨报警9		FSD			SVE	IDW	NCE	IFE

图 3-1-21　脉冲编码器、分离式串行检测器相关报警

(3) 串行通信相关的报警
  根据报警4、报警8进行判断。

报警4			报警8			报警内容
DTE	CRC	STB	DTE	CRC	STB	
1						串行脉冲编码器的通信报警。
	1					
		1				
			1			分离式串行脉冲编码器的通信报警。
				1		
					1	

处理：无法正确实施串行通信。请确认电缆的连接是否正确，是否发生过断线。发生CRC、STB时，噪声可能是原因，请实施噪声对策。如果每次接通电源后都会发生报警，可能是脉冲编码器和放大器的控制印制电路板、脉冲模块出现故障。

图 3-1-22 报警 4、报警 8 报警内容

任务实施 2 运行程序 "G00 X100.；X0；M99；"，进入监控页面检索电动机负荷、速度、转速、跟随误差状态，修改位置环增益数值，观察位置误差的变化，并调试合适的位置环增益。

操作步骤如下：

步骤 1 按下 "PROG" 功能键进入程序页面，在 EDIT 方式下，新建程序 O0666，编写程序 "G00 X100.；X0；M99；"，如图 3-1-23 所示。

步骤 2 修改参数 3111 第 0 位为 1，在参数页面中按扩展键 ">" 至出现 "伺服设定" 键，如图 3-1-24 所示。

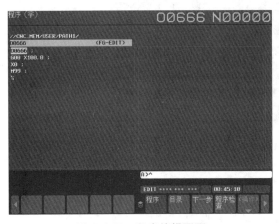

图 3-1-23 程序编辑页面

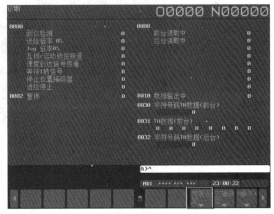

图 3-1-24 诊断页面

步骤 3 按下 "伺服设定" 键进入伺服设定页面，再按下 "伺服调整" 键，进入伺服监控调整页面后，运行程序 O0666，观察伺服监控页面。可以观察到位置环增益值为 3000，位置误差值为 34，如图 3-1-25 所示。

步骤 4 将位置环增益值修改为 5000，可以观察到位置误差值为 21，如图 3-1-26 所示。

步骤 5 将修改位置环增益值为 7000，可以观察到位置误差值为 15，如图 3-1-27 所示。

根据上述调试发现：位置环增益值越大，观察到位置误差值越小。

步骤 6 观察电动机转速为 300r，机床当前的进给速度为 3000mm/min，可以推断机械丝杠传动螺距为 10mm。

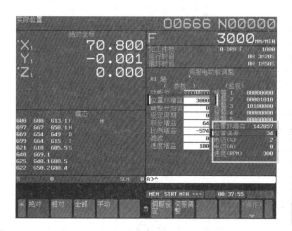

图 3-1-25　伺服监控调整页面

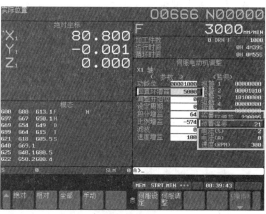

图 3-1-26　位置环增益值的修改（一）

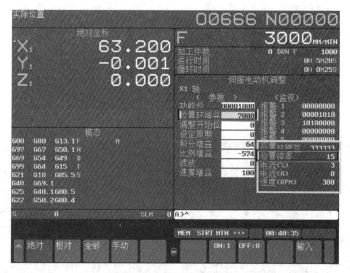

图 3-1-27　位置环增益值的修改（二）

问题探究

在伺服监控页面中，观察哪些信息能够确认电动机在振动？

任务 2　伺服驱动器的 LED 数码管显示

任务描述

通过伺服驱动器 LED 数码管显示的学习，了解数码管显示内容与伺服报警状态的关系，并能结合 LED 数码管显示和 CNC 系统报警信息通过维修说明书快速查找故障原因。

学前准备

1. 查阅资料了解伺服驱动器的连接和工作原理。

2. 查阅资料了解伺服驱动器 LED 数码管显示的含义。

3. 查阅资料收集相关伺服驱动器硬件种类及其 LED 数码管显示状态的不同。

学习目标

1. 了解并掌握伺服驱动器 LED 所在位置和数码管的构成。

2. 了解数码管显示内容的大类别和显示具体内容含义，能够根据驱动器数码管显示内容判断分析驱动器当前的工作状态。

3. 理解数码管和伺服报警检测之间的关系，具备根据数控系统报警页面查询报警号和检索维修说明书的能力。

4. 能够根据驱动器各模块数码管显示内容判断分析驱动器当前报警的主要原因并排除故障。

任务学习

一、伺服驱动器的作用

伺服驱动器接收数控系统的指令放大后驱动伺服电动机运行，并接收伺服电动机的反馈传递至数控系统。伺服驱动器本体具有故障检测电路。伺服驱动器同电源单元一样，也分为 αi 系列和 βi 系列，αi 系列有单轴、双轴、3 轴一体型伺服驱动器，并需要连接至 αi 电源单元使用；βi 系列有单轴、双轴、3 轴与主轴一体型伺服驱动器，依靠外部和本体电源进行工作。

图 3-2-1 所示为单轴 αi 系列伺服驱动器的硬件接口。

二、伺服驱动器 LED 数码管显示

1. αi 伺服驱动器数码管显示位置

αi 系列数字式交流伺服驱动器检测到的报警可以通过驱动器上的 7 段 LED 数码管进行显示（其他伺服报警可通过 CNC 的伺服软件检测）。图 3-2-2 所示为伺服驱动器，圈出的位置为 1 位的 7 段 LED 数码管，在伺服驱动器具备控制电源的情况下，可以显示 1 位数字（0~9）或字符（A、B、C 等）。

2. 伺服驱动器数码管显示的作用

在伺服系统维修过程中，当出现伺服报警时，需要结合伺服驱动器数码管状态显示去分析故障原因。当驱动器检测出故障，伺服驱动器 LED 数码管会显示与报警相对应的数字（也有一种伺服报警检测是直接由伺服软件检测的，这时伺服数码管不会有数字进行对应显示），然后传送相应的故障信息给数控系统，由数控系统产生 SVxxx 报警信息，切断伺服使能，使数控设备处于报警停止状态。因此，很多伺服报警检测的出发点是伺服本体检测，观察数码管状态在很多报警场合，会显得更加直观和准确，甚至是很多 CNC 本体报警（比如涉及与伺服通信类的报警）出现时，伺服数码管的状态也能给报警故障的排查提供重要的信息，所以，在故障出现时，养成观察伺服驱动器数码管状态的习惯，对故障报警的分析和排查是大有裨益的。

图 3-2-1　单轴 αi 系列伺服驱动器的硬件接口

图 3-2-2　αi 系列伺服驱动器数码管位置

66

3. 伺服驱动器数码管的显示与状态判断

伺服驱动器 LED 数码管在控制电源施加且电源回路正常时显示为"–"（由伺服软件检测的报警时，数码管也显示为"–"），代表伺服系统处于等待与数控系统进行通信的状态。当数控系统上电与伺服系统建立通信后，数码管显示为"0"，如果出现数字，则代表伺服驱动器检测出异常状态。伺服驱动器数码管显示状态及其内容见表 3-2-1。

表 3-2-1　伺服驱动器数码管显示状态及其内容

STATUS 的显示位置	显示编号	内容
	不显示	STATUS 显示 LED 灯不亮 未接通控制电源、电缆异常、控制电源电路不良
	英文数字	接通电源后，大约 4s 的时间里软件系列/版本分 8 次进行显示。 例：软件版本系列 9H00/01.0 版的情况 $9 \rightarrow H \rightarrow 0 \rightarrow 0 \rightarrow 0 \rightarrow 1 \rightarrow . \rightarrow 0$
	– 灯亮	等待来自 CNC 的 READY 信号
	0 闪烁	绝缘电阻测量中
	0 灯亮	准备状态 伺服电动机处于励磁状态
	显示 1~	报警状态 根据显示的文字判断报警的类别
	– 闪烁	安全扭矩关断状态

三、αi 伺服驱动器 LED 数码管报警代码检索

当出现伺服报警时，可以通过 αi/βi 伺服/主轴维修说明书（B-65285）进行报警故障原因查询。例如：伺服驱动器数码管显示数字为“2”，数控系统报警为 SV434，首先检测目录章节Ⅱ“故障排除和处理方法”的第 2.2 小节“报警显示及其内容-Series 16i…”，如图 3-2-3 所示。

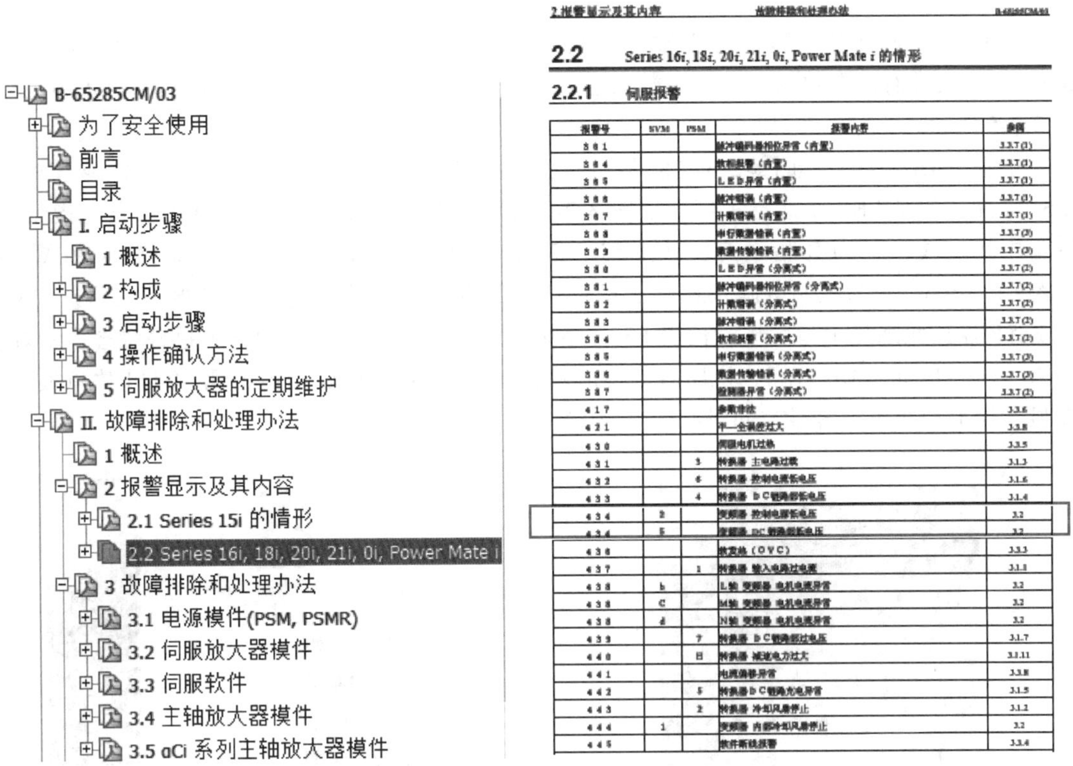

报警号	SVM	PSM	报警内容	参照
361			脉冲编码器相位异常（内置）	3.3.7(1)
364			软相报警（内置）	3.3.7(1)
365			LED异常（内置）	3.3.7(1)
366			脉冲错误（内置）	3.3.7(1)
367			计数错误（内置）	3.3.7(1)
368			串行数据错误（内置）	3.3.7(2)
369			数据传输错误（内置）	3.3.7(2)
380			LED异常（分离式）	3.3.7(2)
381			脉冲编码器相位异常（分离式）	3.3.7(2)
382			计数错误（分离式）	3.3.7(2)
383			脉冲错误（分离式）	3.3.7(2)
384			软相报警（分离式）	3.3.7(2)
385			串行数据错误（分离式）	3.3.7(3)
386			数据传输错误（分离式）	3.3.7(3)
387			检测器异常（分离式）	3.3.7(2)
417			参数非法	3.3.6
421			半—全误差过大	3.3.8
430			伺服电机过热	3.3.5
431		3	转换器 主电路过载	3.1.3
432		6	转换器 控制电源低电压	3.1.6
433		4	转换器 DC链路部低电压	3.1.4
434	2		变频器 控制电源低电压	3.2
435	5		变频器 DC链路部低电压	3.2
436			软变热（OVC）	3.3.3
437		1	转换器 输入电路过电流	3.1.1
438	b		L轴 变频器 电机电流异常	3.2
438	c		M轴 变频器 电机电流异常	3.2
438	d		N轴 变频器 电机电流异常	3.2
439		7	转换器 DC链路部过电压	3.1.7
440		H	转换器 减速电力过大	3.1.11
441			电流偏移异常	3.3.8
442		5	转换器DC链路充电异常	3.1.5
443		2	转换器 冷却风扇停止	3.1.2
444	1		变频器 内部冷却风扇停止	3.2
445			软件断线报警	3.3.4

图 3-2-3　B-65285 说明目录检索

从右图报警列表中检索出数字 2 的报警为变频器（即为伺服驱动器）控制电源电压低，对应到系统显示的报警为 SV434，报警原因的分析参阅 3.2 小节，进入 3.2 小节检测出报警原因如图 3-2-4 所示。

3.2.2　报警代码 2

(1) 内容

变频器 控制电源低电压

(2) 主要原因和排除方法

(a) 确认放大器的 3 相输入电压(应大于等于额定输入电压的 0.85 倍)

(b) 确认 PSM 输出的 24V 电源电压(正常时：大于等于 22.8V)

(c) 确认连接器、电缆(CXA2A/B)

(d) 更换 SVM

图 3-2-4　B-65285 说明书报警原因检索

接下来就可以按照说明书给出的检测顺序一步步排查故障原因。但需要注意的是，说明书中给出的不一定是报警的所有原因，若执行完所有的检测后故障依然没有解决，则还需要从其他方面入手继续进行分析和判断。

如果出现伺服报警的同时数码管显示为"−"，检索时以 CNC 报警信息进行，这类报警主要是通过伺服软件所检测出的，例如：SV368 编码器反馈报警时，数码管显示为"−"。

四、βi 伺服驱动器 LED 数码管显示

βi 伺服驱动器中有伺服与主轴一体的 βiSVSP 模块和单轴、双轴的 SVM 伺服模块。βiSVSP 模块带有两个数码管，单位数码管显示伺服的状态，双位数码管显示主轴状态，如图 3-2-5 所示。

单轴（4A/20A——图 3-2-6 左侧驱动器、40A/80A——图 3-2-6 右侧驱动器）或双轴的 βiSVM 配备的是 LED 状态指示灯，如图 3-2-6 所示。在图中左上角为 DC LINK 充电指示红灯，中间位置 3 个 LED 指示灯，从上到下依次为 ALM（红色）\ LINK（绿色）\ POWER（绿色）。POWER 为控制电源状态显示指示灯，代表伺服驱动器 24V 控制电源正常。LINK 为 FSSB 连接状态显示指示灯，代表 FSSB 系统总线连接状态。ALM 为伺服报警状态指示灯，如果 ALM 的红色 LED 灯亮，说明有伺服故障，如 FANUC 伺服驱动器出现 SV444 故障报警，在显示器上有相应报警号，同时红色 ALM 指示灯亮。

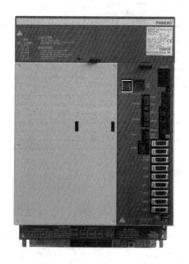

图 3-2-5　βiSVSP 一体型驱动器

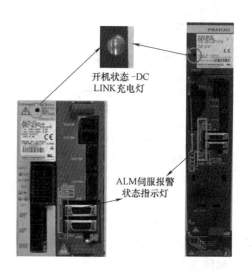

开机状态 -DC LINK 充电灯

ALM 伺服报警状态指示灯

图 3-2-6　βiSVM 系列伺服驱动器

针对 βi 系列驱动器，一体型的 SVSPM 数码管的状态显示可以参照 αi 系列的状态显示处理，对于单轴或双轴的 βi 驱动器，具体的报警信息需要从数控系统侧观察，并通过 βi 伺服/主轴维修说明书（书号：B-65325CM/XX）检索故障报警原因，如图 3-2-7 所示。但同时有些情况下也要关注其硬件上的 LED 指示灯的状态来帮助分析。例如，当系统侧出现与伺服通信的报警时，可以观察 POWER 灯、LINK 灯的状态，是控制电源没有造成的通信报警，还是通信接口造成的通信报警，从快速确定故障排查方向。

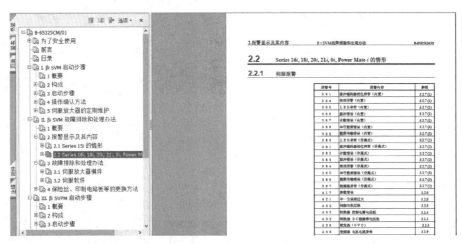

图 3-2-7　B-65325 维修说明书

任务实施

通过数码管状态显示，正确识别伺服驱动器工作状态是否正常。数码管显示数字报警时，结合数控系统报警页面，查询报警号和检索维修说明书，分析判断驱动器当前报警的主要原因。

步骤1　观察电源模块、主轴模块和伺服模块上电，数码管待机状态的显示。数码管显示为 "–"。如图 3-2-8 所示。

步骤2　上电建立通信后，电源模块数码管显示 "00"、主轴模块数码管显示 "--"、伺服模块状态数码管显示为 "0"，如图 3-2-9 所示。

图 3-2-8　数码管待机状态显示

图 3-2-9　上电建立通信完成

步骤 3　伺服驱动器风扇故障。关机，拔下伺服驱动上的风扇，开机观察数码管显示状态变化。数码管显示为"1"，如图 3-2-10 所示，同时数控系统上显示风扇故障报警号，如图 3-2-11 所示。

步骤 4　数码管显示报警数字时，分析判断驱动器当前报警的主要原因，根据数控系统报警页面为逆变器风扇报警 SV444，数码管显示为数字 1，查询 B-65515 维修说明书中伺服数码管报警显示及内容，如图 3-2-12 所示。

检索 2.2.1 伺服驱动器列表中对应的 444 号报警信息和 SVM 报警数字 1，如图 3-2-13 所示的框线所在行，判断故障原因为伺服驱动器风扇报警。

图 3-2-10　数码管显示风扇报警

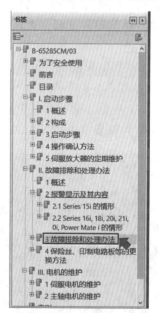

图 3-2-12　数码管报警显示

图 3-2-11　数控系统显示风扇报警号

4 4 3	2	转换器 冷却风扇停止	3.1.2
4 4 4	1	变频器 内部冷却风扇停止	3.2
4 4 5		软件断线报警	3.3.4

图 3-2-13　伺服报警号及内容

若伺服驱动器数码管显示为 1，则是伺服内部冷却风扇停止故障，检索说明书截图和处理方法如图 3-2-14 所示，判断该伺服驱动器故障为风扇故障。

B-65285CM/03　　故障排除和处理办法　　3.故障排除和处理办法

3.2 伺服放大器模件

伺服放大器模件的报警归纳如下表所示。

比较“第 2 项 报警显示及其内容”中提到的 CNC 的报警代码和 SVM 的 LED 显示，并参阅本表。

报警	LED 显示	主要原因	参阅
变频器 内部冷却风扇停止	1	• 风扇停止 • 风扇电机的连接器、电缆故障 • SVM 故障	3.2.1

3.2.1 报警代码 1

(1) 内容

变频器 内部冷却风扇停止

(2) 主要原因和排除方法

(a) 确认风扇中有无夹杂异物

(b) 请切实按下面板(控制基板)。

(c) 确认风扇连接器的连接

(d) 更换风扇

(e) 更换 SVM

图 3-2-14 数码管显示为 1 的内容及原因

步骤 5 恢复风扇正常连接，拔下 *X* 轴 JF1 反馈电缆，上电，观察 *X* 轴数码管显示和数控系统显示的信息，发现出现伺服报警 SV368 的同时，伺服数码管显示为“-”，这表明故障的检测来自于数控系统的伺服软件。

问题探究

1. βiSV 伺服驱动器上 3 个 LED 指示灯的位置和功能是怎样的?
2. 伺服驱动器 SVM 数码管常见显示警示信息有哪些?

任务 3 伺服单元报警与故障排查

任务描述

通过伺服单元的学习，了解伺服驱动器器件本体及硬件连线的知识，伺服驱动器常见故障的排查方法。在生产中，能够运用以上知识对伺服驱动器的典型故障报警进行排查和解除。

学前准备

1. 复习项目 2 电源单元故障诊断与维修（接口管脚介绍、检测、排故）。

2. 查阅资料复习伺服驱动器硬件连接。

学习目标

1. 了解并掌握伺服驱动器电源控制回路硬件连接。
2. 能够准确地查伺服驱动器常见故障。

任务学习

一、伺服驱动器硬件连接

伺服驱动器硬件连接以 αi 系列为例进行介绍。

1. 伺服驱动器上电

机床总电源接通，通过电源单元模块或主轴驱动器（通常连接顺序为主轴驱动器）的 CXA2A 连接至伺服的 CXA2B（如果有下一级的伺服，则由该伺服的 CXA2A 接续输出），如图 3-3-1 所示。伺服驱动器控制回路得电，数码管点亮，CXA2A→CXA2B 连接，如图 3-3-2 所示，随后接通 CNC 控制器电源，通过 FSSB 光纤 COP10A→COP10B 与伺服建立通信，伺服数码管变为 "0"，伺服电动机励磁。

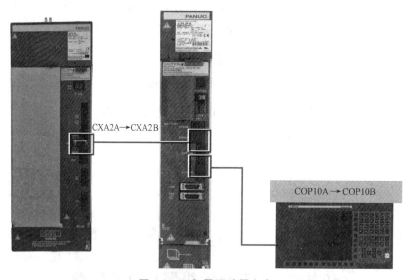

图 3-3-1　伺服驱动器上电

2. 伺服驱动器主电源的连接

伺服驱动器控制电源来自于电源单元和伺服驱动器 CXA2A→CXA2B，另外一路电源就是伺服驱动器驱动伺服电动机的主回路电源，如图 3-3-3 所示。伺服驱动器也可以称之为逆变器，将电源单元输出的直流 300V 逆变成驱动电动机运行的交流电，这条电源回路称之为 DC LINK 回路。

3. 通信

通信回路，一条来自于 CNC 控制器的光纤通信回路

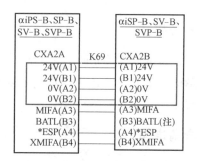

图 3-3-2　CXA2A→CXA2B 的连线

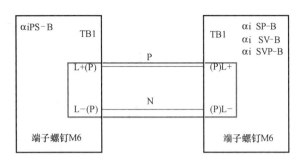

图 3-3-3 主回路电源接口

COP10A→COP10B（如有下一级驱动器则由 COP10A 输出），一条来自于电源单元的通信回路 CXA2A→CXA2B，如图 3-3-4 所示。

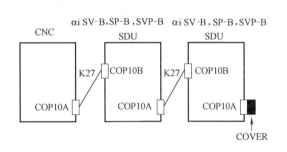

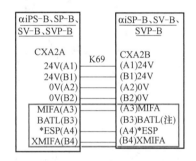

图 3-3-4 通信回路

4. 电动机动力线

伺服驱动器与电动机的连接，有动力线连接和编码器反馈连接，其中电动机动力线的连接如图 3-3-5 所示。动力线相序必须按照图 3-3-5 所示进行连接，否则电动机不能正常旋转。如果是多轴伺服驱动器，第 1 轴到第 3 轴动力线端口分别定义为 CZ2L/2M/2N，并且动力插头导向键槽有区别，其规格见表 3-3-1。

表 3-3-1 动力插头导向键槽规格

键槽规格	适用范围
XX	单轴、双轴、3 轴驱动器的 L 轴(第 1 轴)
XY	双轴、3 轴驱动器的 M 轴(第 2 轴)
YY	3 轴驱动器的 N 轴(第 3 轴)

5. 电动机编码器反馈

伺服电动机的编码器反馈至伺服驱动器的 JFx 端口，x 为驱动电动机的轴号。例如：JF2 为第 2 轴编码器反馈。如果电动机编码器为绝对位置编码器时，还需要在伺服驱动器上加装 6V 电池给编码器供电。

（1）外置电池连接方式 外置电池盒安装 4 节 1.5V 碱性干电池，给所有的驱动器连接的编码器供电，如图 3-3-6 所示。外置连接方式时，CXA2A→CXA2B 间的电缆会追加 6V 连

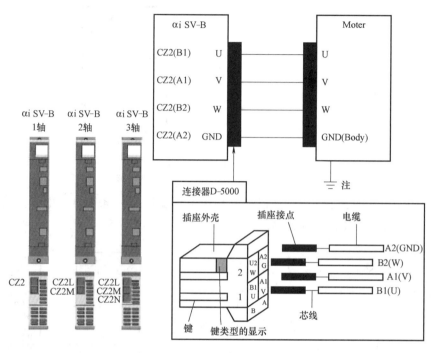

图 3-3-5　电动机动力线连接图

线回路，切不可应用在内置连接方式下。

（2）内置电池连接方式　在驱动器上安装 6V 的锂电池，给该驱动器所连接的编码器供电，如图 3-3-7 所示。

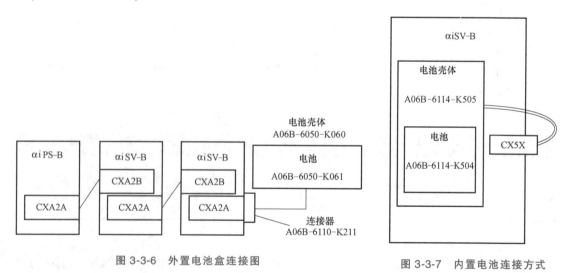

图 3-3-6　外置电池盒连接图

图 3-3-7　内置电池连接方式

6. 连接总图

以双轴驱动器为例，连接总图如图 3-3-8 所示（βi 驱动器的硬件端口与 αi 的基本一致）。

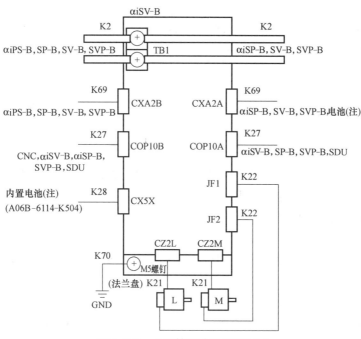

图 3-3-8 αi 双轴驱动器连接总图

二、伺服驱动器故障排查

1. 伺服驱动器数码管不亮

（1）故障现象 伺服驱动器数码管不亮，系统上电后，通信检测异常，SV1067 FSSB 通信报警。

（2）故障排查

1）确认伺服驱动器前级连接的设备，如电源单元或主轴、伺服驱动器的数码管是否点亮。如果不亮，检查前级设备电源回路；如果点亮，拔下 CXA2 电缆，并测量端口控制电压，确认输入电压是否正常，跨接电缆线是否完好。

2）按住伺服驱动器侧板上下锁扣，拔出伺服驱动器侧板，检查电路板 FU1（3.2A）熔断器，如图 3-3-9 所示。

3）如果输入电源和熔断器没有问题，则应该为短路造成的故障。拔下伺服驱动器上的反馈电缆以及电动机动力线，确认数码管是否点亮。

4）如果数码管点亮，则为外部短路引起。确认伺服电动机绕组对地，以及编码器是否存在短路。

5）如果数码管不亮，则为伺服驱动器内部电源故障，尝试更换伺服驱动器。

2. 控制电源电压降低

（1）故障现象 伺服驱动器数码管显示"2"，数控系统页面显示 SV434 报警。

FU1(3.2A)
（额定显示颜色：白）

图 3-3-9 伺服驱动器侧板

（2）故障排查

1）确认伺服驱动器 CXA2B 端口 +24V 输入电压。

2）更换 CXA2A→CXA2B 跨接电缆。

3）更换伺服驱动器。

3. DC Link 电压低（主回路电源）

（1）故障现象　伺服驱动器数码管显示"5"，CNC 页面显示 SV435 报警。

（2）故障排查

1）确认直流母线螺钉是否拧紧。

2）如果报警发生在多个轴上时，参照电源单元 DC Link 电压低报警处理方法。

3）确认驱动器侧板是否接插牢固。

4）尝试更换伺服驱动器。

4. 伺服电动机过电流

（1）故障现象　伺服驱动器显示"b"（第 2、3 轴显示"c""d"），数控系统页面显示 SV438 报警。

（2）故障排查

1）确认伺服参数电流，检测以下参数是否正确，或尝试执行伺服参数初始化，载入标准参数确认。

0i-D/F、31i-B	No. 2004	No. 2040	No. 2041

2）确认驱动器侧板是否插接牢固。

3）如果降低速度过流报警消失，尝试加大加减速时间。

4）拆下电动机动力线，测量电动机三相绕组对地以及动力线绝缘，绝缘标准参照表 3-3-2 和图 3-3-10。

表 3-3-2　电动机绝缘

绝缘电阻值	判定	绝缘电阻值	判定
100MΩ	良好	1~10MΩ	老化加剧,需要定期检查
10~100MΩ	开始老化,需要定期检查	1MΩ 以下	不良,更换电动机

5）外部绝缘没有问题，尝试更换伺服驱动器。

5. 伺服电动机异常电流

（1）故障现象　数码管显示"–"，CNC 控制器显示 SV0011 伺服电动机异常电流。

（2）故障排查　区别于过电流，该异常电流检测来自于伺服软件检测。

1）确认伺服电动机动力线是否缺相、错相或未连接。

2）按照伺服电动机过电流报警 SV438 检查步骤进行。

图 3-3-10　绝缘测量

6. 风扇报警（αi 伺服驱动器）

（1）故障现象 数码管显示"1"或"F"闪烁，数控系统显示 SV444 报警（内部冷却风扇停转）和 SV601 报警（散热器风扇停转）。

（2）故障排查 首先在硬件上要区别内部风扇和散热器风扇，如图 3-3-11 所示。

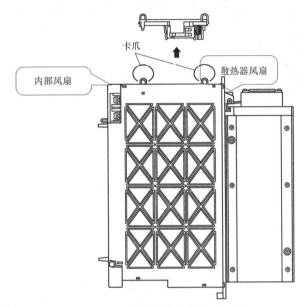

图 3-3-11 内部风扇与散热器风扇

1）确认风扇是否旋转，如果不转，拆下风扇进行清洁，确认是否为机械堵转。

2）更换风扇，确认是否为风扇本体故障。

3）尝试更换驱动器。

任务实施

任务实施 1 现场 0i-MD 系统的加工中心，使用的为 αi 伺服驱动器，开机后系统显示 SV601"散热器风扇停转"。

步骤 1 确认报警为 X/Y 双轴伺服驱动器冷却风扇故障报警，如图 3-3-12 所示。

步骤 2 确认该风扇在旋转，判断故障为回路问题，故障点为"风扇检查"和"驱动器检查"回路。

步骤 3 更换散热器冷却风扇，故障报警依然存在，确定应该为驱动器问题。

步骤 4 更换驱动器后故障排除，再次确认更换下来的风扇好坏，发现故障依旧。

步骤 5 检查故障风扇，发现故障风扇有一个针插接位置缩后，该插针为风扇检测线。恢复其正常位置后测试，故障排除，如图 3-3-13 所示。

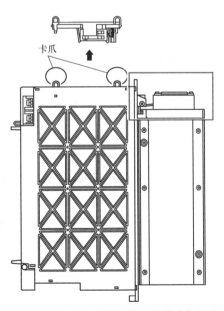

图 3-3-12 X/Y 双轴伺服驱动器冷却风扇

77

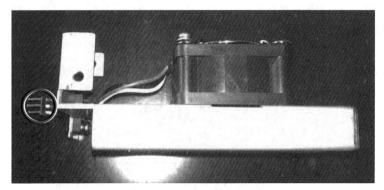

图 3-3-13　风扇故障现场

步骤 6　同理确认更换伺服驱动器对应的接口也存在同样的接触问题，调整后故障排除。

任务实施2　立式加工中心，0i-MF 系统+αi 伺服驱动器，开机后出现 SV1067 FSSB "设定错误"报警。

步骤 1　检查伺服驱动器数码管，发现 Z 轴驱动器数码管不亮，确定为电源故障引起的通信报警，如图 3-3-14 所示。

步骤 2　前级伺服驱动器 CXA2A 线缆，输出 24V 电压正常。

步骤 3　确认该伺服驱动器侧板熔断器正常。

步骤 4　拆卸该轴驱动器所有的外部电缆，仅保留 CXA2A→CXA2B 电源电缆，LED 指示灯点亮，确认短路来自外围。

步骤 5　依次接插外部电缆，确认短路来自编码器反馈，排查编码器反馈电缆和编码器。

步骤 6　更换 Z 轴编码器，故障排除。

图 3-3-14　伺服驱动器故障现场

问题探究

伺服驱动器在伺服变流技术中的作用是什么？

任务4　伺服位置检测器及其报警处理

任务描述

通过学习伺服控制原理、伺服编码器的结构与工作原理、光栅尺的结构与工作原理、光栅尺的安装与调整和伺服编码器报警的故障排查思路等知识，能够自主安装光栅尺及分析伺服编码器报警产生的原因并排除故障。

学前准备

1. 查阅资料，思考伺服编码器的作用是什么。
2. 查阅资料，思考光栅尺和伺服编码器有什么不同。
3. 查阅资料，思考可能会引起编码器报警的原因有哪些。

学习目标

1. 了解伺服控制原理。
2. 熟悉伺服编码器的种类。
3. 了解伺服编码器的结构和工作原理。
4. 了解光栅尺的结构和工作原理。
5. 熟悉伺服编码器的常见报警。
6. 能够分析并排除伺服编码器、光栅尺的故障。

任务学习

一、位置检测器

FANUC 系统将伺服三环控制集成在数控机床的轴卡上，通过接收数控机床所发出的指令，经轴卡的三环处理后输出至驱动器，驱动电动机运行。伺服三环控制由位置控制、速度控制、电流控制这 3 个控制环路构成，如图 3-4-1 所示。

（1）位置控制　用来使实际位置跟随位置指令的控制环路。

（2）速度控制　用来使伺服电动机速度跟随速度指令的控制环路。

（3）电流控制　用来使伺服电动机的实际转矩跟随转矩指令的控制环路。

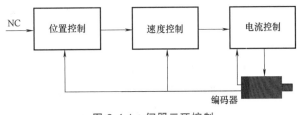

图 3-4-1　伺服三环控制

位置检测器的主要作用是采集机械移动的位置信息和速度信息，并将这些信息反馈至控制器的轴卡中进行控制，其种类根据反馈形式和对位置的记忆功能有所不同。位置检测器按安装的位置分为内置编码器和外置编码器。

二、内置编码器

内置编码器就是来检测伺服电动机旋转精度的检测仪器，安装在电动机后方，包括了位置检测、速度检测、磁极位置检测。由于内置编码器安装在伺服电动机上，处于进给传动系统的中间，它检测不到由于丝杠的螺距误差和齿轮间隙引起的运动误差，属于半闭环控制，但可对这类误差进行补偿，因而仍可获得满意的精度，如图 3-4-2 所示。

绝对位置编码器可以用于断电时记忆机床位置，在其编码器内部有个计数器，可以记录

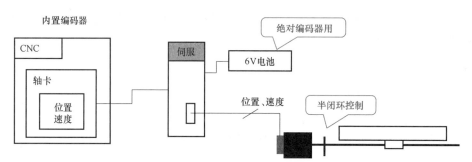

图 3-4-2　内置编码器及半闭环控制

当前位置，并通过电池维持，开机后可以直接进行加工。FANUC 编码器的电池如图 3-4-3
所示。

图 3-4-3　FANUC 编码器的电池

1. 内置编码器参数设定

内置编码器的参数设定如下：

参数	1815	#7	#6	#5	#4	#3	#2	#1	#0
								OPTx	

#1 OPTx 是否使用分离型检出器。

设定值为 0 时不使用；设定值为 1 时使用。

2. 内置编码器结构与工作原理

当前的伺服编码器（encoder）多采用串行通信方式，将编码器中的信号处理后传送给
数字伺服系统进行处理。

编码器内部有两个玻璃片，称为光栅盘：一个是大圆盘，上面有等距离的刻线（增量
值测量），称为主光栅；另一个是扇形片，称为指示光栅，上面刻有两组条纹 A 和 B，每一
组条纹的刻线间距（栅距）与主光栅的相同，但 A 与 B 两组的条纹彼此错开 1/4 栅距。大
圆盘装在轴上随轴转动；扇形片固定不动，与主光栅平行放置，两者之间有间隙，不会摩
擦。另外，玻璃片的一侧装有光源（LED）和棱镜，在玻璃片的另一侧、面对光源安装光电
接收器，如图 3-4-4a 所示。这样，大圆盘转动时与扇形片的相对运动使光线形成干涉，在
光电接收器上接收到干涉条纹信号。印制电路板用来处理接收到的信号，如图 3-4-4b 所示。
处理成幅度为 5V 的方波：PCA，＊PCA，PCB，＊PCB。在主光栅的码盘上，还刻有表示基
准位置的一段条纹，因此还可检测出参考零位。编码器的外观如图 3-4-4c 所示。编码器信

号构成如图 3-4-5 所示。

a) 光栅盘

b) 印制电路板

c) 外观

图 3-4-4 编码器内部器件与外形

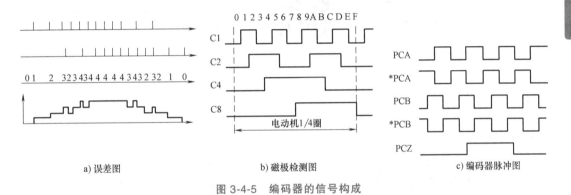

a) 误差图

b) 磁极检测图

c) 编码器脉冲图

图 3-4-5 编码器的信号构成

（1）位置、速度、方向、基准的检测　由于 A、B 两组脉冲个数作为位置反馈、频率作为速度反馈，它们之间的相位差 90°，可用来判断出旋转方向；Z 相为每转一个脉冲，用于基准点定位，如图 3-4-5c 所示。

（2）磁极位置检测　交流同步电动机的电磁转矩是由定子旋转磁场与转子磁极相互作用而产生的，正常运行时，其定子磁场转速与转子磁极运转速度是一致的。要保证永磁同步电动机的正常工作，启动前须检测出转子的磁极位置，才能确定伺服的通电方式、控制模式及输出电流的频率和相位，如图 3-4-5b 所示。

（3）伺服电动机温度检测　编码器和伺服电动机连接处上有两个接点，是热敏电阻接点（图 3-4-6），用来测伺服电动机温度并反馈到系统里，超过伺服设定的过热阈值，则会产生 SV430 报警，诊断号 308 和 309 就是反馈电动机和编码器的温度值。

3. 内置编码器与驱动器的连接

以 αiSV-B 为例，分析一下内置编码器是如何与驱动器进行硬件连接的，如图 3-4-7 所示。

其中，JF1、JF2、JF3 为电动机反馈线接口，而 CX5X 为驱动器内置电池接口（+6V）。

（1）JF1、JF2、JF3 电动机反馈线接口对于不同型号电动机，JF1/JF2/JF3 与内置编

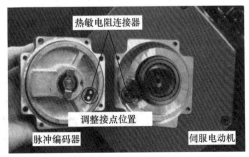

图 3-4-6 热敏电阻连接器

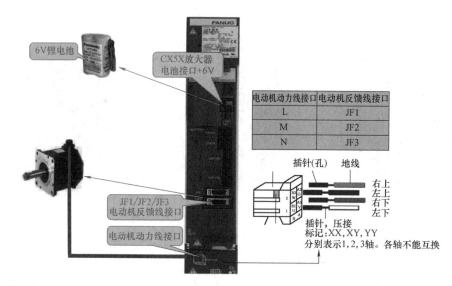

图 3-4-7　αiSV-B 系列内置编码器与驱动器的连接图

码器传输的信号也不同，主要分为两大类：

第一类是 αiF、αiS 系列伺服电动机、βiS 系列伺服电动机（βiS 0.4/5000 ~ βiS 22/2000），如图 3-4-8a 所示。

第二类是 βiS 系列伺服电动机（βiS 0.2/5000、βiS 0.3/5000），如图 3-4-8b 所示。

+5V、0V 为编码器的工作电源，FG、+6V 为备份电池线，如电池线不连，则该编码器是增量式编码器。

注意：

① 如果编码器的连接用连接器（JF1、JF2、JF3）错误，电动机有可能会发生预期外的动作。

② 反馈电缆一定要通过接地卡子屏蔽接地，否则会有干扰。

（2）CX5X 驱动器电池接口

注意：

① 使用内置电池时，连接器 CXA2A/CXA2B 的 BATL（B3）必须要断开。否则，不同 αiSV-B 的电池输出电压之间有可能发生短路，导致电池温度升高，较为危险。

② 请勿将多个电池连接到同一 BATL（B3）的线路上。否则，不同电池的输出电压之间有可能发生短路，导致电池温度升高，较为危险。

4. 内置编码器的安装与调整

由于编码器及电动机属精密设备，操作时请轻拿轻放，安装时避免敲击。注意不要使编码器上附着粉尘与垃圾。

① 在电动机上安装编码器和滑块联轴器。顺着滑块联轴器接头与滑块联轴器的方向使其啮合。

将编码器推入，直到 O 形环进入电动机的定心接口与编码器的定心接口之间。此时，注意安装在编码器上的 O 形环不要咬入，如图 3-4-9 所示。

② 用 4 根 M4 内六角螺栓固定编码器，如图 3-4-10 所示。

αiF、αiS系列伺服电动机
βiS 系列伺服电动机(βiS 0.4/5000~βiS 22/2000)

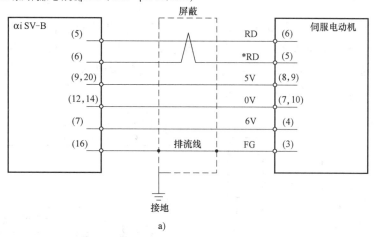

a)

βiS 系列伺服电动机(βiS 0.2/5000、βiS 0.3/5000)

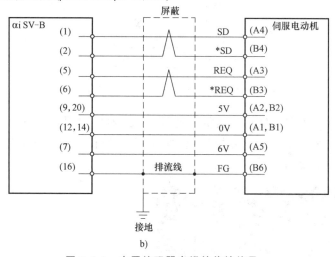

b)

图 3-4-8 内置编码器电缆的传输信号

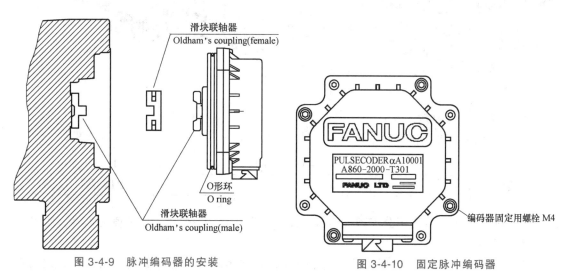

图 3-4-9 脉冲编码器的安装

图 3-4-10 固定脉冲编码器

三、外置编码器

由于外置编码器安装在床身和工作台之间，这种数控机床精度和稳定性最好。从理论上讲，可以消除整个驱动和传动环节的误差、间隙和失动量，具有很高的位置控制精度，属于全闭环控制，如图 3-4-11 所示。外置编码器包含有旋转编码器和线性编码器等，比如光栅尺、光栅盘，而其中应用较广泛的为光栅尺。

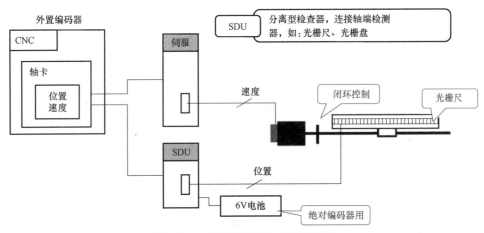

图 3-4-11 外置编码器及全闭环控制

光栅尺，也称为光栅尺位移传感器（光栅尺传感器），是利用光栅的光学原理工作的位置测量装置，如图 3-4-12 所示。光栅尺经常应用于数控机床的闭环伺服系统中，可用作直线位移或者角位移的检测。

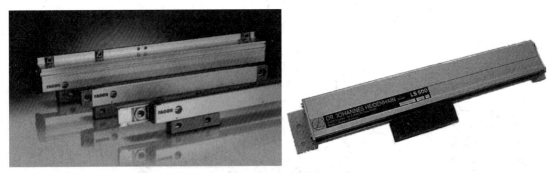

图 3-4-12 光栅尺

1. 外置编码器参数设定

外置编码器的参数设定如下：

参数		#7	#6	#5	#4	#3	#2	#1	#0
1815								OPTx	

#1 OPTx 表示是否使用分离型检出器。设定值为 0 时，不使用，设定值为 1 时，使用。

2. 光栅尺

（1）光栅尺的结构　光栅尺是由主光栅（也称之为定尺）和光栅读数头（也称之为动

尺）两部分组成。主光栅一般固定在机床固定部件上，光栅读数头装在机床活动部件上，指示光栅装在光栅读数头中。图 3-4-13 所示为 HEIDENHAIN 公司生产的 LC183 型封闭式直线光栅尺结构。

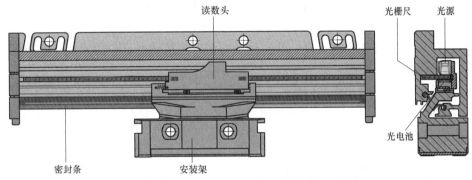

图 3-4-13　LC183 型封闭式直线光栅尺结构

光栅检测装置的关键部分是光栅读数头，它由光源、会聚透镜、主光栅、指示光栅、光电元件及调整机构等组成，如图 3-4-14 所示。

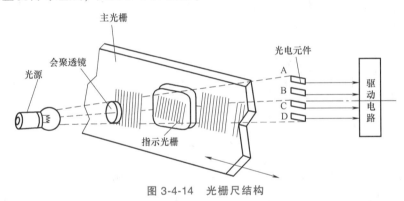

图 3-4-14　光栅尺结构

（2）光栅尺工作原理

1）读数头的结构。读数头的结构包括发光板、光信号接收板和信号放大转换板。信号放大转换板如图 3-4-15 所示。

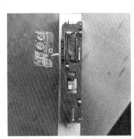

图 3-4-15　信号放大转换板

2）读数头的读数原理。

① 光源。光源由一组发光二极管组成。

② 光栅尺。主光栅和指示光栅统称为光栅尺。它们是用真空镀膜的方法光刻有均匀密

集线纹的透明玻璃尺，线纹透明与不透明间隔相等。主光栅固定在机床的固定部件上（如机床底座上），指示光栅与读数头的其他部件安装在机床的活动部件上（如工作台或丝杠上），两者随机床工作台的移动而相对移动。光栅尺的刻线线纹相互平行，线纹之间的距离相等，此距离称为栅距；每毫米上的线纹数称为栅距数（又称线密度），栅距数越大，测量精度越高。

③ 光电二极管。也称光敏元件，是一种将光信号转换成电信号的元件，能根据光照度不同产生出不同幅值的电流信号。

④ 莫尔条纹。当指示光栅上的线纹和主光栅上的线纹之间形成一个小角度 θ，并且两个光栅尺刻面相对平行放置时，在光源的照射下，位于几乎垂直的栅纹上，形成明暗相间的条纹。这种条纹称为"莫尔条纹"，如图 3-4-16 所示。

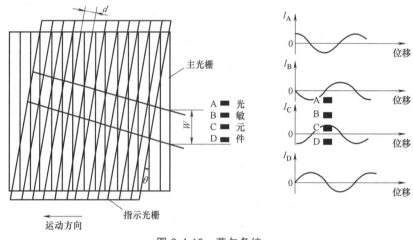

图 3-4-16　莫尔条纹

两光栅尺相对移动时，莫尔条纹也将随之移动，并且莫尔条纹的移动方向与两光栅尺相对移动的方向垂直；若两光栅尺相对移动方向改变时，莫尔条纹的移动方向也随之改变。

莫尔条纹由亮带到暗带、再由暗带到亮带，即透过两光栅尺的光照度的分布近似余弦规律。当两光栅尺相对移动时，照射到光电二极管上的光照度也将是余弦规律变化的。光电二极管将光信号转变为电信号。当一束光照度变化规律为余弦的光信号照射光电二极管时，光电二极管将输出余弦规律变化的电流信号 I。

为了判别光栅的移动方向，必须沿着莫尔条纹移动的方向安装光敏器件 A 和 B，使莫尔条纹经光敏器件转化成的脉冲信号相位差 90°，由相位的超前和滞后来判断光栅的移动方向。在增量式光栅中，为了寻找坐标原点，需要有零位标记，因此在光栅尺上除了主光栅刻度外，还必须刻有零位基准的零位光栅，以形成零位脉冲，又称参考脉冲。

光栅尺信号输出有并行输出、串行输出等输出形式。串行输出连接线少，传送距离远，可靠性就大大提高了，但传送速度比并行输出慢，其输出为串行信号。并行输出信号是数据同时发出，空间上，每个位数的数据各占一根电缆。对于位数不高的光栅尺，一般就直接以此形式输出，可直接进入 PLC 或上位机的 I/O 接口。这种方式输出时，连接简单，其输出信号为并行信号。

（3）光栅尺的安装与调整　光栅尺线位移传感器的安装比较灵活，可安装在机床的不同部位。

光栅尺的安装，可以采用两种方式，一种是定尺固定在机床床身静止位置，动尺安装在工作台上，随着工作台的移动而移动，如图 3-4-17 所示。另外一种为定尺随工作台的移动而动，动尺安装在机床床身静止位置。安装时，首先注意是开口侧需要朝下安装，以防粉尘进入，安装的调整重点为定尺的平行度（上、侧素线的平行度）和定尺、动尺之间的间隙的调整。

海登汉的 LC、LF 和 LS 型紧凑型直线光栅尺（定尺）应需全长直接固定在加工面上。安装封闭式直线光栅尺非常简单，只需将光栅尺在多点处与机床导轨对正，也可用限位面或定位销对正光栅尺。安装辅助件以将光栅尺和读数头（动尺）间的间隙以及横向公差调整正确为宜。如果因为安装空间有限，必须在安装光栅尺前先拆下安装辅助件，也可以轻松、精确地调定光栅尺和读数头间的间隙。此外，还必须确保符合横向公差要求，如图 3-4-18 所示。

图 3-4-17　光栅尺安装

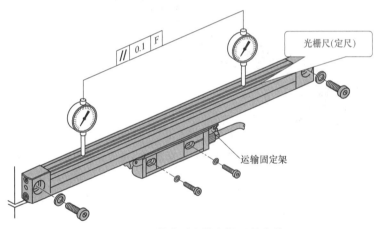

图 3-4-18　紧凑型直线光栅尺的安装

① 标准安装方法。两个 M8 螺栓将直线光栅尺固定在平表面位置。

② 用安装板安装。用安装板安装紧凑型直线光栅尺有突出优点：可在组装机床时将它固定在机床上，最后安装时，只需将光栅尺夹紧即可，这样可以很容易地更换光栅尺，便于检修，如图 3-4-19 所示。

③ 用压紧元件安装。LC 4x3 直线光栅尺在两端固定。此外，也可以用压紧元件将其固定在安装面处。这种在测量长度中心位置处固定（推荐用于测量长度大于 620mm 的高动态性能应用）的方法比较容易而且可靠，而且这使得测量长度大于 1240mm 的直线光栅尺可以不用安装板进行安装，如图 3-4-20 所示。

3. 分离型检测器接口单元 SDU

使用分离型旋转编码器和线性编码器等分离型检测器时，需要用到分离型检测器接口，如图 3-4-21 所示。分离型检测器接口作为 FSSB 线上的单元，通过光纤电缆连接。

分离型检测器接口单元见表 3-4-1。

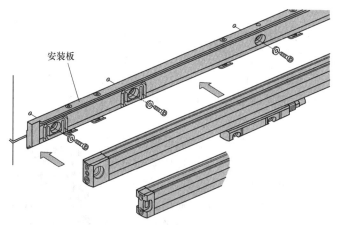

安装板

图 3-4-19　用安装板安装紧凑型直线光栅尺

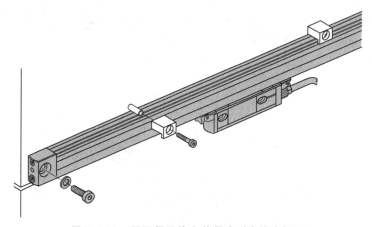

图 3-4-20　用压紧元件安装紧凑型直线光栅尺

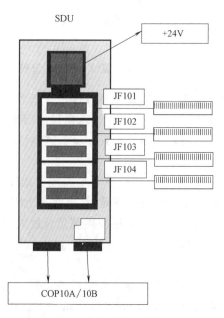

SDU

+24V

JF101

JF102

JF103

JF104

COP10A／10B

图 3-4-21　分离型检测器接口单元

表 3-4-1 分离型检测器接口单元

位置检测器接口单元	A02B-0323-C205	31i-B、0i-F 系列适用
分离型检测器接口单元附加 4 轴	A02B-0323-C204	31i-B、0i-F 系列适用
模拟输入分离型检测器接口单元基本 4 轴	A06B-6061-C202	大于 4 轴时,直接增加基本单元

分离型检测器接口单元的连接有以下几种。

1)电源以及光纤的连接。从外部 DC24V 电源供给分离型检测器接口单元电源,从基本单元供给附加单元电源,如图 3-4-22 所示。光纤连接遵循 COP10A 出、COP10B 入的连接顺序,如图 3-4-23 所示。

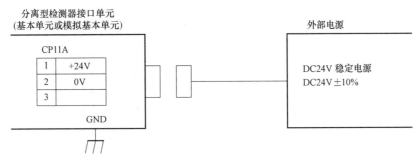

图 3-4-22 分离型检测器接口单元的电源

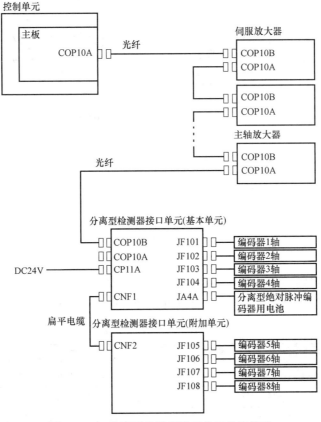

图 3-4-23 分离型检测器接口单元的连接图

2）反馈线与分离型检测器的连接。JF10X反馈线需结合光栅尺供应商提供的光栅尺管脚图，参考图3-4-24和图3-4-25。分离型检测器接口连接时，信号线必须采用双绞线并进行屏蔽接地处理。

3）绝对位置检测器用电池的连接。在连接需要用电池进行备份的分离型绝对位置检测器时，在基本单元（或模拟基本单元）的JA4A上连接分离型绝对编码器用电池盒。经由扁平电缆，向附加单元供给电池电压，如图3-4-24所示。

4）基本单元和附加单元之间的连接。用扁平电缆CNF1～CNF2将基本单元（或模拟基本单元）和附加单元之间连接起来，如图3-4-24所示。

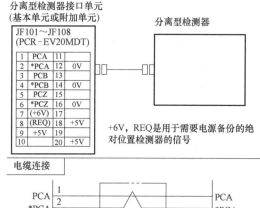

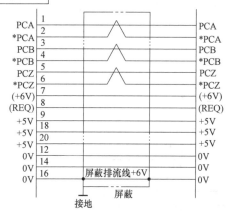

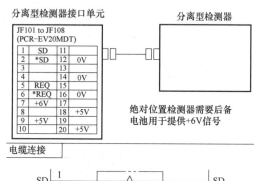

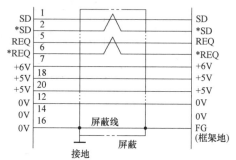

图3-4-24　光栅尺与分离型检测器的连接（并行接口）

图3-4-25　光栅尺与分离型检出器的连接（串行接口）

四、位置检测及反馈报警

1. 内置编码器报警

（1）常见报警　内置编码器常见报警信息见表3-4-2。

表3-4-2　内置编码器常见报警信息

报警号	报警信息	报警内容
SV360	脉冲编码器代码和检查错误	在内置编码器中产生检查和报警
SV361	脉冲编码器相位异常	在内置编码器中产生相位异常报警
SV362	REV. 数据异常	在内置编程器中产生转速计数异常报警

（续）

报警号	报 警 信 息	报 警 内 容
SV363	时钟异常	在内置编码器中产生时钟异常报警
SV364	软相位报警	数字伺服软件在编码器中检测出异常
SV365	LED 异常	内置编码器的 LED 异常
SV366	脉冲丢失	在内置编码器中产生脉冲丢失
SV367	计数值丢失	在内置编码器中产生计数值丢失
SV368	串行数据错误	不能接受内置编码器的通信数据
SV369	数据传送错误	在接受内置编码器数据时产生 CRC 错误

（2）故障排查思路　在进行内置编码器故障维修的时候，首先确定故障现象，例如故障发生的频率，系统显示的报警信息，系统、伺服及主轴驱动器 LED 显示信息等。除此之外还可以查询诊断号 200～203，通过诊断号信息可以对故障部位的确定有一定帮助。

进行故障排查时，在没有备件的情况下，可以通过交换法进行判断，如图 3-4-26 所示。在有备件进行更换时，可以先从简单的入手，分别是侧板、编码器、电缆，如果电缆有很长的线时，可以先从外围连接判断。如果是偶发或无规律的报警，考虑外部噪声干扰，采取一些抗干扰措施，见表 3-4-3。干扰就是强电回路通过电阻、电容、电感器件产生电磁波，干扰周边的控制电路，通常以系统死机、通信、反馈等偶发故障形式表现。

注意：如果是半闭环系统，更换编码器后要重新找零。

表 3-4-3　抗干扰措施

部位	措 施
强电回路	1）加装隔离变压器或噪声滤波器 2）接触器、电磁阀、继电器加装灭弧器或续流二极管（直流） 3）动力线采用屏蔽线，屏蔽层接地
弱电回路	1）信号线屏蔽侧接地 2）信号线与动力线布线分开
接地	机床地+信号地+机壳地

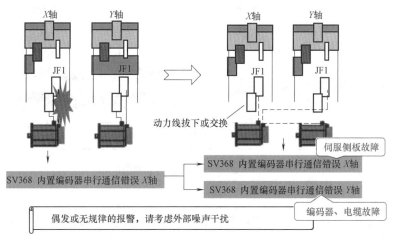

图 3-4-26　内置编码器交换法

2. 外置编码器报警

（1）常见报警列表　外置编码器常见报警信息见表 3-4-4。

表 3-4-4　外置编码器常见报警信息

报警号	报警信息	报警内容
SV380	LED 异常	外置编码器错误
SV381	编码器相位异常	外置光栅尺上发生位置异常错误
SV382	计数值丢失	外置编码器上发生计数值丢失
SV383	脉冲丢失	外置编码器上发生脉冲丢失
SV384	软相位报警	数字伺服软件在外置编码器中检测出异常
SV385	串行数据错误	不能接受来自外置编码器中的数据
SV386	数据传送错误	在接受外置编码器数据通信中，产生 CRC 错误
SV387	编码器异常	外置编码器发生异常，与制造商联系

（2）故障排查思路　在进行外置编码器故障维修的时候，首先也要确定故障现象，例如故障发生的频率等。在故障排除过程中可以查询诊断号 205、206，通过诊断号信息可以对故障部位的确定有一定帮助。

在故障排查时，在没有备件的情况下，可以通过交换法进行判断，如图 3-4-27 所示。在有备件进行更换时，可以先从简单的入手，分别是 SDU、编码器、电缆，如果电缆有很长的线时，可以先从外围连接判断。如果是偶发或无规律的报警，考虑外部噪声干扰，采取一些抗干扰措施。对于一般的机床加工环境来讲，切屑、切削液及油污较多，也可能造成外置编码器故障，这种情况只要清洁后故障就可以消除。

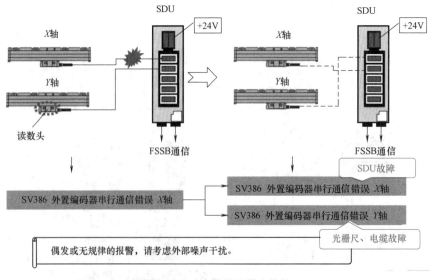

图 3-4-27　外置编码器交换法

3. 伺服超差报警

1）动态超差（SV411）：数控系统发出移动指令，检测指令脉冲和反馈脉冲之差，超过 No. 1828 设定值。

2）静态超差（SV410）：数控系统没有移动指令发出时，检测出反馈脉冲，超过 No.1829 设定值。

3）故障排查思路如图 3-4-28 所示。

图 3-4-28 伺服超差故障排查思路

4. 案例分析

案例1 有一台卧式加工中心控制系统为 FANUC 0i-MD，X 轴移动时会发生 X 轴软断线报警（SV445）。

重新设定参数 2084、2085、2024、1821、1815#1，屏蔽光栅尺后就正常。因为机床 X 方向护板经常拉裂，怀疑光栅尺或者电缆有问题，打开机床护板后发现光栅尺被切削液严重污染，拆掉光栅尺并清洗读数头和长光栅后机床恢复正常。

案例2 有一台立式加工中心控制系统采用 FANUC 0i-MD，Z 轴运行过程中频繁出现 SV410 和 SV411 报警。

调整 No.1828 和 No.1829 参数值故障依然存在，因 Z 轴为重力轴，怀疑 Z 轴电动机抱闸没有打开。对抱闸线圈施加+24V 电压，检测电动机抱闸能够正常打开，动态检测抱闸回路，发现抱闸电源板晶体管击穿，造成抱闸电压输出不稳定。更换电源板故障排除。

任务实施

任务实施1 光栅尺的拆卸和清理。

步骤1 拆除"坦克"链及固定零件，如图 3-4-29 所示。

图 3-4-29 任务实施图 1

步骤2 拆除读数头（动尺）固定螺钉，拿出垫片，如图 3-4-30 所示。

步骤3 拆除定尺两端固定螺钉，如图 3-4-31 所示。

步骤4 拆除光栅尺两侧的尺体端盖，可穿过绑有酒精棉球的细绳，进行定尺光栅玻璃清洁擦拭，同样也可清洁动尺上的光栅玻璃，如图 3-4-32 所示。

任务实施2 光栅尺的安装调整。

步骤1 全闭环改为半闭环。移动工作台至方便拆除位置，Y 轴移动至零点，X 轴移动

图 3-4-30 任务实施图 2   图 3-4-31 任务实施图 3

图 3-4-32 任务实施图 4

至行程中心，Z 轴抬高。

步骤 2 安装光栅尺，固定定尺，如图 3-4-33 所示。

图 3-4-33 任务实施图 5

步骤 3 塞入垫片，用塞尺来确定间隙，安装固定动尺，调整动尺与定尺之间间隙和平行度误差在规定要求范围内，如图 3-4-34 所示。

步骤 4 配合移动 X 轴，使用千分表调整光栅尺上素线和侧素线的平行度误差在规定要求范围内，如图 3-4-35 所示。

步骤 5 安装完成后，修改参数至全闭环设定，并运行验证设备动作是否正常。

图 3-4-34 任务实施图 6

图 3-4-35 任务实施图 7

问题探究

全闭环控制下，更换伺服电动机编码器后，需要重新测量并调整参考点位置吗？

任务5 参考点的建立与调整

任务描述

通过对数控机床参考点的分类，以及参考点的类型的学习，了解不同参考点的特点。在生产场景中可以结合数控机床种类，识别是哪种类型的参考点，能够完成参考点的建立与调整及常见故障诊断。

学前准备

1. 查阅资料了解数控机床参考点的基本原理及硬件构成。
2. 查阅资料了解数控机床参考点的分类。
3. 查阅资料了解数控机床参考点的常见故障及排除方法。

学习目标

1. 了解数控机床参考点的种类及特点。
2. 熟悉数控机床参考点的建立、调整方法。

任务学习

一、数控机床参考点的认知

1. 建立参考点的目的

把机械移动到机床的固定点（参考点、原点），使机床位置与数控系统（CNC）的机械坐标位置重合的操作，称为参考点设定。

增量式编码器检测 CNC 电源接通后的移动量。由于 CNC 电源切断时机械位置丢失，因此电源接通后需进行回参考点操作。

绝对式编码器在 CNC 电源切断也仍能用电池工作。因此，只要装机调试时设定好参考点，就不会丢失机械位置，所以可省去电源接通后回参考点的操作。

2. 参考点设定的方式

栅格方式设定参考点是通过基于位置检测器的 1 转信号的电气晶格（栅格）来确定参考点的一种方式。栅格是基于 1 转信号建立的在 CNC 内部的等间距的电气信号，如图 3-5-1 所示，其间距设定为检测器 1 转对应的机床移动距离。常用检测器有编码器和光栅尺。非栅格方式设定参考点的方法有对准标记设定参考点法。参考点设定方式见表 3-5-1。

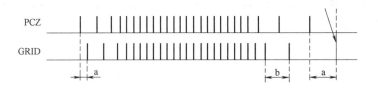

从信号*DECn由"0"变到"1"的位置开始检取下一个GRID（栅格）信号，以停止轴的移动，将该位置定为参考点

a—栅格位移量(PRM1850)

b—参考计数器容量(PRM1821)

图 3-5-1　等间距的电气信号

表 3-5-1　参考点设定方式

返回参考点的方法		减速挡块	编码器	
			绝对式	增量式
栅格方式	无挡块参考点的设定	无	◎	△
	有挡块方式参考点返回	必须	△	◎
非栅格方式	对准标记设定参考点	无	◎	△

注　△：不建议采用，◎：建议采用。

二、数控机床参考点的分类与建立方法

1. 基准点式参考点

（1）概念　基准点式参考点，是一种使机床移动到标记的位置并把该点设定为参考点的方式。此设定方法必须使用绝对位置编码器进行控制。

（2）相关参数设定　相关参数设定如下：

参数		#7	#6	#5	#4	#3	#2	#1	#0
参数	1005							DLZx	

#1 位参数 DLZX 为 0 时，表示有挡块回参考点方式；为 1 时，表示无挡块回参考点方式。

参数		#7	#6	#5	#4	#3	#2	#1	#0
参数	1815			APCx	APZx			OPTx	

#1 位参数 OPTX 为 0 时，表示不使用外置检测器；为 1 时，表示使用外置检测器。

#4 位参数 APZX 为 0 时，表示绝对检测零点没有建立；为 1 时，表示绝对检测零点已

经建立。

#5 位参数 APCX 为 0 时，表示不使用绝对检测器；为 1 时，表示使用绝对检测器。

（3）相关信号 手动参考点返回信号见表 3-5-2。

表 3-5-2 手动参考点返回信号

信号分类	相关信号
方式的选择	MD1，MD2，MD4
参考点返回的选择	ZRN，MREF
移动轴的选择	+J1，−J1，+J2，−J2，+J3，−J3，…
移动方向的选择	
移动速度的选择	ROV1，ROV2
参考点返回用减速信号	*DEC1，*DEC2，*DEC3，…
参考点返回完成信号	ZP1，ZP2，ZP3，…
参考点建立信号	ZRF1，ZRF2，ZRF3，…

（4）参考点建立信号 ZRFx（Zero Reference） 建立参考点过程中，当显示的位置坐标和机械原点位置一致时，此信号变为 1。

	#7	#6	#5	#4	#3	#2	#1	#0
地址 F120	ZRF8	ZRF7	ZRF6	ZRF5	ZRF4	ZRF3	ZRF2	ZRF1

注释：

使用增量编码器时，电源接通后进行一次返回参考点后就变为 1，并且在切断电源之前（除了编码器报警等情况）均为 1。

使用绝对编码器时，建立参考点（参数 No. 1815#4：APZ 为 1）后，就变为 1。

（5）返回参考点完成信号 返回参考点完成信号如下：

地址	#7	#6	#5	#4	#3	#2	#1	#0
F094	ZP8	ZP7	ZP6	ZP5	ZP4	ZP3	ZP2	ZP1
F096	ZP28	ZP27	ZP26	ZP25	ZP24	ZP23	ZP22	ZP21
F097	ZP38	ZP37	ZP36	ZP35	ZP34	ZP33	ZP32	ZP31
F100	ZP48	ZP47	ZP46	ZP45	ZP44	ZP43	ZP42	ZP41

注释：

手动返回参考点或自动返回参考点（G28）完毕时，返回参考点完成信号（ZPx）变为 1。

用手动进给或自动运行从参考点开始移动，或者按急停按钮等，将使返回参考点完成信号（ZPx）变为 0。

（6）建立步骤

① 修改参数。

PRM1005#1 = 1 无挡块参考点。

PRM1815#5 = 1　　 绝对位置控制。

② 电动机旋转 1 圈以上远离参考点，断电关机。

③ 开机，手动移动工作台，使之与机床的参考点标记重合。

④ 手动设定参数 1815#4 为 1，关机、开机后参考点建立。

⑤ 原点建立后再执行手动返回参考点，则系统自动判断返回方向，并以快移速度进行定位。

2. 挡块式参考点

（1）概念　通过在机械上某一固定点安装减速开关，通过和工作台上的挡块进行碰压来确定参考点的位置，如图 3-5-2 所示。

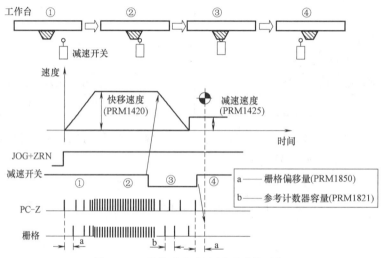

图 3-5-2　挡块式参考点返回动作过程

（2）相关参数设定

PRM1005#1 = 0，表示有挡块参考点。

PRM1006#5 = 0/1，为 0 时表示参考点建立正方向，为 1 时表示参考点建立负方向。

PRM1425，表示挡块式回零减速速度。

（3）相关信号　参考点返回用减速信号：＊DECx。

由减速开关发出，CNC 直接读取该信号，无需 PMC 的处理。

地址	#7	#6	#5	#4	#3	#2	#1	#0
X009	＊DEC8	＊DEC7	＊DEC6	＊DEC5	＊DEC4	＊DEC3	＊DEC2	＊DEC1

（4）建立步骤

① 设定挡块式参考点返回相关参数如下：

No. 1424 用于设定参考点返回速度；No. 1425 用于设定参考点返回爬行速度；No. 1005#1 = 0 用于设定挡块式回参考点；No. 1006#5 用于设定参考点返回方向。

② 手动方式下，反方向移动工作台一段距离，切换为参考点方式，按下回零方向键，工作台以 No. 1424（No. 1420）设定速度向参考点方向前进。

③ 碰压挡块，减速开关信号变为 0，工作台停止后切换为 No. 1425 设定的速度前进。

④ 脱开挡块，减速开关信号变为 1，寻找到第一个栅格点后工作台停止，并设定该点为

参考点。

（5）参考点位置调整　改变 No.1850 参数，可以在 No.1821 设定的栅格范围内进行栅格的偏移，从而调整原点。

例：参考点向正方向调整 2.5mm，则 No.1850 = 2500μm

如果出现回零位置不准，且偏差在 1 个螺距时，请考虑以下可能：

原因：因机械上不能保证每次对减速挡块的碰压和弹起时间的一致，所以如何调整脱开挡块距离原点的位置（脱开挡块的第一个栅格）就变得非常关键。该栅格调整不当时，会发生参考点偏差在一个螺距的现象，如图 3-5-3 所示。

调整：

① 参考点建立后，观察诊断 No.302 数值，该值为脱开挡块到第一个栅格的距离，正确位置应该为 No.1821 设定值的一半左右。

② 如果诊断 No.302 数值过小或过大，例：若 No.1821 = 10000 时，诊断出实际值 No.302 = 500 或 9000，则需要调整脱开挡块的位置。

③ 通过移动挡块（安装位置有调整余量）或调整 No.1850 后再次回零，确认 No.302 数值是否正确。

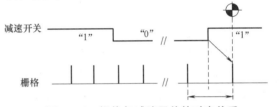

图 3-5-3　栅格与减速开关的对应关系

3. 无挡块式参考点

（1）概念　选择手动参考点返回方式，按照参数 No.1006#5（ZMIx）中所设定的参考点返回方向按下回零点轴选按键，即按轴向参考点返回方向移动，基于位置检测器的 1 转信号的电气栅格位置将该点作为参考点。确认已经到位后，参考点返回完成信号（ZP1）和参考点建立信号（ZRF1）即被设定为 1，即可在没有返回参考点的减速信号的情况下设定参考点。由此，无需设置减速用限位开关，即可将任意的位置作为机械的参考点来设定。

此外，在带有绝对位置检测器的情况下，设定好的参考点即使切断电源仍将被保存起来，所以在下次通电时，无需进行参考点设定。

（2）相关参数设定

PRM1005#1 = 1，无挡块参考点设定；PRM1815#5 = 1，绝对位置控制。

在点动进给下朝着参考点返回方向移动（电动机 2 转以上），停在紧靠参考点的附近位置。

（3）建立步骤

① 设定无挡块式参考点返回相关参数。

No1005#1 = 1、No1815#5 = 1 用于设定无挡块式回参考点；No1006#5 用于设定参考点返回方向；No1425 用于设定参考点返回爬行速度。

② 电动机旋转 1 圈以上并关开机。

③ 手动方式下向参考点方向前进，前进至距参考点位置大致一半螺距时，切换至参考点方式。

④ 按下回零方向键前进，且方向必须为 No.1006#5 设定的方向，电动机自动寻找第一个栅格位置停止，并将该点建立为参考点。

⑤ 参考点建立后，再次执行参考点返回，电动机会自动判断方向并高速定位至参考点。

（4）参考点位置调整　调整 No.1850 设定值，并重新执行以上参考点的建立步骤，调整参考点的位置。

三、参考点报警与故障排查

1. DS0300：APC 报警，须回参考点

（1）故障现象　0i MF 系统数控机床（伺服电动机：αi 绝对位置编码器），在开机后，显示 DS0300　APC 报警：Y 轴须回参考点和 DS0306　APC 报警：电池电压 0。

（2）故障原因　APC 报警是绝对编码器相关的报警，DS0300 报警需要进行绝对位置检测器的原点设定（参考点与绝对位置检测器的计数器值之间的对应关系）。请执行返回参考点操作。DS0306 APC 报警：电池电压 0。说明保持数据的电池故障。具体的故障原因有：

① 绝对位置编码器电池电压不足导致的机床位置绝对位置丢失。

② 绝对位置编码器反馈电缆松动或破损。

③ 伺服驱动器故障。

④ 绝对位置编码器故障。

（3）故障处理　用万用表测量伺服驱动器上电池，若为 3.5V 以上，说明该电池还可以使用，若 3.5V 以下，说明电池电压低，更换电池并重新建立参考点。

① 若电池在 3.5V 以上，说明该报警不是真正的电池电压低报警，而是由于其他问题。

② 检查编码器反馈连接是否松动以及破损，若反馈线松动和破损应重新插好或更换。

③ 若电缆反馈线是完好的，就要考虑是伺服驱动器控制模块是否损坏，可以采用比较或更换法处理。

④ 在伺服驱动器都是完好的情况下，就要考虑绝对位置编码器本身是否有故障。

2. PS0090：参考点返回位置异常

（1）故障现象　挡块式执行参考点返回时，碰压挡块时出现 PS0090 报警。

（2）故障原因

① 执行回零速度太低。

② 在碰压减速开关位置执行寻找零点（也是速度太低原因）。

③ 移动距离少于 1 转，编码器故障。

（3）故障处理

① 检查 No.1420 和 No.1424 参数设定值，以及快速移动倍率开关是否为快速档位。

② 确认减速开关信号是否为正常状态。

③ 反方向移动一段距离，确保脱开挡块后，再次执行参考点返回。

④ 以上确认后故障依旧，更换电动机编码器。

四、第 2、第 3 参考点的使用

1. 功能概述

回"参考点"一般指的第 1 参考点，主要作用是建立机床坐标系。数控机床上有自动

换刀、自动托盘交换器等需要设定第2、第3参考点，目的是确定机床部件在指定位置后，才能执行换刀或是交换托盘动作。注意第2、第3参考点是以第1参考点为基准建立的，可在参数里设置；第1参考点改变后，其他参考点参数也要调整。

2. 设定方法

通过G30指令，在所指令轴的方向经过刀具所指令的中间点，将刀具定位在第2、第3参考点。定位完成后，返回第2、第3参考点完成信号会成为"1"。第2、第3参考点的位置，预先通过参数（No.1241~1242）用机械坐标系的坐标值进行设定。

参数	1241	第2参考点在机械坐标系中的坐标值

参数	1242	第3参考点在机械坐标系中的坐标值

返回第2、第3参考点（G30）的刀具路径，通过中间点向参考点的定位，在各轴快速移动速度下通过参数LRP（No.1401#1），即可与自动返回参考点（G28）一样，将返回第2、第3参考点（G30）的直至中间点的刀具路径设定为非直线插补型定位，或者设定为直线插补型定位。

此外，在将参数LRP（No.1401#1）设定为1而选择了直线插补型定位的情况下，可通过参数ZRL（No.1015#4）来将返回第2、第3参考点（G30）的从中间点到参考点的刀具路径设定为直线插补型定位。

示例：

（G91/G90）G30 P2 IP 第2参考点返回。

（G91/G90）G30 P3 IP 第3参考点返回。

注：采用G91增量方式返回参考点时，由该点直接返回而不经过中间点。

任务实施

更换电动机编码器后，挡块式参考点位置设定并向前调整2mm。

步骤1　回零建立原点，并在当前原点位置的基础上，向前调整2mm（栅格参数1821）。

步骤2　检查并确认当前脱开挡块位置是否在栅格中间，并调整至中间（移动挡块）。

步骤3　在带有滑台的实验机上实验以下要求：改变No.1850参数，验证参考点偏移距离。

改变No.1850参数，使得诊断302数值在No.1821设定值一半左右（此步骤在实际工作中，多是调整挡块位置实现）。

改变No.1821设定值为原值的非整数倍，多次执行参考点建立，检查参考点是否有变化。

问题探究

1. 挡块式回零时，调整脱开挡块位置时，采用栅格偏移和移动挡块两种方式，在结果上有什么区别？

2. 执行G91/90 G30 Z0 P2时，如果工件零点建立在-100mm，回第2参考点路径会是怎样的？

任务6 软限位与硬限位的调整

任务描述

通过软限位与硬限位的调整的学习，理解机床进给运动行程安全范围，了解数控系统软限位和硬限位保护的原理，熟悉控制系统限位的设置和维护，在生产中能够合理设置与调整定机床软限位和硬限位，能对软限位和硬限位的典型故障报警进行解除。

学前准备

1. 查阅资料了解数控系统软限位与硬限位的相关参数。
2. 查阅资料了解数控系统软限位与硬限位的设置方法。
3. 查阅资料收集相关软限位与硬限位报警和排除的典型案例。

学习目标

1. 了解并掌握软限位和硬限位的调整设置方法。
2. 能够准确对软硬限位报警与故障进行排查。

任务学习

一、数控机床的行程限位形式

数控机床是机械制造装备中的精密机械，为了保障机床的运行安全，通常在机床上设置有硬限位（行程开关限位）与软限位（参数设定限位），当机床在运行过程中超出行程限位时，就会出现超程报警。在机床使用过程中，超程引起报警和紧急停机是常见的，但如果维修人员不了解机床限位的配置情况和工作原理，就有可能采取不适当的方法，造成机床出现大的故障隐患。

1. 数控机床限位保护的配置与工作原理

不管是软限位报警或硬限位报警，都是为了保证数控机床的运行安全。数控机床直线轴的两端要进行限位控制，这是数控机床运动轴必备的安全保护措施之一，其主要功能是将数控机床进给运动限制在安全的范围内。数控机床的限位分为软限位、硬限位两种。

软限位其实是以机床参考点为基准，用机床参数设定轴的运动范围。由于某种原因超出了这个范围，就出现软限位报警。软限位其实没有限位开关，仅是一组位置坐标值，一旦超出行程，则停止运行，机床产生软限位超程"OT501/OT502"报警，同时禁止该方向的运行，反方向运行后，按"复位"键可消除报警。软限位需要机床返回参考点后才生效，一般软限位设置在硬限位点的前面，为机床行程保留一段安全距离阈值。

硬限位控制是数控机床的外部安全措施，硬限位是利用行程开关（或接近开关）等硬件条件限定机床进给轴的极限位置，当机床在移动过程中压下硬件行程开关时，所有的轴减速、停止并有硬超程"OT506/OT507"报警，反方向移动出报警区域，按复位键可消除报警。

2. 软限位、硬限位的关系

在数控机床上软、硬两种限位方式均有应用或一起使用。合理设置的软限位一般应该在机床硬限位之前，即软限位先起作用，硬限位是在其之后的第二道限位保护。如图 3-6-1 所示，软限位限定的位置一般可在硬限位之前 3~5mm 或 6~10mm，具体数值取决于机床直线轴线速度、加减速时间、留有的安全机械距离等，由机床厂家根据经验设定。在正常情况下，由软限位来设定机床的有效行程（程序设定的运动范围），机床超程（超越限位所设定的行程）时，软限位起作用，进给轴会中止运动，从而该轴进给被限制。注意在机床正向行程方向还有参考点减速挡块，需合理设置调整参考点减速挡块和正向限位位置。当出现硬限位故障而超出限位位置后，会撞击机床机械限位，可能会对机床机械造成损坏。

图 3-6-1　软、硬限位的限位关系

二、软限位调整

软限位是利用机床参数设定机床进给轴极限位置。需要说明的是：输入到软限位参数中的坐标值为机床坐标值，并且在不同数控系统的机床中，输入软限位值的系统参数也是不同的。在设置时需要特别注意数值单位，FANUC 系统数控机床中与存储行程检测相关的参数，是在参数 No.1320 和 No.1321 里进行设置，在 0i-F 系统中，该参数为实数型参数，以 mm 为单位输入时，带有小数点进行输入，例如：xxx.xxx，如图 3-6-2 所示。反之以检测单位进行输入，例如：xxxxxx，一般以最小检测单位输入软限位的数据。

相关单位设定参数可以设定 No.3401#0 = 1，为计算型输入，不带小数点的数值均以 mm 为单位，包括程序指令中的坐标和参数值也变成以 mm 为单位，对编程和参数输入比较方便，建议采用。

1. 数控机床与存储行程检测相关的参数

No.1320：各轴的存储行程限位 1 的正方向坐标值。一般指定为软正限位的值，当机床回零后，该值生效，实际位移超出该值时出现超程报警，机床出现正向超程后正方向禁止，但可以通过负方向解除超程。

No.1321：各轴的存储行程限位 1 的负方向坐标值。同参数 No.1320 基本一样，所不同的是指定的是负限位。

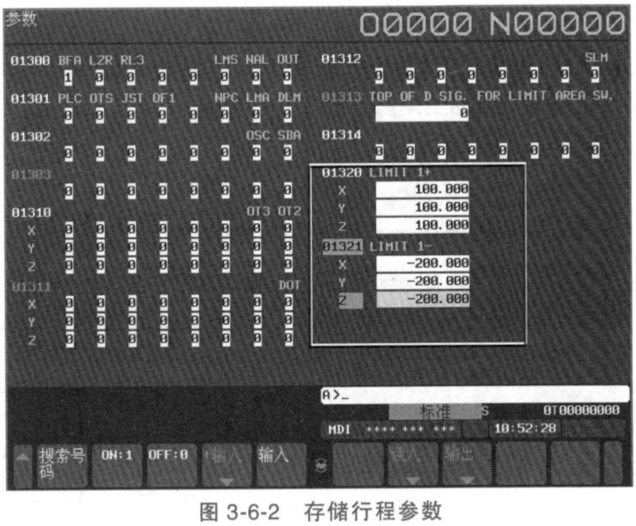

图 3-6-2　存储行程参数

2. 软限位调整注意点

伺服轴的软限位是以机床参考点为基准，回参考点后才能建立机械坐标系。设置调整方法是回零后手动移动轴，记录软限位机械坐标值，设置 No.1320 和 No.1321 软限位参数，由于某种原因超出了这个范围，就出现软限位控制。机床限位保护时往往是软限位先起作用，根据生产中的调整经验，一般在调整限位时会把软、硬限位在一起调整，先调整好硬限位后再设定好软限位。设置时应该离硬限位一段距离，留有一定的机械余量。

3. 软限位调整方法

因为软、硬限位一般一起调整，软限位点在硬限位之前，所以硬限位调整也可以参考以下详细步骤。

① 先将机床回零（建立机床坐标系，如采用绝对编码器带电池的机床可以不回零，其他机床需回零后再开始调整软限位点，否则调整后软限位不准确或不起作用）。

② 将机床软限位值改为不受限位作用的最大值如 999999 和最小值如 −999999。

③ 将需限位轴用点动或手摇方式运动到各轴限位位置，使机床产生硬限位报警，为了使软限位能在硬限位之前保护，正方向设定不能超过正硬限位，负方向设定不能超过负硬限位，一般将记录的硬限位机床坐标值减去或加上 5～10mm，设定至 No.1320 和 No.1321 即可。

④ 点动移动到软限位轴软超程点处，检测超程报警是否发生，以验证软限位设置是否正确。有时候软限位设置位置还需考虑数控加工的具体要求，例如数控车床 Z 轴负方向软限位设置就要特别考虑离卡盘端面留有足够安全距离，但是也要考虑切槽刀切断工件时候尽量避免出现 Z 轴负向超程影响工件切断。

三、硬限位调整

在伺服轴的正、负极限位置，装有限位行程开关或接近开关，这就是所谓的硬限位。硬限位是伺服轴运动超程的最后一道防护，越过硬限位后的很短距离就到达机械行程两端尽头或称为机械硬限位。机床运动一旦撞上机械硬限位，就有可能造成机件的损坏，这是不允许的。例如直线轴都有滚珠丝杠副，当丝杠副运动到极限位置时，即螺母运动到丝杠的端部，由于伺服驱动电动机的继续运转，可能会引起驱动模块发热，出现过载报警或丝杠锁住、损坏等机械故障。在 FANUC 系统中，硬限位超程保护是由行程开关和运行保护的 PMC 控制的，并要求编写在一级程序中进行控制。当然，有些厂家也会把硬限位的开关接入急停回路，提供更快的制动响应。

1. 限位开关信号输入处理

超程信号根据所需要的轴数准备，并且用 B 接点的信号接入到 I/O 单元的输入点位，限位开关一般以常闭触点比较常见，如图 3-6-3 所示。

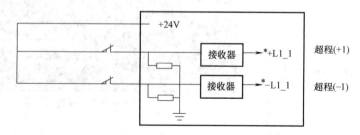

图 3-6-3　限位开关信号接入

如图 3-6-4 所示进给直线轴中，各开关元器件中的 ∗L1～∗L4 为各方向超程信号，有 X 轴和 Z 轴，图中为 ∗LX、∗LX2 等，∗EDCX～Z 为参考点减速信号，∗DECX～Z 为外部减速信号（比较少见）。注意各行程开关的位置布局安排。

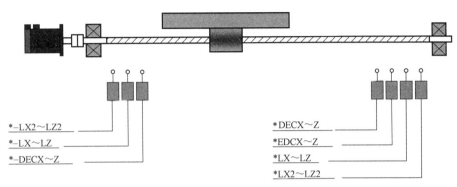

*-LX2～LZ2
*-LX～LZ
*-DECX～Z

*DECX～Z
*EDCX～Z
*LX～LZ
*LX2～LZ2

图 3-6-4　典型直线轴开关元器件

也有些机床会选用多触点超程开关：一路超程信号常闭触点作为超程点位接入 I/O 单元，另一路超程信号常闭触点接入到急停控制回路中。如图 3-6-5 所示，在急停回路线圈控制回路中串联接入各行程开关常闭触点，并有超程解除按键，当超程时候出现急停报警，安全性较好，但增加的硬件接线较多，好处是为了减少 I/O 点数。将硬限位和急停串联在一个继电器回路上，将硬限位转换为急停处理，超过硬件限位后，此硬件连接和调整特点是机床超程报警同时出现急停报警，只有按住超程解除键才能解除急停报警。

当然，除了硬接线处理，为减少外部接线，可以在 PMC 程序中实现以上功能，如图 3-6-6 所示。PMC 中将机床的硬限位输入信号（图中的 X0005.1～X0005.4，X0023.2、X0023.4 等）和急停信号串联在一起，将硬限位转化为急停处理。当机床压下硬限位行程开关后，机床同时出现急停报警，此时只有按下超程解除键 X0026.3 后，机床才解除超程报警。

图 3-6-6 中硬限位输入点都通过 I/O 单元接入到系统的限位控制 PMC 中，系统采用专用信号地址用于超程保护。

2. 系统采用专用信号地址

系统提供特定地址信号，在 FANUC 0i Mate-MD 系统中，提供了专门的 G 地址信号来实现硬件超程保护。专用信号地址方便进行超程保护。

（1）专用信号地址　涉及硬件超程保护的 G 地址信号有 G0114、G0116，这两个信号地址的格式见表 3-6-1。超程信号为 ∗±Lx（Limit）

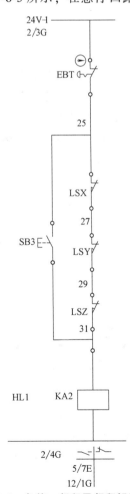

图 3-6-5　急停、超程及超程解除回路

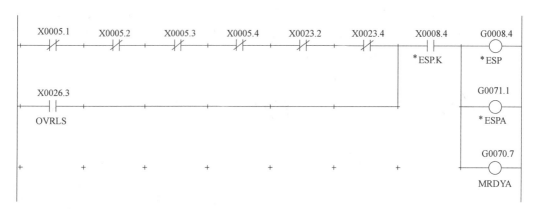

图 3-6-6　急停、超程及超程解除 PMC 程序

表 3-6-1　G 地址信号

地址		#7	#6	#5	#4	#3	#2	#1	#0
地址	G0114				＊ +L5	＊ +L4	＊ +L3	＊ +L2	＊ +L1
地址	G0116				＊ −L5	＊ −L4	＊ −L3	＊ −L2	＊ −L1

该信号为 0 时，报警 OT0506、OT0507（超程报警）指示灯亮。

自动运行中，当任意一轴发生超程报警时，所有进给轴都将减速停止。

手动运行中，仅对于报警轴的报警方向不能进行移动，但是可以向相反的方向移动。

自动操作时，即使只有一个信号变为"0"时，即当任意一轴发生超程报警时，所有其他的进给轴都将减速停止，产生报警且运动中断。手动操作时，仅报警的该移动的轴减速停止，停止后的轴可向反方向移动。注意当轴超程信号变为"0"，其移动方向被封存，即使信号变为"1"，报警清除前，该轴也不能沿该方向运动，例如正向超程未避免正向继续超程，正向运动禁止。

（2）相关参数设置

硬限位控制参数：为使各进给轴超程信号有效，需设置参数 3004#5，该参数见表 3-6-2。如不使用硬件超程信号，当 3004#5 号参数设置为 0 时，表示使用硬件超程信号，系统进行超程检测，设为 1 时，表示所有轴都不使用硬件超程信号，即不检测超程信号，所有轴的超程信号都将变为无效。通常情况下，为了保证安全，都会将它设为 0。

表 3-6-2　硬限位控制参数

参数		#7	#6	#5	#4	#3	#2	#1	#0
参数	3004			OTH					

注意：如果机床不使用硬件超程信号，所有轴超程信号变为无效，即设置参数 No. 3004#5 = 1 则不进行硬超程检查任务，可以设置软限位作为机床保护。

在回转轴等部分特殊轴上，不使用超程信号，另外如果三坐标数控铣床中仅涉及 X、Y、Z 3 个坐标轴，还有其他不需要超程信号的轴，在 PMC 程序中使用 R9091.1 将 G0114.3、G0116.3 等始终置为 1 信号，使这些信号地址一直都为高电平信号，避免超程报警，可参考图 3-6-7。

图 3-6-7　不需要超程报警的回转轴和直线轴处理

3. 硬限位调整步骤

在完成参数设置和 PMC 编程后，可按以下步骤进行硬限位调整。

1）先将机床回零。

2）修改软限位参数，设为不起作用的最大值或最小值，使软限位不起作用，机床能够移动到硬限位位置。

3）也可以先屏蔽硬限位，通过将参数 No. 3004#5 设置成 1，所有轴都不使用硬件超程信号，或者在硬件上处理（例如拆除硬超程的输入点等），避免调整过程中硬限位报警出现后不能继续移动轴。

4）将需限位轴用点动或手摇方式运动到各轴限位位置附近，先以低速碰撞机械限位，观察伺服运行电流判断，如图 3-6-8 所示，然后回退一定距离调整硬限位挡块，轻敲硬限位行程挡块位置保证压住行程开关。通过 T 形槽或其他方式调整挡块位置同时，也要考虑加工行程，留出软限位余量。

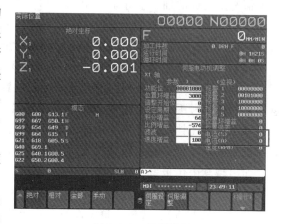

5）修改 No. 3004#5，将其设置成 0，使硬限位生效，检查机床是否产生硬限位报警。

6）解除硬限位报警，之后再移回坐标轴使限位报警再次出现，观察所限位置是否合适，如果不合适须重新调整。

图 3-6-8　伺服监视

7）如果采用挡块式回零，确认减速挡块和正限位挡块位置是否干涉。

四、软、硬限位报警与故障排查

机床的限位保护是机床一项很重要的保护措施，通过合理的设置，可以有效地预防一些恶性撞击事故的发生，作为机床的操作和维修人员应该熟练掌握软、硬限位设定的技巧、限位解除的方法。

当进给轴移动超出机床的行程后，机床的限位就会起作用，机床会出现报警，手动或手轮操作时对应坐标轴不能继续运动，自动加工时所有坐标轴会停止加工。此时，应认为机床发生了软、硬限位报警与限位故障。

要解除限位故障，首先要区分故障属于哪一类，即是软限位故障还是硬限位故障，可以通过观察报警信息或者是观察进给轴的实际位置判断。

（1）软限位解除　一般只要将超程轴向超程的反方向移动退出超程区域后，按复位键即可消除报警。

（2）硬限位解除　一般需按住机床上"超程释放"（限位且出现急停报警时），反方向移动机床解除超程。移出超程区域后，若限位报警依然存在，则检查限位开关是否压死，或电气线路上是否断线（极少出现 PMC 逻辑问题，但最后也需要检查 PMC 程序）。如果出现正负限位同时报警，基本上为电路故障，此时若需要移动工作台，则可以考虑通过参数屏蔽报警。

（3）机械限位　撞击机械限位且卡死情况下，拆下防护罩，用手转动滚珠丝杠（可转动同步带），使之离开极限位置。为了防止方向走反，超程更多，注意旋转方向，也可以先在适当位置装一百分表，监视运动方向。对于升降轴，由于有电磁抱闸，无法直接转动，可先将升降部分用木方及撬杠支好，然后用 24V 直流电源给电磁抱闸通电，再用手转动丝杠（撬杠配合）。离开极限位置后先断开直流电源（使抱闸起作用），然后方可去掉支承物，避免出现由于重力坠落的事故。

（4）坐标系和数控程序错误造成故障　加工程序的编制必须严格考虑机床的加工范围。在加工过程中，一旦刀具进入存储行程区域，便出现行程（软行程和硬行程）限位报警。一种情况是机床的加工坐标系（G54～G59）参数，刀补值等设置不当，坐标超出行程范围，因此这一点在设定坐标系和编程时应该考虑。另外可能是程序坐标值错误输入造成的，可以通过严格校验模拟检查程序，检查坐标值在安全的加工范围等予以解决。

（5）回参考点过程失败引起限位　出现该类故障要根据回参考点过程失败具体原因进行判断。参考点位置不准确，参考点离极限位置太近，有可能找不到参考点而压上硬限位；参考点减速信号丢失，中间有没有减速，直接冲向限位；或是参考点 Z 脉冲丢失超程。如果是参考点减速挡块或硬限位挡块由于机械撞击等原因松动，可以重新调整相关挡块位置。如果机床实际位置未超过限位位置而出现限位报警，应细心查看是否因行程的参数丢失或改变。如出现软限位报警，而机床实际位置离参考点有一定距离，应在机床硬限位功能完好的情况下，根据机床报警时的停止点离基准点标记位移大小适当将软限位参数值修改大（可改成设定到最大值），待机床重新回参考点正常后需将软限位设定还原，或修改调整参考点位置，参考点偏移量等。不同的故障具体不同的处理方法。

任务实施

完成加工中心 X 轴的软限位行程设定。

操作步骤如下：

步骤1　返回参考点（回零操作）。设定参数 No.1320 与参数 No.1321，参数 No.1320 的设定值小于参数 No.1321 的设定值时，行程无限大，如图 3-6-9 所示。

步骤2　手动方式正向移动 X 轴，出现机床硬限位报警"OT0506 正向超程（硬限位）"，如图 3-6-10、图 3-6-11 所示。

步骤3　使用手轮回退 5mm，观察 POS

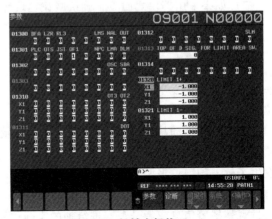

图 3-6-9　机械坐标值（一）

图 3-6-10　硬限位超程报警（一）

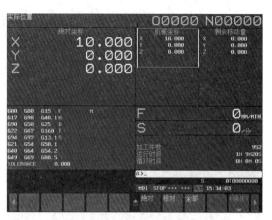

图 3-6-11　机械坐标值（二）

页面机械坐标值，参数 No. 1320 的 X 轴设定该值，如图 3-6-12、图 3-6-13 所示。

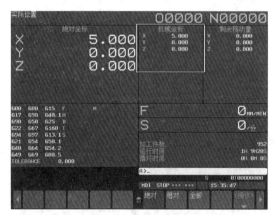

图 3-6-12　机械坐标值（三）

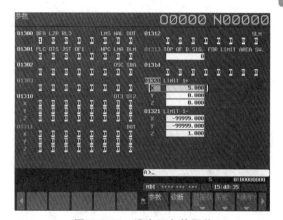

图 3-6-13　设定正向软限位

　　步骤 4　手动方式负向移动 X 轴，出现机床硬限位报警 "OT0507 负向超程（硬限位）"，如图 3-6-14、图 3-6-15 所示。

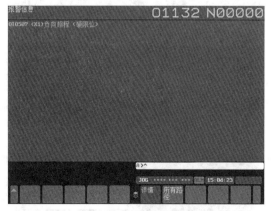

图 3-6-14　硬限位超程报警（二）

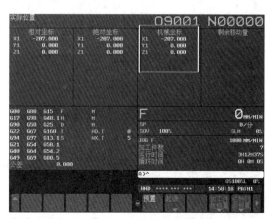

图 3-6-15　机械坐标值（四）

步骤 5　使用手轮回退 5mm，观察 POS 页面机械坐标值，参数 No. 1321 的 X 轴设定该值，如图 3-6-16、图 3-6-17 所示。

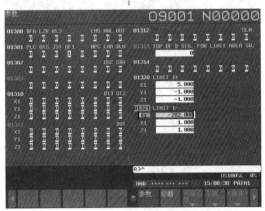

图 3-6-16　设定负向软限位

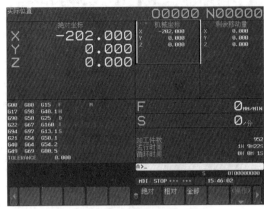

图 3-6-17　机械坐标值（五）

步骤 6　软限位验证，X 轴正负移动出现对应报警。

X 轴正向移动软限位超程报警"OT0500 正向超程（软超程 1）"如图 3-6-18、图 3-6-19 所示。

X 轴负向移动软限位超程报警"OT0501 负向超程（软超程 1）"如图 3-6-20、图 3-6-21 所示。

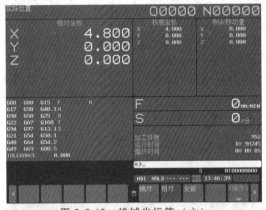

图 3-6-18　机械坐标值（六）

图 3-6-19　软限位超程报警（一）

图 3-6-20　机械坐标值（七）

图 3-6-21　软限位超程报警（二）

问题探究

1. 什么是软限位、硬限位？它们在数控机床行程保护中的作用是什么？
2. 软限位与硬限位的相关参数有哪些？应该从哪些方面入手学习？
3. 查阅资料收集相关软限位与硬限位报警和排除的典型案例。

项目小结

1. 每个人通过思维导图的形式，罗列出数控机床软限位、硬限位调整项目的注意点。
2. 通过分组的形式，对数控机床软限位、硬限位调整步骤每一项以手抄报的形式呈现。
3. 总结伺服驱动器故障及对应的故障排查思路。
4. 总结主轴驱动器故障及对应的故障排查思路。
5. 总结回参考点的几种方式，并进行优缺点分析。
6. 对比总结几种回参考点方式的参数和操作步骤。
7. 每个人都总结伺服初始化相关的参数和计算方法，用表格形式呈现。

拓展训练

1. 熟练掌握现有实验装置或数控机床伺服驱动器单元及伺服电动机等标签的含义。辨认伺服电动机是绝对编码器还是增量编码器。以及确认伺服电动机绝对编码器电池是内置还是外置。
2. 熟练掌握绝对编码器电池更换的注意事项和更换方法。
3. 了解现有实验装置或数控机床伺服驱动器控制部件订货号以及更换方法，了解伺服驱动器控制部件熔断器的位置和更换方法，并动手实践。
4. 熟练掌握现有实验装置或数控机床伺服驱动器风扇位置和更换方法，并动手实践。
5. 熟练掌握现有实验装置或数控机床伺服电动机编码器的更换方法，并动手实践。
6. 理解伺服驱动器和伺服电动机的日常维护基本内容。

项目4 主轴驱动装置故障诊断与维修

项目教学导航

教学目标	1. 了解主轴参数初始化的含义及主轴监控页面的作用 2. 熟悉主轴位置控制的种类，熟悉主轴报警的处理方法 3. 掌握主轴参数初始化的设定步骤 4. 能够处理主轴单元报警和反馈报警 5. 能够完成主轴定向调整的操作
教学重点	1. 主轴参数初始化 2. 主轴单元报警与故障排查 3. 主轴位置检测器反馈报警处理 4. 主轴定向调整
思政要点	专题一　筚路蓝缕，中国百年机床（1921—2021） 主题四　国内国际双循环新发展格局，中国机床乘风破浪
教学方法	教学演示与理论知识教学相结合
建议学时	16 学时
实训任务	任务 1　主轴参数初始化与主轴监控页面的应用 任务 2　主轴驱动器的 LED 数码管显示 任务 3　主轴单元报警与故障排查 任务 4　主轴位置控制及报警处理 任务 5　主轴定向调整

项目引入

主轴驱动装置是数控机床的执行机构，也是主轴驱动系统的一部分，通过接收数控系统的驱动指令（速度指令、辅助功能指令等），经放大指令信号，转换为机械运动，来驱动主轴电动机完成切削加工。数控机床主轴驱动装置分为模拟量主轴驱动装置和串行数字主轴驱动装置。本项目主要介绍串行数字主轴驱动装置故障诊断与维修。

知识图谱

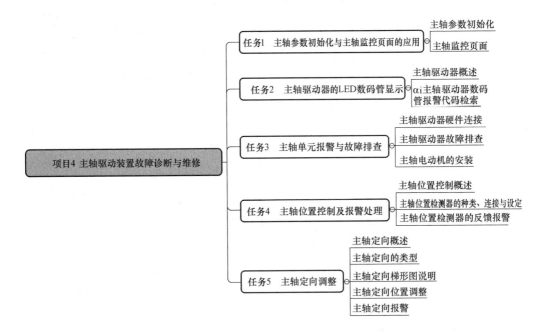

任务1　主轴参数初始化与主轴监控页面的应用

任务描述

通过学习主轴参数初始化与主轴监控页面的应用内容，在任务学习的引导下，以小组为单位，完成任务实施，掌握主轴参数初始化的设定步骤。

学前准备

1. 查阅资料了解主轴电动机代码和主轴参数初始化的相关参数。
2. 查阅资料了解主轴设定、主轴调整和主轴监控页面的区别。

学习目标

1. 了解主轴参数初始化的含义及主轴监控页面的作用。
2. 掌握主轴参数初始化的设定步骤。

任务学习

一、主轴参数初始化

与伺服初始化一样，维修中进行初始化，通常面对的场景也是更换不同型号的主轴电动机，或者是用来判断故障是否为主轴参数所引起的。主轴参数初始化是将存放在主轴驱动器上的参数载入到数控系统（CNC）上，因此初始化时必须带着主轴驱动器，如图 4-1-1 所示。在系统厂家串行主轴放大器的 ROM 中装有各种电动机的标准参数，串行主轴放大器适合多种主轴电动机，串行主轴放大器与 CNC 连接进行第 1 次运转时，必须把具体使用的主轴电动机的标准参数从串行主轴放大器传送到数控系统的 SRAM 中，这就是串行主轴参数的初始化。

图 4-1-1　主轴初始化数据恢复

主轴初始化设定与伺服初始化有所不同：主轴位置检测等相关参数需要提前做好记录；初始化设定完成后，需要手动恢复。主轴位置检测参数见表 4-1-1。

表 4-1-1　主轴位置检测参数

参数	参数的含义
No. 4002	主轴传感器种类
No. 4003	主轴定向控制和传感器齿数
No. 4004	外部 1 转信号设定
No. 4010	电动机传感器种类
No. 4011	电动机传感器齿数
No. 4056 ~ No. 4059	各档齿数比
No. 4171 ~ No. 4174	电动机传感器与主轴传动比

1. 主轴参数初始化准备

1）选择 MDI 模式或将数控系统设定为急停状态。

2）设定写参数（PWE = 1）。

3）检查 No. 3716 和 No. 3717#1 是否设定为串行主轴通信。

2. 主轴参数初始化设定

1）记录表 4-1-1 中各参数值。

2）设定 No. 4019#7 = 1，关断主轴驱动器和 CNC 控制电源，并再次上电。

3）开机后 No. 4019#7 = 0，代表主轴参数初始化设定完成，如图 4-1-2a 所示。

4）如果更换新电动机，则需要根据主轴电动机型号、主轴驱动器型号，设定 No. 4133 电动机代码后执行第 1 步操作，如图 4-1-2b 所示。

5）设定完成后，手动恢复记录的参数。

注：电动机代码需查询 B-65280 主轴参数说明书的附录章节。

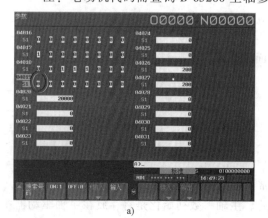

a)

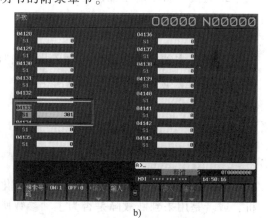

b)

图 4-1-2　主轴参数初始化设定

3. SP9034 主轴参数错误

主轴初始化参数范围为 No. 4000 ~ No. 5000，在这个范围内参数设定出现错误时，主轴驱动器会检测出错误，可以采用以下两种方法予以解决：

① 进行主轴参数初始化，并手动恢复驱动器相关参数。

② 检索 B-65280 主轴参数说明书-附录-电机型号参数表，手工核对主轴参数，如图 4-1-3 所示。

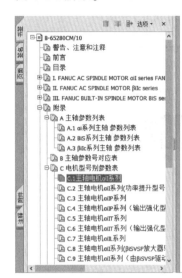

图 4-1-3　B-65280 主轴电动机参数表

二、主轴监控页面

现场维修时，如果出现如主轴定向位置调整、主轴过载过热等现象时，需要进行主轴参数调整、主轴负载状态的监控，可以像伺服监控页面一样，选择主轴设定页面进行操作。主轴监控页面包含"主轴设定""主轴调整""主轴监视"三个页面。

1. 主轴设定页面

按下"SYSTEM"→">"→"主轴设定"→"主轴设定"键，进入主轴设定调整页面中的主轴设定页面，如图 4-1-4 所示，在该页面下显示当前主轴档位下相关主轴参数。

注：如果主轴有传动档位控制时，随着档位信号的切换，该页面对应的档位有关的参数也会切换。

主轴设定页面显示需要在设定串行主轴有效且通信建立的条件下，开启 No. 3111#1 = 1。

在主轴设定页面中可以修改主轴的基本参数。

1）电动机型号。如果需要进行主轴参数初始化，在该页面设定电动机代码的同

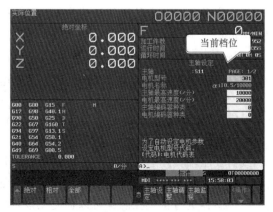

图 4-1-4　主轴设定页面

时，可以通过观察"电机名称"确认电动机代码设定是否正确。

2）主轴最高转速、主轴电动机最高转速。主轴速度控制如图 4-1-5 所示，CNC 控制器发出"S100 M03"指令，主轴以 100r/min 的速度正向旋转，CNC 会根据当前主轴与电动机的传动比计算主轴电动机的转速，并通过串行口和模拟口输出至主轴驱动器，由驱动器控制主轴电动机旋转，并通过机械传动带动主轴旋转，其速度通过主轴侧或主轴电动机安装的检出器反馈至主轴驱动器，并通过串行通信口反馈至 CNC 进行显示。因此，主轴最高转速和主轴电动机最高转速的设定，一定要按照主轴与电动机传动比进行设定。

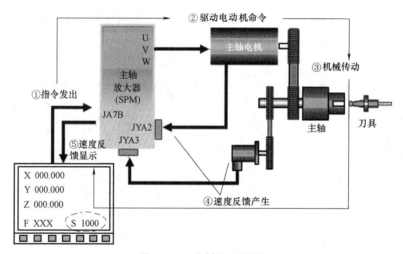

图 4-1-5　主轴速度控制

参数	3741	第 1 档主轴最高转速设定（r/min）

⋮

参数	3744	第 4 档主轴最高转速设定（T 系列有效）

参数	4020	主轴电动机最高转速（r/min）

例：主轴与主轴电动机传动比为 1：2 减速，当 No.4020 = 10000r/min 时，则 No.3741 = 5000r/min。

参数	3735	主轴电动机最低钳制速度（M 系列）
	3736	主轴电动机最高钳制速度（M 系列）

设定值＝主轴电动机最低钳制速度（最高钳制速度）×4095/主轴电动机最高转速

3）主轴编码器种类、电动机编码器种类。当主轴需要执行定向、刚性攻螺纹等位置控制，或需要主轴实际速度显示时，都需要有主轴位置检测器反馈主轴位置。根据主轴与主轴电动机传动方式的不同，可以选择采用主轴端加装位置检测器，如主轴编码器，或采用主轴电动机传感器进行位置控制，可以据此在该页面下进行设定，如图 4-1-6 所示。

以上参数修改完成后，按下"设定"键，根据系统提示进行关、开机操作。

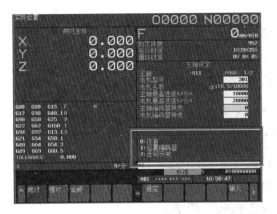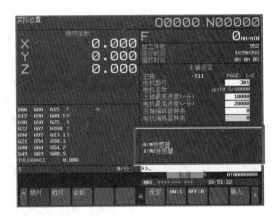

图 4-1-6 主轴编码器/电动机编码器设定

2. 主轴调整页面

主轴调整页面可以对主轴运行方式做调整，如速度方式下可以针对电动机的增益进行设定，定向方式下可以针对定向增益、偏移位置进行设定。

运行主轴后，按下"主轴设定"→"主轴调整"键，可进入主轴调整页面，如图 4-1-7 所示。确认当前的运行方式是否正确，主轴档位状态是否正确。如不是当前运行方式或档位时，如执行 M19 时仍显示速度控制，应先检查相关功能参数或信号状态，然后再继续进行参数的设定。

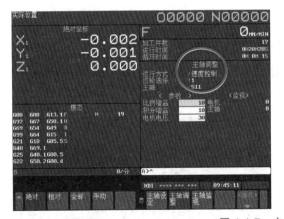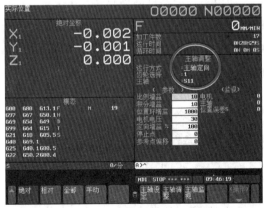

图 4-1-7 主轴调整页面

3. 主轴监视页面

在主轴监视页面可以确认主轴当前运行方式，监控主轴的报警、运行速度、运行负荷及信号状态。

运行主轴后，按下"主轴设定"→"主轴监视"键，如图 4-1-8 所示。可以监视的信息如下：

1）主轴报警：显示当前主轴驱动器 LED 数码管显示的数字，作为报警号。

2）运行方式：显示速度控制、定向方式、刚性攻螺纹、恒线速控制等。

3）主轴速度：显示主轴检测器检测的主轴转速。

4）电机速度：显示主轴电动机传感器检测的电动机转速。

117

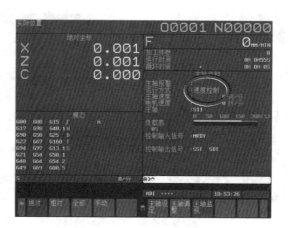

图 4-1-8 主轴监视页面

5）主轴：显示当前主轴档位。

6）负载表：以蓝（正常）、黄（过载）、红（异常）以及对应的负载电流的数值代表主轴当前负载状态。

7）控制输入/输出信号：以系统规定的符号显示主轴相关 G/F 控制信号。

任务实施

使用主轴电动机的型号为 αiI 0.5/10000，完成主轴初始化操作，设置主轴速度，执行程序"M03 S100"主轴可以正常旋转，观察主轴监视页面的主轴转速。

操作步骤如下：

步骤 1 确定主轴轴数设置 No.988 = 1，如图 4-1-9 所示。

步骤 2 按下"SYSTEM"→"FSSB"键，进入主轴 FSSB 设定页面，如图 4-1-10 所示。

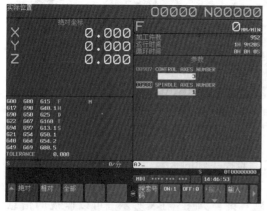

图 4-1-9 主轴轴数设置

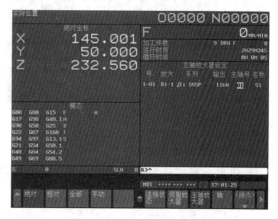

图 4-1-10 FSSB 设定页面

步骤 3 主轴电动机型号为 αiI 0.5/10000，电动机代码通过主轴电动机参数说明书查找为 301，如图 4-1-11 所示。查找电动机代码时也需要结合配备放大器规格查询。

步骤 4 设定 No.3716#0 = 1、No.3717 = 1，建立串行通信，如图 4-1-12 所示。

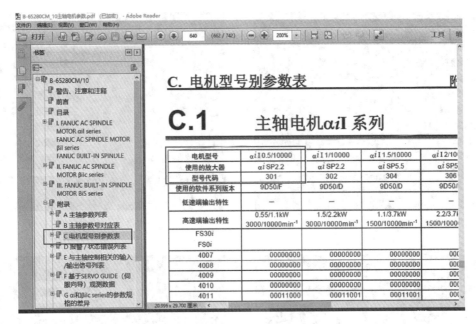

图 4-1-11　主轴电动机代码查询

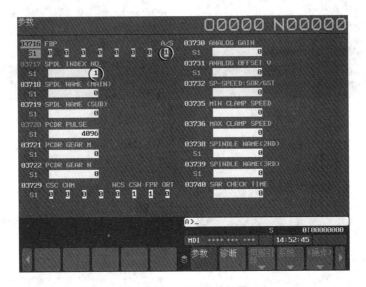

图 4-1-12　串行通信设置

　　步骤5　设定 No. 4133 电动机代码，No. 4019#7 = 1，如图 4-1-13、图 4-1-14 所示。主轴速度参数设置：主轴高档 1：2；低档 1：4，No. 4020 = 10000（电动机最高转速），则 No. 3741（主轴低档最高转速）= 2500，No. 3742（主轴高档最高转速）= 5000，如图 4-1-15 所示。

　　步骤6　断开数控装置和主轴驱动器电源。

　　步骤7　上电进行主轴参数初始化，当 No. 4019#7 = 0 时代表初始化完成，如图 4-1-16 所示。

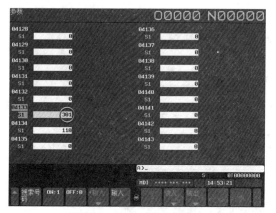

图 4-1-13　主轴电动机代码设置

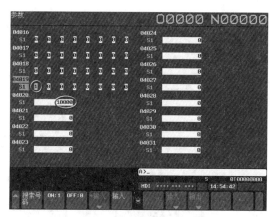

图 4-1-14　主轴初始化设置

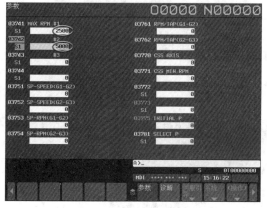

图 4-1-15　主轴速度参数设置

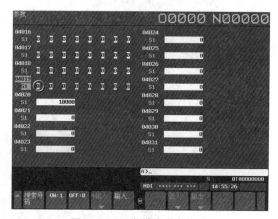

图 4-1-16　主轴参数初始化

步骤 8　出现报警"SP9115（S）PS CONTROL AXIS ERROR 2"，将参数 No. 11549#0 置为 1 后，随之系统自动变为 0，断电重启，如图 4-1-17、图 4-1-18 所示。

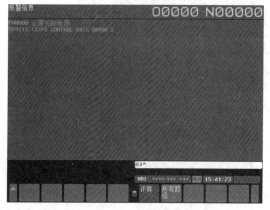

图 4-1-17　初始化报警

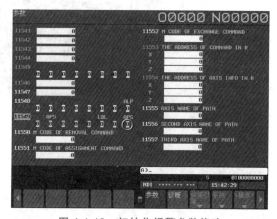

图 4-1-18　初始化报警参数修改

步骤 9　MDI 方式下运行"O0000 M03 S100"；主轴转动。多路径时，若主轴无法运行，应修改参数 No.8100#0 为 1（按下 MDI 面板的"RESET"键时，只有通过路径选择信号选择的路径有效）。手动方式下，主轴正常运行，如图 4-1-19 所示。

步骤 10　查看主轴监控页面，观察主轴速度，如图 4-1-20 所示。

图 4-1-19　主轴旋转

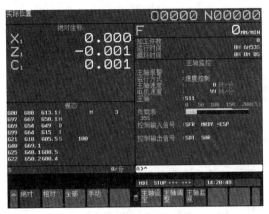

图 4-1-20　主轴速度监控

问题探究

主轴参数初始化和伺服参数初始化操作和使用上有哪些不同的地方？

任务 2　主轴驱动器的 LED 数码管显示

任务描述

通过对主轴驱动器 LED 数码管显示状态的学习，熟悉驱动器数码管显示的位置、数码管显示内容对应的当前放大器的状态。

学前准备

1. 查阅资料，理解学习数码管显示的意义。
2. 查阅资料，分析主轴放大器在启动过程中可能会出现哪些问题。

学习目标

1. 理解学习主轴驱动器数码管显示的意义。
2. 掌握主轴驱动器数码管显示内容对应的含义。
3. 能够根据主轴驱动器数码管显示内容判断主轴驱动器当前的工作状态。

任务学习

一、主轴驱动器概述

1. 主轴驱动器作用

以下主轴驱动器的介绍以 αi 系列为例，如图 4-2-1 所示，涉及的知识点同样适用于

βiSVSP 系列。

主轴驱动器接收来自数控系统（CNC）的速度指令（指令通过 FSSB 回路传递，不同于主轴串行通信回路），驱动主轴电动机旋转，主轴速度通过电动机传感器反馈至主轴驱动器进行控制，如果在速度控制的基础上，有主轴位置控制要求，也可以追加主轴检测器接入主轴驱动器进行反馈控制。

2. 主轴驱动器数码管显示的位置和内容

除了主轴与数控系统 CNC 通信报警外，其他的主轴硬件或软件报警可以通过主轴数码管的数字进行显示。不同于伺服数码管，主轴数码管还可以配合黄色 LED 指示灯显示主轴的故障数字。主轴数码管是双位数码管，位于主轴驱动器上部，可以显示数字 0~9 和字符 A~Z，在数码管左边，配有绿、红、黄三色的 LED 灯，如图 4-2-2 所示。

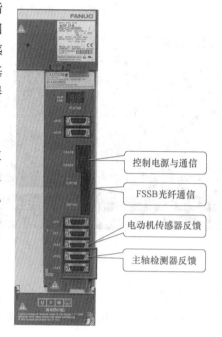

控制电源与通信

FSSB 光纤通信

电动机传感器反馈

主轴检测器反馈

图 4-2-1　αi 系列主轴驱动器

主轴驱动器数码管可以显示主轴与 CNC 通信报警以外的报警数字或字符，如图 4-2-3 所示，包括主轴器件硬件和软件的故障。通过与 CNC 的通信回路，报警信息将被传递到 CNC 页面上以 9×××报警号进行显示（×××数字即为数码管显示数字或字符），并中断机床的运行。维修中出现主轴报警后，可通过查看 CNC 显示的报警号或数码管显示数字、字符确认，但有一种情况必须要观察主轴数码管，就是出现主轴故障时，必须观察数码管显示的状态，通过 CNC 维修说明书查找故障原因，因为这时在 CNC 系统上是不会有状态信息显示的。

注：主轴故障能够影响主轴的运行，但不产生报警，通常为参数、信号等设定或运行错误所致。

图 4-2-2　αi 主轴驱动器数码管报警显示

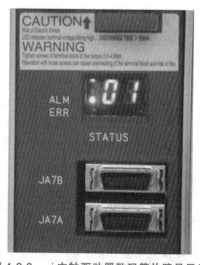

图 4-2-3　αi 主轴驱动器数码管故障号显示

3. 主轴驱动器数码管显示与状态判断

主轴驱动器启动时，可通过主轴驱动器 LED 灯的显示内容以及图 4-2-4 所示数码管和 LED 指示灯显示内容，查看主轴驱动器当前的状态。如果当前出现故障，可根据显示内容分析故障产生的主要原因，对照表 4-2-1 主轴 STATUS 的显示内容，查看启动与故障时报警指示灯与 2 位 7 段 LED 数码管上的显示信息对应的报警内容。

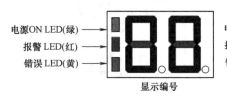

电源ON LED(绿)：控制电源ON时灯亮

报警 LED(红)：报警时灯亮

错误 LED(黄)：错误时灯亮

图 4-2-4　主轴驱动器数码管和 LED 指示灯显示

表 4-2-1　主轴 STATUS 的显示内容对照表

报警 LED	错误 LED	显示编号	内　　容
		不显示(灯灭)	控制电源可能未输入，或者可能发生主轴放大器的硬件不良，详细内容请参照说明书中"LED(绿)灯不亮时"的部分
		英文数字灯亮	接通控制电源后大约显示 3s 主轴控制软件的系列和版本。 最初的约 1s：A 下一 1s：软件系列后 2 位 下一 1s：软件版本 2 位 例：主轴控制软件 9DA0 系列 04 版的情况 A → A0 → 04
		中央--闪烁	主轴放大器的电源启动，且显示与 CNC 的串行通信及参数加载结束等待状态(未向 CNC 输入电源时也进行该显示)
		中央--灯亮	表示参数加载已结束，电动机未实现励磁
		00 灯亮	表示电动机已实现励磁
		00 闪烁	解除紧急停止后绝缘劣化测量功能正在测量主轴电动机的绝缘电阻。放大器和电动机之间有电流流过，请注意安全
		上部--闪烁	因安全转矩关断(STO)功能动作，动力线处于被切断的状态。该状态与其他状态的编号显示重复(例：如果处于 CNC 串行通信及参数加载结束等待状态，上部--及中央--闪烁)
灯亮(红色)		显示 01~	显示处于报警状态，处于主轴放大器无法运行的状态，因此请在参照说明书中"主轴放大器"内容的基础上，消除报警原因
灯亮(红色)		显示 UU,LL	FSSB 通信异常
灯亮(红色)		显示 A1,A2	主轴软件的处理发生异常。请在确认发生条件后，向厂家咨询
灯亮(红色)		显示 A3	安全转矩关断(STO)功能电路发生异常。请在确认发生条件后，向厂家咨询
	灯亮(黄色)	显示 01~	显示处于错误状态。顺序不合适或参数设定有误，因此请在参照说明书中的基础上，消除错误原因

在实际工作中，可通过观察主轴驱动器的指示灯与 2 位 7 段 LED 显示的状态，判断主

轴放大器的动作状态。当系统正常启动时，显示绿色指示灯；红色灯亮时，如图 4-2-5 所示，为报警状态；黄色灯亮时，如图 4-2-5 所示，为故障警告状态。通过指示灯判断报警或警告后，再通过 2 位 7 段 LED 显示报警代码来查询详细报警内容。图 4-2-5 中 2 位 7 段 LED 显示报警代码 01，以此作为参考，排查故障。

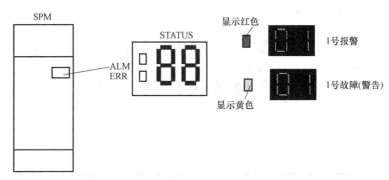

图 4-2-5 主轴驱动器 STATUS 显示位置图

二、αi 主轴驱动器数码管报警代码检索

机床出现报警或不能正常运行时，可根据报警信息或驱动器的 LED 数码管显示来查询报警或不能正常运行的详细原因，参考说明书查询结果来排查故障。

例如，当黄色指示灯亮起时，2 位 7 段 LED 显示错误代码 01，查询维修说明书 B-65515，查询结果如图 4-2-6 所示。

图 4-2-6 主轴驱动器黄灯+显示错误代码

当红色指示灯亮起时，2 位 7 段 LED 数码管显示报警代码 01，查询结果，如图 4-2-7 所示。通常指示灯显示红灯，显示器上会对应的有报警显示，同样可先根据报警信息 SP9001

"电动机过热"查询说明书，如图 4-2-7 所示主轴驱动器报警信息查询，再根据提示参阅说明书 3.4.1 节，如图 4-2-8 所示主轴驱动器红灯+显示报警代码。

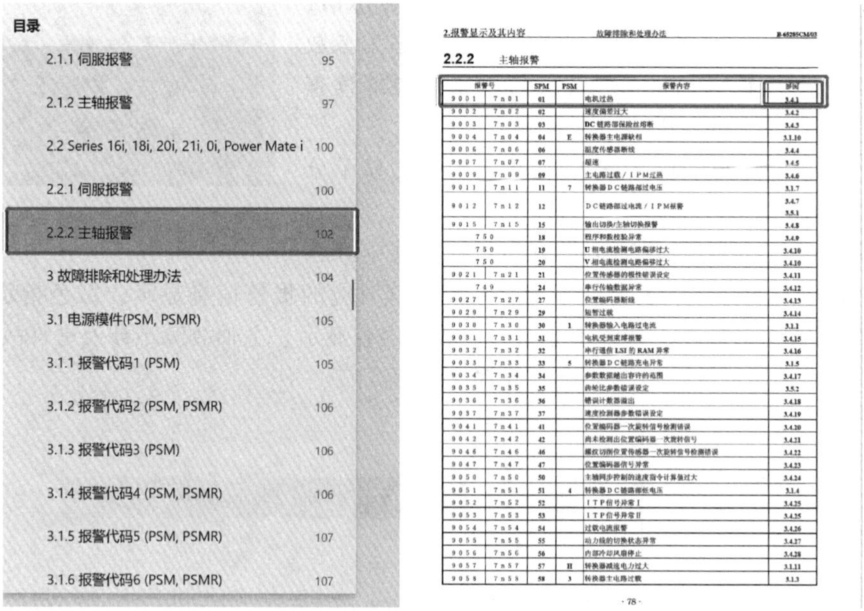

图 4-2-7　主轴驱动器报警信息查询

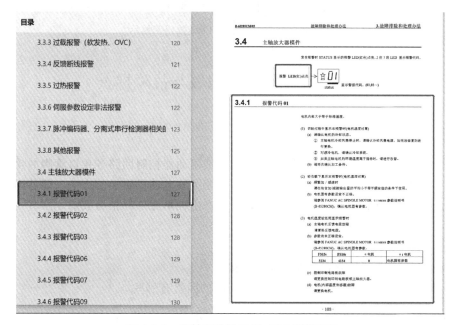

图 4-2-8　主轴驱动器红灯+显示报警代码

任务实施

分析 αi-SPM 主轴驱动器 LED 显示信息。

步骤 1　2 位 7 段 LED 数码管显示如图 4-2-9 所示，分析报警原因。

当主轴驱动器出现如图 4-2-9 所示的 LED 显示时，查询表 4-2-1 主轴 STATUS 的显示内容，当前状态为参数已加载完成，但主轴电动机未励磁。接下来需要继续查找主轴电动机未励磁的原因。

步骤 2　指示灯与 2 位 7 段 LED 数码管上的显示分析，如图 4-2-10 所示。

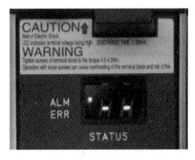

图 4-2-9　主轴驱动器 LED 数码管

主轴驱动器 LED 数码管旁边带有指示灯，其中红色指示灯+数码管显示数字代表主轴报警，系统会有对应的报警信息显示；黄色指示灯+数码管显示数字代表主轴故障，系统不会有对应故障内容显示。主轴故障不涉及硬件故障，全部都为 PMC 信号逻辑或参数、功能设定等软件故障。

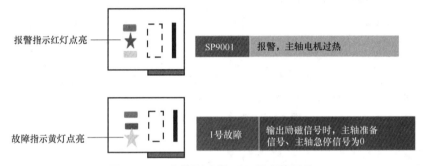

图 4-2-10　主轴驱动器 LED 数码管显示

任务 3　主轴单元报警与故障排查

任务描述

通过学习主轴单元报警与故障排查，熟悉主轴驱动器控制回路各接口管脚的含义，了解主轴传动系统和主轴抓松刀装置的工作原理，掌握主轴电动机更换的方法，能够判断并排查主轴驱动器控制回路的电源故障，能够判断并排查主轴单元外部报警故障。

学前准备

1. 查阅资料，复习系统的硬件构成与连接。
2. 查阅资料，思考影响主轴驱动器正常上电的因素有哪些。

学习目标

1. 熟悉主轴驱动器控制回路各接口管脚的含义。
2. 掌握主轴电动机更换的方法。
3. 掌握主轴驱动器控制回路的电源故障排查。
4. 掌握主轴驱动器报警故障排查。

任务学习

一、主轴驱动器硬件连接

主轴驱动器硬件连接介绍以 αi 系列为例，βiSVSP 驱动器主轴部分的硬件连接可以以此作为参考。

1. 主轴驱动器上电

机床总电源接通，通过电源单元模块的 CXA2A 连接至主轴驱动器的 CXA2B（如果有下一级的伺服，则由该伺服的 CXA2A 接续输出），主轴驱动器控制回路得电，数码管点亮。随后接通 CNC 控制器电源，通过 FSSB 光纤 COP10A→COP10B 与主轴建立通信，主轴数码管变为 "--" 点亮，如图 4-3-1 所示。

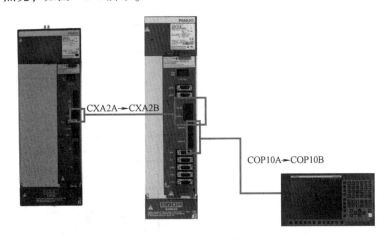

图 4-3-1　主轴驱动器上电

注：主轴驱动器主回路电源以及通信回路的连接，请参阅项目三任务 3 内容。

2. 主轴电动机动力线

主轴电动机动力线有两种连接方式，一种为插头连接，如图 4-3-2 所示，通常对应小规格主轴电动机，另一种为端子连接，如图 4-3-3 所示。无论哪种连接方式，和伺服电动机动力线连接一样，必须遵循 U/V/W 与电动机端对应连接，否则主轴电动机不能正常运转。

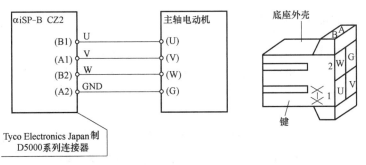

图 4-3-2　插头连接

3. 主轴检测器反馈

主轴检测器有电动机端反馈和主轴端反馈两种。速度反馈必须使用电动机端反馈，而位置反馈则可以根据主轴传动结构，选择主轴端检测器进行连接。电动机端反馈连接至 JYA2，主轴端反馈根据检测器信号类型可连接至 JYA3 或 JYA4。

4. 连接总图

主轴驱动器整体连接如图 4-3-4 所示。

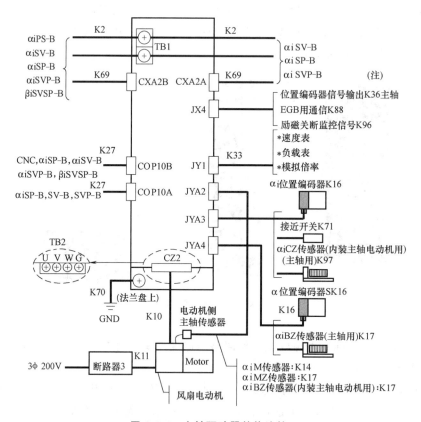

图 4-3-3 端子连接

图 4-3-4 主轴驱动器整体连接

二、主轴驱动器故障排查

1. 主轴驱动器数码管不亮

（1）故障现象　主轴驱动器数码管不亮；数控系统上电后，通信检测异常 SP1997/SP1226 等主轴通信报警。

（2）故障排查

① 确认主轴驱动器前级连接的设备，看数码管是否点亮。如果不亮，检查前级设备电源回路；如果点亮，拔下 CXA2 电缆，并测量端口控制电压确认输入电压是否正常，跨接电缆线是否完好。

② 按住主轴驱动器侧板上下锁扣拔出主轴驱动器侧板，检查电路板 FU1（3.2A）熔断器，如图 4-3-5 所示。

③ 如果输入电源和熔断器没有问题，则应该为短路造成的故障。拔下主轴驱动器上的反馈电缆以及电动机动力线，确认数码管是否点亮。

④ 如果数码管点亮，则为外部短路引起。确认主轴电动机绕组对地，以及主轴检测器（主轴端、电动机端）是否存在短路。

⑤ 如果数码管不亮，则为主轴驱动器内部电源故障，尝试更换主轴驱动器。

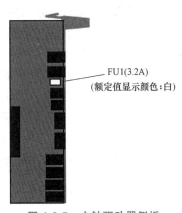

FU1(3.2A)
（额定值显示颜色：白）

图 4-3-5　主轴驱动器侧板

2. 控制电源降低

（1）故障现象　主轴驱动器数码管显示"10"，CNC页面显示 SP9010 报警。

（2）故障排查

① 确认主轴驱动器 CXA2B 端口 +24V 输入电压。

② 更换 CXA2A→CXA2B 跨接电缆。

③ 更换主轴驱动器。

3. 主轴过电流

（1）故障现象　主轴驱动器数码管显示"12"，CNC 页面显示 SP9012 报警。

（2）故障排查

1）开机即发生。

① 检测主轴侧板是否安装牢靠。

② 更换主轴驱动器。

2）运转时发生。

① 检测主轴参数设定，或尝试主轴参数初始化。

② 检查主轴电动机和电缆绝缘性（标准和方法参考伺服过流报警）。

③ 更换主轴驱动器。

④ 检测或更换主轴驱动器。

4. 主轴电动机受到束缚或电动机传感器断线

① 检查机械是否卡死。

② 检测主轴参数设定，或尝试主轴参数初始化。

③ 检查动力线相序。

④ 检查反馈电缆或主轴电动机传感器。

⑤ 更换主轴驱动器。

三、主轴电动机的安装

1. 安装注意事项

1）请保持输出轴角度在向上 45°至垂直向下之间安装电动机，如图 4-3-6 所示。输出角度超过向上 45°时，请向电动机厂家咨询。

2）电动机的吊环螺栓由于受到强度限制只可吊挂电动机单体（可以带有齿轮、带轮）。

3）设置盖罩装置，以免切削液、润滑油等直接飞溅到电动机主体上。

4）考虑到电动机轴承长期可靠性，请将电动机后部支架的制动加速度设定在 $4.9m/s^2$（$\approx 0.5g$）以下。特别是电动机直接连接到主轴的构造，要在与所连接的轴充分地进行定心和平行度调整的同时将振动加速度设定在 $4.9m/s^2$ 以下。

振动测量方法的详细介绍如图 4-3-7 所示。

测量器：IMV 株式会社 VM-3024S 或同等品。

条件：无负载、最高速度旋转时。

测量频率范围：$10\sim 1000Hz$。

判定基准：后部支架上的振动加速度在 $4.9m/s^2$ 以下。

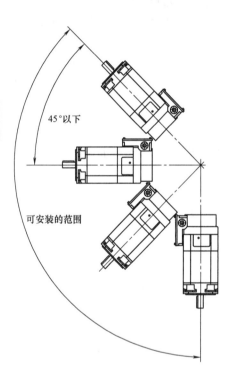

图 4-3-6　主轴安装角度示意图

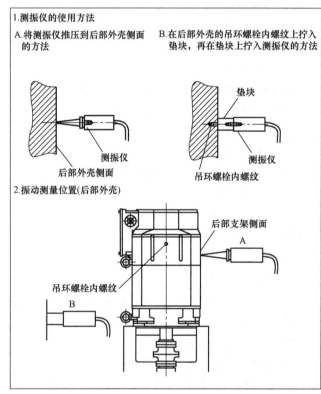

图 4-3-7　振动测量方法

5）动态平衡高速旋转时，微小的不平衡也会导致旋转的振动，并成为引发异常响声和短期内轴承损坏等的原因。因此，要与安装在电动机输出轴上的齿轮、带轮一起做动态平衡修正。尽量减小其他旋转轴的不平衡也是十分重要的。关于平衡修正：为了便于进行轴上所安装的带轮、齿轮、联轴器等的平衡修正，将无键轴作为标准。带轮、齿轮、联轴器为完全对称形状，与轴的固定要采用胀紧套等无齿隙的止动件。此外，在轴上安装带轮时，如果外周的振动调整在 $20\mu m$ 以下，基本就不需要进行平衡修正。要进一步减少振动程度时，将固定螺钉拧紧到带轮上所设置的平衡修正螺孔上，在现场进行平衡修正。请在电动机被安装在机械上的状态下使用，并确保电动机所受振动在 $4.9m/s^2$ 以下。

6）在需要用法兰盘来固定电动机时，安装止口部要采45°倒角处理。

7）为了改善电动机的冷却，要确保风扇盖罩与墙壁之间离开30mm以上。此外，要设计为便于清扫的通风孔和风扇盖罩等机械构造。

8）环境温度、湿度、海拔

① 请在温度为0~40℃的环境下使用。环境温度高于此温度时，为了避免电动机和检测器过热，需要放宽使用条件。

② 请在环境相对湿度在80%以下、不会结露的环境下使用。

③ 使用地点的海拔若在1000m以下，则无需特别介意。海拔若在1000m以上时，在从1000m起每超过100m环境温度逐渐下降1℃的情况下也没有问题。譬如，设置在海拔为1500m时，只要环境温度在35℃以下就没有问题。

④ 当条件比环境温度、环境湿度、海拔、振动更为苛严时，需要限制功率。

2. 带连接电动机的安装

1）带轮内径与输出轴之间的间隙应设定为10~15μm。若间隙过大则会在高速旋转中发生振动，有时会损坏电动机的轴承。此外，若振动变大，有时会在上述间隙处发生微振磨损，致使带轮和轴粘合在一起。

2）带轮的固定，请使用胀紧套或夹紧连接轴套等摩擦止动件。

3）在将带轮安装到电动机上后，调整带槽的振摆，使其在20μm以下。

4）建议用户在套上带之前进行动态平衡（现场平衡）修正。

5）带张力作用到电动机轴的径向负载，要设定为各系列的允许值以下。若超过允许值，有时会在短期内导致轴承损坏或轴折损。

6）带会因数小时内的运转导致初期磨损等，致使带张力下降。为了在张力下降后不影响转矩的传递，请将运转前的初期张力设定为最终所需的张力的1.3倍。

7）请使用适当的张力计测量带张力。

8）尽量减小电动机带轮和主轴端带轮的轴向位置偏移，并充分确保轴线的平行度，如图4-3-8所示。

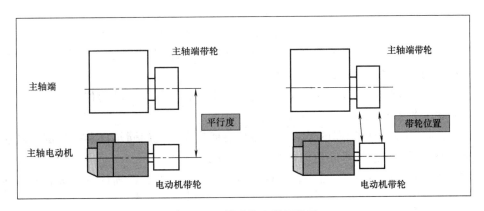

图 4-3-8 带连接安装示意图

3. 齿轮连接电动机的安装

1）请勿使用在电动机的轴向产生负载的斜齿轮。

2）为了预防齿轮发生异常响声，要注意下述事项：

① 齿轮齿面的振摆应为适当值，如图4-3-9所示。

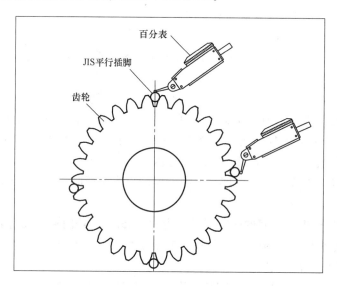

图4-3-9 齿轮安装示意图

② 应具有适当的齿隙。

③ 电动机法兰盘的安装面与轴端面的垂直度应为适当值。

3）按照安装注意事项第4）项的方法装配机械，确保振动加速度在 $4.9m/s^2$ 以下。

4. 联轴器直接连接电动机

1）主轴与电动机轴的连接，务必使用柔性联轴器。柔性联轴器包括偏心、偏角和轴向位移这3个自由度的允许值，可实现高速旋转、低振动、低噪声的连接。

① 偏心、偏角的允许值：化解微小偏心、偏角。

② 轴向位移的允许值：化解温度上升引起的主轴和电动机轴的伸长。

注意：

① 此允许值是保证联轴器不会破损的基准值，但此基准值并不能保证主轴或电动机的轴承不承受负载。因此，为了确保高速旋转时也能让电动机维持低振动、低噪声的旋转，前提是主轴和电动机轴之间拥有良好的同轴度。

② 只要达到同轴度误差在 $5\mu m$ 以内的定心，即使只有偏角和轴向位移这2个自由度的联轴器（圆盘联轴器）也可以正常地旋转。

2）关键是不依赖于联轴器的灵活性，而是要拥有高精度的同轴度和平行度。高速旋转时，如有偏心，则会导致轴承在短期内受到微振磨损等损伤。

3）在机器出厂前，按照本篇安装注意事项第4）项的方法，确认所有机器的振动加速度在 $4.9m/s^2$ 以下。

4）请将联轴器的扭转刚性适当地设定为较高的值。若扭转刚性较低，在定向时就会发生振荡。

5）为了避免轴承受到冲击负载，将联轴器安装到电动机轴上时，请勿用锤子等来敲击。

6）用联轴器将电动机轴和主轴连接起来时，电动机轴有可能被推压至电动机内部。特别是滑块联轴器在嵌合时需要较大的推力，请予以注意。在电动机轴被推压至电动机内部后，电动机的内置轴承的预压负载或消失、或变大，都有可能导致轴承发生故障。连接联轴器后，要确认电动机轴是否被推压至电动机内部。

任务实施

一台加工中心主轴在空载中速运行中噪声很大，低速和高速时噪声较小。未曾有维修人员修改过参数，故障也是刚发生。检查参数未出现噪声和出现噪声时是一致的；执行主轴旋转指令，转速高于中速，切断电源，主轴惯性旋转，噪声仍然存在。检查机械部分判断主轴电动机问题，请完成主轴电动机的更换（主轴电动机采用带连接）。

操作步骤如下：

步骤1　将主轴电动机及带轮拆除，用吊绳将主轴电动机吊装，拆除动力线及反馈线，拆除主轴电动机上4个螺钉，同时松开连接板上的4个内六角螺栓，如图4-3-10所示。移动连接板，使带松开，将电动机吊下。

步骤2　拆下主轴电动机后，将带轮拆除，安装到新的主轴电动机上。在将带轮安装到主轴电动机上后，调整带轮槽的振摆，使其在 $20\mu m$ 以下（可用手转动电动机，打表测量）。调整完成后，可根据现场条件做动平衡测试。

步骤3　安装主轴电动机。将做完动平衡的主轴电动机及带轮用吊绳吊装在主轴箱上，如图4-3-11所示。将带套入主轴端和主轴电动机端的带轮上，主轴电动机螺钉锁紧（注意清理电动机结合面）。

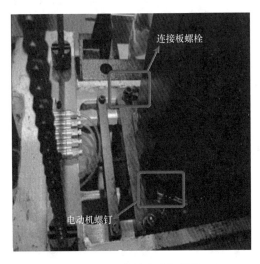

图 4-3-10　主轴电动机拆卸

图 4-3-11　主轴电动机安装

步骤4　调整带张紧力。将六角头螺栓（M10×55）安装到调整块上，用2个螺钉（M8×30）将调整块安装到主轴箱上，调整六角头螺栓（M10×55）推动电动机逐渐后移，如图4-3-12所示，张紧带，用音波张力仪调节带张紧力到 $311.8\sim343.0N$，如图4-3-13所示。调节完成后，锁紧电动机连接板上的4个螺栓，拆卸吊具。

图 4-3-12　带张紧力调整

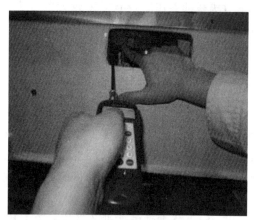

图 4-3-13　带张紧力测试

任务 4　主轴位置控制及报警处理

任务描述

通过学习主轴位置控制及报警处理的内容，在学习任务的引导下，以小组为单位，完成任务实施。掌握主轴位置控制的种类、连接及参数设置，能够处理主轴位置检测器的反馈报警。

学前准备

1. 查阅资料了解主轴位置控制的相关参数。
2. 查阅资料了解主轴位置检测器的反馈报警内容。

学习目标

1. 了解主轴位置控制的种类、连接及参数设置。
2. 掌握主轴位置检测器的反馈报警处理方法。

任务学习

一、主轴位置控制概述

为了适应用户的不同需求，系统厂家在主轴反馈检测方面推出了多种类型的产品。在主轴控制中，除了主轴电动机、主轴传动系统以外，还要注意主轴电动机反馈检测类型，同时，在参数调试中也必须进行相应设置。

在进行位置控制时，需要主轴端加装位置检测器，除了进行速度反馈，也在特定的情况下进行位置控制，如换刀时执行的主轴定向、加工中的刚性攻螺纹、镗孔，以及在车削中心中的 Cs 轴控制。

二、主轴位置检测器的种类、连接与设定

主轴的位置检测器根据主轴的连接结构，分成安装在主轴侧的位置检测器及安装在电动机端的位置检测器（必须是主轴与主轴电动机端的直连或 1：1 传动）。

1. 电动机端：Mzi 传感器

这种传感器安装在电动机后端的齿盘结构，输出信号为正弦波，如图 4-4-1 所示。

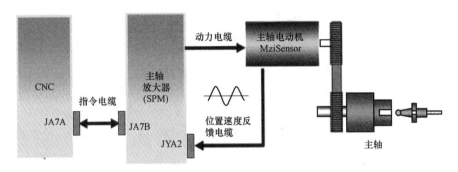

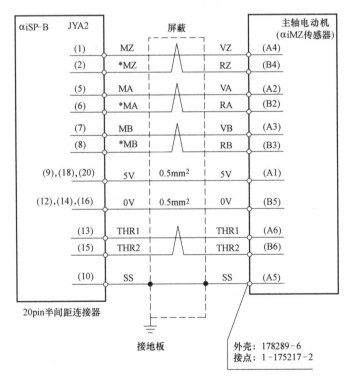

图 4-4-1 Mzi 传感器检测

根据检测器种类设置以下参数：

参数	4002	主轴传感器种类，设定 #0=1，使用 Mzi 传感器

2. 电动机端：Bzi/Czi 传感器

这种传感器是内装主轴电动机用传感器，齿盘结构、正弦波输出，如图 4-4-2 所示。

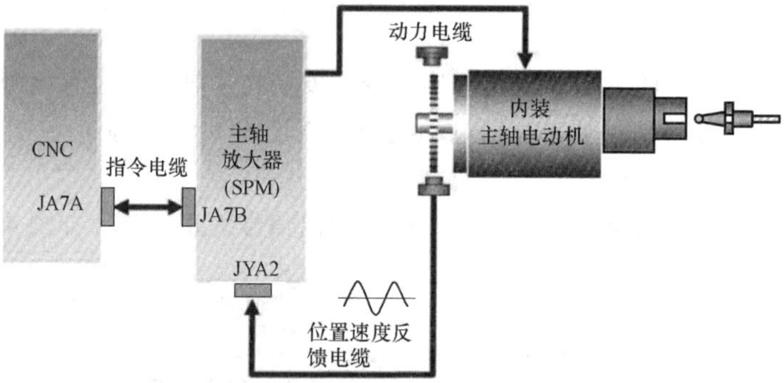

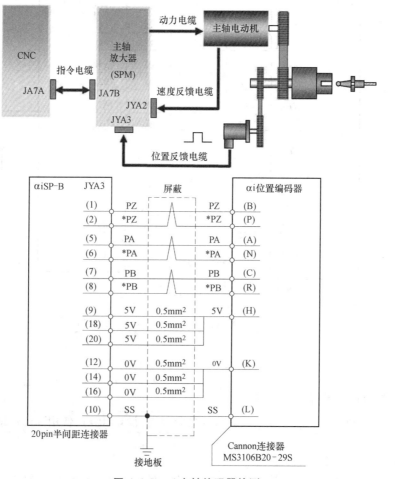

图 4-4-2　Bzi/Czi 传感器检测

根据检测器种类设置以下参数：

参数	4002	主轴传感器种类，设定#0＝1，使用 Bzi/Czi 传感器

3. 主轴端：αi 主轴编码器

αi 主轴编码器输出为方波信号，如图 4-4-3 所示。

图 4-4-3　αi 主轴编码器检测

根据检测器种类设置以下参数：

参数	4002	主轴传感器种类,设定#1＝1,使用 αi 主轴编码器

4. 主轴端：αis 主轴编码器

αis 主轴编码器输出为正弦波信号，如图 4-4-4 所示。

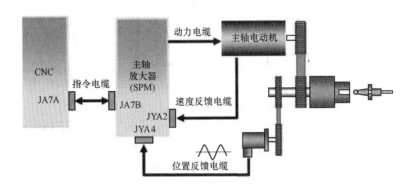

图 4-4-4　αis 主轴编码器检测

根据检测器种类设置以下参数：

参数	4002	主轴传感器种类,设定#2＝1,使用 αis 主轴编码器

5. 主轴端：外置 Bzi/Czi 传感器

这种传感器为齿盘结构，输出信号为正弦波，如图 4-4-5 所示。

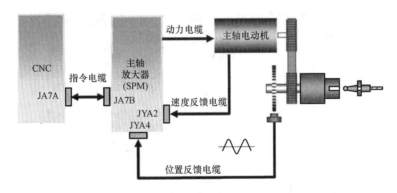

图 4-4-5　外置 Bzi/Czi 传感器检测

根据检测器种类设置以下参数：

参数	4002	主轴传感器种类,设定#0＝1 #1＝1,使用主轴端 Bzi/Czi 传感器

6. 主轴端：外部 1 转信号

使用外部 1 转信号作为主轴位置基准，配合主轴内置传感器进行位置控制，如图 4-4-6 所示。

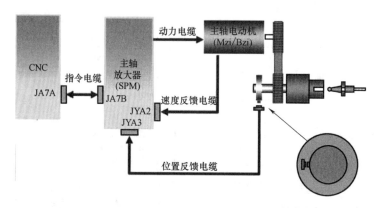

图 4-4-6　外部 1 转信号检测

根据检测器种类设置以下参数：

参数	4002	主轴传感器种类,设定#0 = 1
参数	4004	外部 1 转信号,设定#2 = 1

三、主轴位置检测器的反馈报警

主轴位置检测器根据主轴结构及传感器种类接入到不同的反馈端口，当出现信号异常时，也会产生不同的通信报警。主轴位置检测器的反馈报警主要由主轴驱动器、通信电缆或检测器引起，可根据排查难度分别进行排查。图 4-4-7 所示为不同位置检测器引发的报警与故障原因。

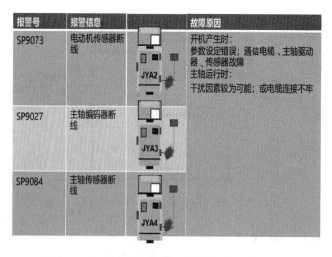

图 4-4-7　不同位置检测器引发的报警与故障原因

任务实施

一台加工中心在加工过程中，出现"SP9073（S）电动机传感器断线"报警，如图 4-4-8

所示，请完成此报警的排查。

操作步骤如下：

步骤1　根据报警提示，判断位置检测器接在电动机端，位置检测器电缆接入主轴驱动器 JYA2 接口中，如图 4-4-9 所示。

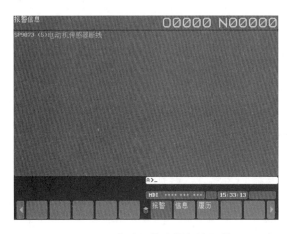

图 4-4-8　电动机传感器断线报警

图 4-4-9　位置检测器电动机接口

步骤2　进入参数页面，搜索参数 No.4002 主轴传感器种类，#0 设定为 1，再次确定位置检测器类型与实际设置相符，如图 4-4-10 所示。

步骤3　根据机床硬件结构，判断此设备位置检测器为安装在电动机后端的齿盘结构，并未使用内装主轴。

步骤4　分析：位置检测器为安装在电动机后端的齿盘结构，不便于查看。优先排查电缆，再排查驱动器，最后为位置检测器。

步骤5　检测电缆连接处和电缆本身，关闭机床，将驱动器侧与电动机侧插头拆下，清理接口，重新安装，开机后，报警消除，如图 4-4-11 所示。判断故障原因：长时间加工机床振动导致接头处松动引发的故障。

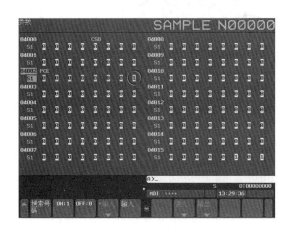

图 4-4-10　位置检测器参数

图 4-4-11　位置检测器接头

任务 5 主轴定向调整

任务描述

通过学习主轴定向调整的内容，了解主轴定向的应用场合，熟悉主轴定向的相关参数，掌握主轴定向调整的方法。

学前准备

1. 查阅资料了解主轴定向的作用。
2. 查阅资料了解主轴定向调整的相关参数。

学习目标

1. 了解主轴定向的相关参数。
2. 掌握主轴定向调整的方法。

任务学习

一、主轴定向概述

数控机床在执行换刀、攻螺纹、镗孔等工作时，需要主轴旋转到固定位置并保持该位置，以实现刀具的交换、攻螺纹、加工中的让刀等，如图 4-5-1 所示。这种控制主轴定位到固定位置的控制方式称之为定向。

图 4-5-1 主轴定向应用场合

二、主轴定向的类型

主轴定向是使主轴停止在某一特定位置的功能。可以选用以下几种元件作为位置信号：

1）外部接近开关+电动机速度传感器。

2）主轴位置编码器（编码器和主轴 1：1 连接）。

3）电动机或内装主轴的内置传感器（Mzi，Bzi，Czi），主轴和电动机之间齿数比为 1：1。

1. 使用外部接近开关（1 转信号）

1）连接示意图如图 4-5-2 所示。

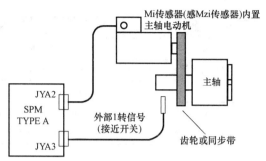

图 4-5-2　外部接近开关连接示意图

2）放大器连接如图 4-5-3 所示。

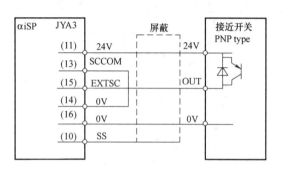

a)

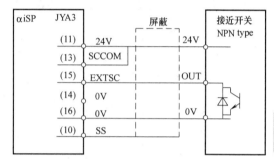

b)

c)

图 4-5-3　放大器 JYA3 连接线路图

a）PNP　b）NPN　c）两线 NPN

3）参数设定见表 4-5-1。

表 4-5-1　使用外部接近开关的参数设定

参数号	设定值	备　　注
4000#0	0/1	主轴和电动机的旋转方向相同/相反
4002#3,#2,#1,#0	0,0,0,1	使用电动机的传感器做位置反馈
4004#2	1	使用外部 1 转信号
4004#3	根据参数 No.4003 表中设定	外部接近开关信号类型

（续）

参数号	设定值	备　注
4010#2,#1,#0	0,0,1	设定电动机传感器类型
4011#2,#1,#0	初始化自动设定	电动机传感器齿数
4015#0	1	定向有效
4056~4059	根据具体配置	电动机和主轴的齿数比
4171~4174	根据具体配置	电动机和主轴的齿数比

4）外部接近开关类型的参数 4004#3 的说明见表 4-5-2。

表 4-5-2　外部接近开关类型参数（4004#3）的说明

开关	检测方式		开关类型	SCCOM 接法（13）	设定值
二线				24V（11 脚）	0
三线	突起	常开	NPN	0V（14 脚）	0
			PNP	24V（11 脚）	1
		常闭	NPN	0V（14 脚）	1
			PNP	24V（11 脚）	0
	凹槽	常开	NPN	0V（14 脚）	0
			PNP	24V（11 脚）	1
		常闭	NPN	0V（14 脚）	1
			PNP	24V（11 脚）	0

外部接近开关检测方式如图 4-5-4 所示。

对于主轴电动机和主轴之间齿数比不是 1∶1 的情况，一定要正确设定齿数比（参数 4056~4059 和 4500~4503）。

2. 使用位置编码器

（1）连接示意图如图 4-5-5 所示。

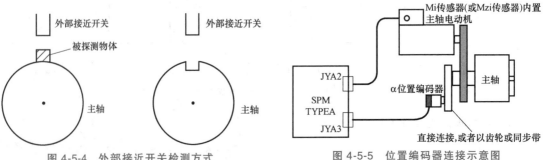

图 4-5-4　外部接近开关检测方式　　　　图 4-5-5　位置编码器连接示意图

（2）位置编码器的参数见表 4-5-3。

3. 使用主轴电动机内置传感器

（1）连接示意图如图 4-5-6 所示。

（2）主轴电动机内置传感器的参数见表 4-5-4。

表 4-5-3 位置编码器的参数

参数号	设定值	备 注
4000#0	0/1	主轴和电动机的旋转方向相同/相反
4001#4	0/1	主轴和编码器的旋转方向相同/相反
4002#3,#2,#1,#0	0,0,1,0	使用主轴位置编码器做位置反馈
4003#7,#6,#5,#4	0,0,0,0	主轴的齿数
4010#2,#1,#0	取决于电动机	设定电动机传感器类型
4011#2,#1,#0	初始化自动设定	电动机传感器齿数
4015#0	1	定向有效
4056~4059	根据具体配置	电动机和主轴的齿数比

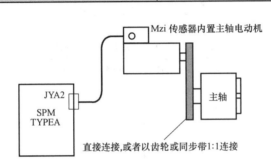

图 4-5-6 主轴电动机内置传感器连接示意图

表 4-5-4 主轴电动机内置传感器的参数

参数号	设定值	备 注
4000#0	0	主轴和电动机的旋转方向相同
4002#3,#2,#1,#0	0,0,0,1	使用主轴位置编码器做位置反馈
4003#7,#6,#5,#4	0,0,0,0	主轴的齿数
4010#2,#1,#0	0,0,1	设定电动机传感器类型
4011#2,#1,#0	初始化自动设定	电动机传感器齿数
4015#0	1	定向有效
4056~4059	100 或 1000	电动机和主轴的齿数比

三、主轴定向梯形图说明

主轴定向通常是通过按键触发或者执行 M 代码自动完成定向，最终触发 PMC 信号 G70.6 实现定向。在自动执行 M19 主轴定向时，首先通过 M 代码译码 M19（定向指令）到 R11.0（可自行定义），如图 4-5-7 所示。

再通过 R 地址把定向指令输入到 G70.6（主轴定向信号），并形成自锁。最后，把定向完成信号 F45.7 输出给 G4.3，完成 M 代码的执行，如图 4-5-8 所示。

四、主轴定向位置调整

当定向角度丢失或需要重新调整角度时，可根据主轴定向调整的方法来调整。主轴定向

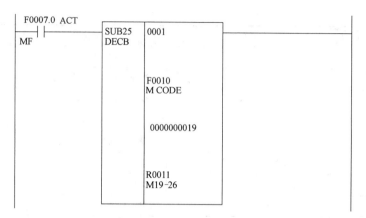

图 4-5-7　主轴定向译码信号

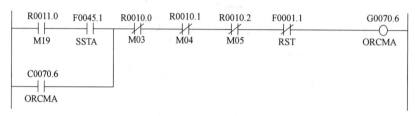

图 4-5-8　主轴定向信号输出

调整流程如图 4-5-9 所示。

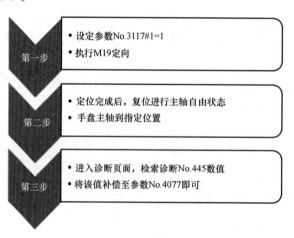

图 4-5-9　主轴定向调整流程

五、主轴定向报警

主轴定向常见报警为 SP9081 和 SP9082，故障点为传感器设定参数、电动机传感器故障和主轴驱动器故障等，如图 4-5-10 所示。

任务实施

加工中心主轴发生故障，需要拆卸主轴进行维修，维修完成，安装主轴后，主轴定向位

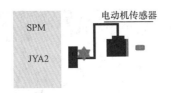
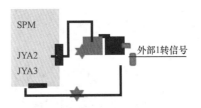

报警号	报警信息	报警处理
SP9081	主轴电动机1转信号错误	检查No.4171～4174(1转信号定向时)；电动机传感器故障；主轴和电动机之间连接打滑；干扰；主轴驱动器故障
SP9082	无电动机传感器1转信号	检查传感器设定参数；传感器故障(Bzi、Czi)；无外部1转信号(1转信号定向时)；主轴驱动器故障

图 4-5-10　主轴定向报警

置发生变化，不能进行自动换刀，需要调整自动换刀（采用斗笠式刀库）的主轴定向位置。请完成主轴定向位置的调整。

操作步骤如下：

步骤1　设定参数 No. 3117#1 = 1，如图 4-5-11 所示。

步骤2　MDI 模式执行 M19 主轴定向，主轴上定位键位置不能满足正常换刀，如图 4-5-12 所示。

图 4-5-11　定向调整参数设定

图 4-5-12　主轴定向位置

步骤3　定向完成后，按下复位键，主轴实现自由状态。

步骤4　手动使机械手转到主轴侧，使用开口扳手逆时针旋转电动机上端手动调整机械手位置的螺栓（调整前要手动松开电动机抱闸），如图 4-5-13 所示。在机械手即将接触主轴时停止，手动主轴使定位键到指定位置，再次旋转机械手接近主轴，使机械手手爪位置与主轴定位块位置吻合，如图 4-5-14 所示。

步骤5　进入诊断页面，搜索诊断号 No. 445 为 2083，如图 4-5-15 所示。

步骤6　将参数 No. 4077 设为 2083，如图 4-5-16 所示。

145

图 4-5-13　机械手电动机抱闸与调整螺栓

图 4-5-14　定位键调整

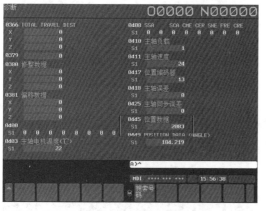

图 4-5-15　诊断号 No. 445

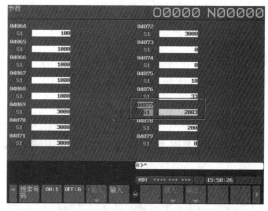

图 4-5-16　主轴定向参数设置

步骤 7　再次执行 M19 定向，主轴定向到达换刀的指定位置，主轴定向位置调整完成。

问题探究

1. 主轴参数初始化时，未断开数控装置电源重新上电可否？原因是什么？

2. 什么情况下用主轴电动机的内部传感器做位置反馈？什么情况下用主轴端的位置编码器做位置反馈？

3. 在龙门加工中心上，自动交换附件头，怎样实现主轴定向位置调整？

项目小结

1. 学员通过思维导图的形式罗列出本项目的学习内容。

2. 通过分组的形式，每组举例说明一个主轴位置控制方式以及其特点。

3. 通过分组的形式，每组举例说明一个主轴报警案例，给出解除该报警的分析思路。

拓展训练

根据主轴定向调整学习内容，调整盘式刀库的定向位置。

项目5　PLC故障诊断与维修

项目教学导航

教学目标	1. 熟悉数控机床用 PLC 信号类型 2. 熟悉 PLC 机床外部报警处理过程 3. 能够根据 PLC 外部报警查找故障原因 4. 能够对 PLC 信号状态进行诊断及对信号进行强制 5. 能够进行信号跟踪并分析信号之间的逻辑关系 6. 熟悉 PLC 报警类型并能根据报警号分析报警原因 7. 能够对 I/O Link 进行地址分配并能查找到信号分配地址对应的硬件位置 8. 能够通过数控系统监控和 LADDER Ⅲ 软件对 PLC 梯形图进行在线监控 9. 熟悉 PLC 基本指令编辑方法，能够阅读并查看梯形图，分析信号之间的逻辑关系 10. 熟悉 PLC 基本编程指令信号的含义
教学重点	1. PLC 机床外部报警的编辑方法及报警排查 2. PLC 信号状态及信号强制的应用 3. PLC 信号跟踪页面设定及跟踪页面分析 4. I/O Link 地址分配及信号地址 5. PLC 梯形图监控方式及设定 6. PLC 梯形图基本指令
思政要点	专题二　大国重器，中国智造 主题一　自主研发高精多轴数控机床，助力国产航母强力推进
教学方法	理论知识讲授、教学演示与实操教学相结合
建议学时	23 学时
实训任务	任务 1　PLC 外部报警的故障处理 任务 2　PLC 信号诊断及强制 任务 3　PLC 信号跟踪 任务 4　PLC 报警分类及查看 任务 5　I/O Link 地址连接与应用 任务 6　PLC 的监控 任务 7　PLC 基本指令编辑 任务 8　机床控制信号

项目引入

本项目围绕 PLC 故障诊断方式与维修手段两个主题，从 PLC 信号诊断、PLC 报警查看、PLC 梯形图分析 3 个方面，通过 8 个学习任务对故障诊断与维修从思路、方法、步骤上进行了全方位介绍。

知识图谱

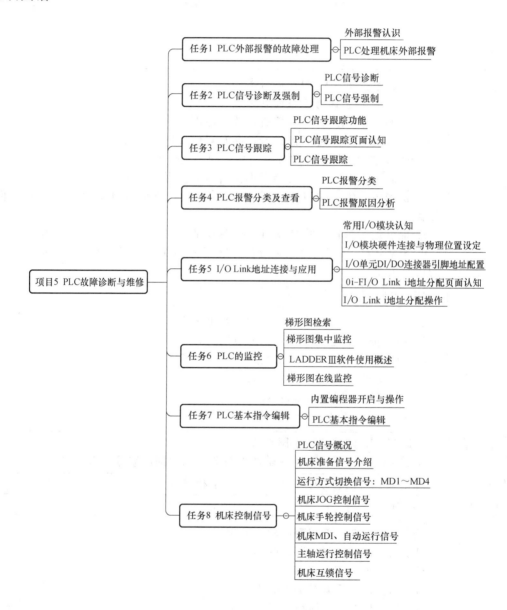

任务1 PLC外部报警的故障处理

任务描述

通过PLC外部报警故障处理任务的学习，了解数控系统PLC外部报警信号的类型、特点，理解外部报警信息的设置方法，外部报警信息梯形图的编写方法，掌握当机床产生外部报警信息时查找及排除故障的方法。

学前准备

1. 查阅资料了解数控车床、数控加工中心常见外部报警信息。
2. 查阅资料了解数控系统典型功能指令的使用。
3. 查阅资料了解数控机床PLC外部报警信息页面的编辑方法及梯形图的编写方法。

学习目标

1. 掌握数控机床PLC外部报警信息的编辑方法。
2. 掌握数控机床PLC外部报警信息梯形图的编写方法。
3. 掌握数控机床PLC外部报警信息故障的排除方法。

任务学习

一、外部报警认识

1. 机床外部报警应用场合

机床外部报警是指由非数控系统故障产生的报警，是因机床外部元器件出了故障而产生的报警，报警号以"EX"开头，如EX1002，表示机床外部报警号为1002。当数控系统出现EX开头的报警时，要从系统外部寻找报警原因。

外部报警由机床制造厂家技术人员编写，通常会尽可能编写能够预测的外部报警，这些报警信息能够在数控系统显示页面上显示，同时把外部报警信息汇集成册作为机床随机资料，便于用户查阅。一旦机床出现外部报警，机床最终用户可以根据报警号，查阅资料甄别报警类别，通过查看梯形图找到故障原因。

2. 机床外部报警信息与操作信息特性

机床外部信息分为外部报警信息和操作信息两类。

（1）机床外部报警信息 机床外部报警信息报警号范围是EX1000~EX1999，报警信息显示在报警页面下，此时CNC进入报警状态，机床停机，无法正常工作。机床外部报警信息页面如图5-1-1所示。

（2）机床操作信息 机床操作信息信息号范围是EX2000~EX2999，操作信息显示在信息页面下。当出现操作信息报警时，机床可以正常工作。机床操作信息页面如图5-1-2所示。

（3）机床外部信息号区段与显示 机床外部信息号分为EX1000~EX1999、EX2000~EX2099、EX2100~EX2999 3个区段，分别代表报警信息和操作信息。机床外部信息号区段与显示见表 5-1-1。

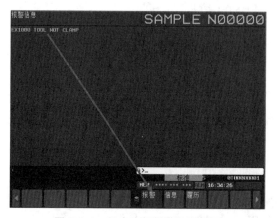

图 5-1-1　机床外部报警信息页面

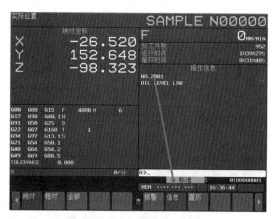

图 5-1-2　机床操作信息页面

表 5-1-1　机床外部信息号区段与显示

信息号	CNC 屏幕	显示内容
1000~1999	报警信息页面	报警信息（CNC 转入报警状态）
2000~2099	操作信息页面	操作信息（显示信息号和信息数据）
2100~2999		操作信息（只显示信息数据，不显示信息号）

二、PLC 处理机床外部报警

1. 机床外部报警处理过程

（1）设置报警号和报警信息　在 PLC 中处理机床外部报警时，首先是在"PMC 配置"页面的"PMCCNF"下设置报警信号地址、报警号及报警信息。如在 PLCCNF 信息页面设置报警信号地址为 A5.0，对应的报警号为 EX1001，报警信息为润滑油液位低，报警信息编辑如图 5-1-3 所示。

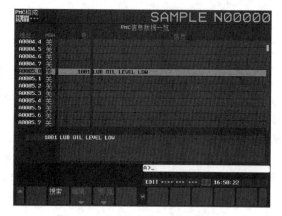

图 5-1-3　PLC 报警信息编辑页面

（2）编写机床外部报警梯形图　利用 LADDER Ⅲ 软件或在 PLC 梯形图页面上编辑机床外部报警语句。如编写润滑油液位低梯形图，主要通过润滑油液位低开关信号 X5.0 触发报警信号 A5.0，同时激活信息显示功能指令 SUB41，其梯形图如图 5-1-4 所示。

2. 报警信息设定

按照以下步骤设定 CNC 显示页面所显示的报警信息和操作信息。

1）按功能键"SYSTEM"，依次按软键"+"→"PMCCNF"→"信息"，进入 PLC 报警信息设定页面，如图 5-1-5 所示。

2）按软键"操作"→"编辑"，则进入 PLC 信息数据编辑页面，如图 5-1-6 所示。此时如果 PLC 在运行中，则进入编辑状态时系统会出现"程序停止"的提示。

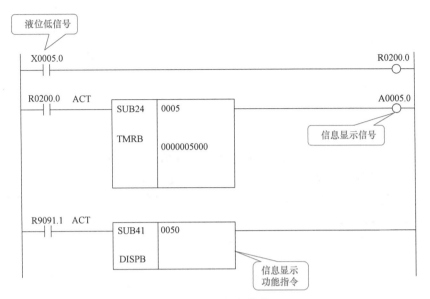

图 5-1-4　机床外部报警梯形图

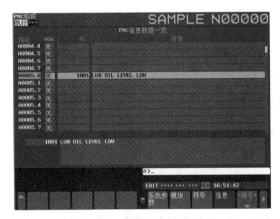

图 5-1-5　报警信息设定页面

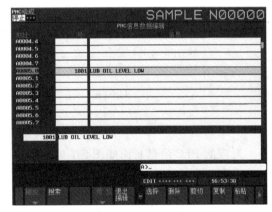

图 5-1-6　信息数据编辑页面

3）将光标移动到要输入信息的地址上。

4）按软键"缩放"，进入信息输入方式，输入信息地址、报警号以及相应的报警信息文本。按软键"〈=〉"可以切换报警号和文本信息的输入区域，输入完成后按软键"缩放结束"。

5）继续按软键"退出编辑"，结束信息编辑。

6）将报警设定信息保存在 FROM 中。

3. 机床外部报警梯形图的编写

编写机床外部报警梯形图时，主要是让外部报警开关信号 X 触发外部报警 A 信号，同时使得外部报警信息显示有效。外部报警信息显示有效用到信息显示功能指令 SUB41，SUB41 信息显示功能指令格式如图 5-1-7 所示。其中"ACT"为功能指令触发信号，为"1"时功能指令有效；在功能指令中还要填写信息数，如填写为 10，表明 CNC 可以显示 10 条机床外部信息。

151

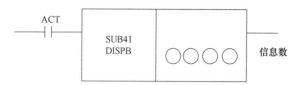

图 5-1-7　信息显示功能指令格式

4. PLC 处理机床外部报警示例

例 5-1-1：编写某加工中心气压低报警梯形图及报警信息。

　　加工中心气压低信号来自于压力开关，信号地址为 X0.5。当压力低于设定值时，X0.5 导通，经过定时器延时后接通中间继电器 R173.4 线圈，进而触发 A50.2 报警信号，其梯形图如图 5-1-8 所示。

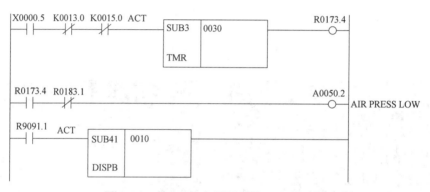

图 5-1-8　加工中心气压低报警 PLC 梯形图

　　对应的 PLC 信息页面如图 5-1-9 所示。

任务实施

　　某加工中心数控系统显示 EX1006 报警，报警内容为切削液液位低，报警信息页面如图 5-1-10 所示。分析故障原因并排除故障。

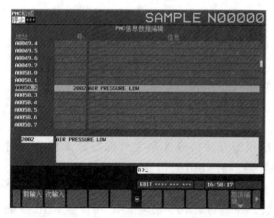

图 5-1-9　报警信息编辑页面

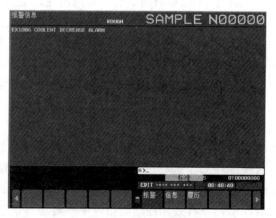

图 5-1-10　EX1006 报警信息页面

故障分析及排查步骤如下：

步骤1 查看报警信息地址。按功能键"SYSTEM"，依次按软键"+"→"PMCCNF"→"信息"，进入 PLC 报警信息设定页面，如图 5-1-11 所示。与 EX1006 报警对应的信息是：报警地址为"A10.6"，报警状态为"ON"，报警号为"1006"，报警内容为"切削液液位低"，据此找到了与报警号 EX1006 对应的报警地址 A10.6。

步骤2 根据报警地址追踪中间继电器信号。根据报警页面显示的报警地址 A10.6，在 PLC 梯形图中搜索该信号，梯形图如图 5-1-12 所示。从图中可以看出，使得 A10.6 线圈导通的中间继电器信号为 R609.5。

图 5-1-11 报警信息设定页面

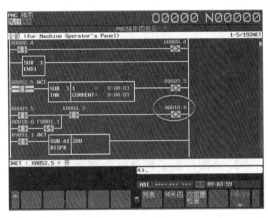

图 5-1-12 切削液液位低报警逻辑（一）

步骤3 根据中间继电器信号追踪故障信号。搜索 R609.5 线圈，查看与该线圈相关的梯形图，如图 5-1-13 所示。从图中可以看出，导通线圈 R609.5 触发的是输入信号 X52.5，这是一个液位开关信号。

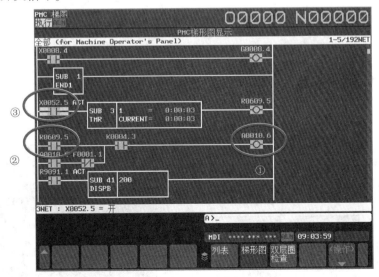

图 5-1-13 切削液液位低报警逻辑（二）

步骤4 故障排除。查看切削液箱，液位正常，判断是液位继电器故障，更换后故障排除。

153

问题探究

1. 外部报警信息与操作信息有什么区别？
2. 探讨 PLC 多语言信息显示功能的实施途径，能够根据用户指定语言显示外部报警信息内容，增加页面的友好性。

任务 2　PLC 信号诊断及强制

任务描述

通过 PLC 信号诊断与强制任务的学习，掌握通过 PLC 维护功能对信号进行查看和诊断的方法，掌握通过 PLC 强制功能判断 I/O 设备侧信号线路正常与否的方法，拓宽进行数控机床维修时诊断和排除故障的思路和方法。

学前准备

1. 查阅资料了解数控机床用 PLC 常用信号的类型、特点及范围。
2. 查阅资料了解数控系统 PLC 维修与监控、梯形图、PLC 配置功能菜单的结构。
3. 查阅资料了解 PLC 信号诊断与强制功能的作用与应用场合。

学习目标

1. 掌握 PLC 信号诊断方法。
2. 掌握 PLC 信号强制方法。

154　任务学习

一、PLC 信号诊断

1. PLC 菜单结构

PLC 菜单由多级菜单构成，其结构如图 5-2-1 所示。

操作时在 MDI 键盘上按下 "SYSTEM" 功能键，按几次扩展软键 "+"，即进入 PLC 一级菜单，如图 5-2-2 所示。

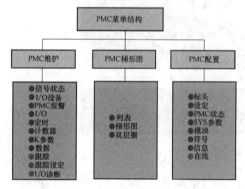

图 5-2-1　PLC 菜单结构

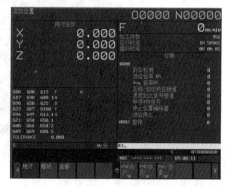

图 5-2-2　PLC 一级菜单

2. PLC 维护功能（PMC 维护）

按下"PMC 维护"键，即进入 PLC 维护功能二级菜单。PLC 维护功能由信号状态、I/O 设备、PMC 报警、I/O、定时、计数器、K 参数、数据、跟踪、跟踪设定、I/O 诊断等功能构成，分 3 个页面显示，通过扩展软键切换。PLC 维护功能键分别如图 5-2-3、图 5-2-4、图 5-2-5 所示。

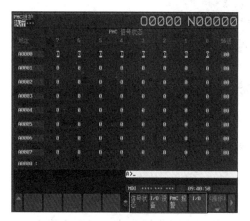

图 5-2-3 PLC 维护子菜单（一）

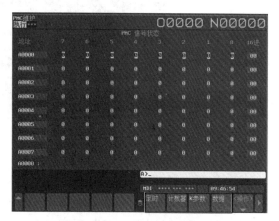

图 5-2-4 PLC 维护子菜单（二）

3. PLC 信号诊断

（1）信号状态监控页面的作用 在 PLC 维护页面下，按下"信号状态"软键，即进入信号状态监控页面，如图 5-2-3 所示。在该页面上能够显示在 PLC 程序中使用的 X 信号、Y 信号、G 信号、F 信号、R 信号、E 信号、K 信号等所有信号状态，通过"搜索"软键可以查找相应的信号状态。信号状态有 3 种显示方法：以位模式"0"或"1"显示，以 16 进制显示，以 10 进制显示。

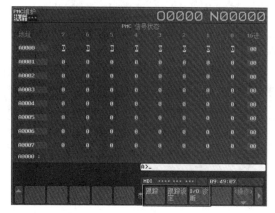

图 5-2-5 PLC 维护子菜单（三）

（2）信号状态显示页面说明 在图 5-2-6 所示信号状态显示页面中，显示内容包括梯形图状态、信号状态、指定信号地址、符号、注释和信息查询输入区等。

（3）信号状态显示方式 在信号状态显示区，按照位模式、16 进制、10 进制等方式显示信号各位状态。在 PLC 运行时，可以通过信号状态显示监控机床设备运行正常与否或判断故障原因。

1）信号按位模式可显示各位的状态，状态值为"1"和"0"两种状态，如图 5-2-6 所示信号 X8.4 显示为"1"的状态，表明急停功能无效。

2）信号按 16 进制或 10 进制可显示 1 字节的状态。16 进制、10 进制可以通过软键切换。

对于信号 10 进制显示，根据一个地址各位的状态，按照 1 字节从 $2^0 \sim 2^7$ 计算相应值并显示。

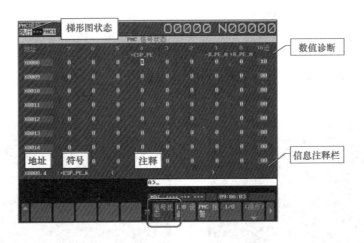

图 5-2-6　信号状态显示页面

对于信号 16 进制显示，0、1、2、3、4、5、6、7、8、9、A、B、C、D、E、F 符号分别表示 16 进制中 0~15 这 16 个数字，其中 A 表示 10、B 表示 11、…、F 表示 15，满 16 就进 1，这是 16 进制的基本规则。PLC 1 字节信号由 8 位二进制代码构成，将这 8 位二进制代码分为低 4 位和高 4 位两部分，每部分按照 8421 权的大小求出其数字，信号低 4 位对应 16 进制低位，信号高 4 位对应 16 进制高位，这样便获得了 PLC 1 字节信号的 16 进制信号状态值。

例 5-2-1：已知信号 X0 各位状态为 11111001，将该信号用 16 进制表示出来。

转换过程如图 5-2-7 所示。从图中可以看出，由于 16 进制数字大小取决于信号各位状态是 0 还是 1，因此能够用简洁的方法表达 1 字节信号状态。

通过翻页方式和信号搜索方式能够查阅各信号状态。

附加信息区显示光标所在位置所对应的地址符号和注释。

在信息查询输入区可通过 MDI 键盘输入需要查询的地址。

（4）PLC 信号诊断操作　按下 "信号状态" 软键后再按 "（操作）" 软键，即进入信号状态子菜单，如图 5-2-8 所示，包括 "搜索" "10 进" "强制" 等操作软键。通过这个页面，可以诊断信号状态。

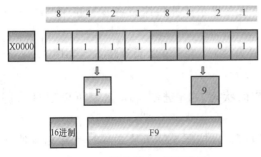

图 5-2-7　信号的 16 进制表示

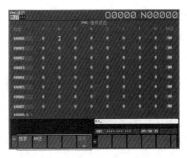

图 5-2-8　信号状态子菜单

其中"搜索"用于查找信号,"10进"用于10进制、16进制之间的切换,"强制"用于改变信号状态。

二、PLC信号强制

1. PLC信号强制的意义

在进行数控机床维修时,PLC强制功能可以帮助判断I/O设备侧的信号线路是否完好。

对PLC输入信号进行强制,实际上是忽略输入信号的采样状态,不使用I/O设备就能调试顺序程序;对PLC输出信号进行强制,实际上是忽略梯形图的逻辑运算结果,确认I/O设备侧的信号线路状态。

2. PLC信号强制前的设置

使用强制功能首先要进行PLC相关设定,如将"编辑器功能有效"设定为"是"或将"RAM可写入"设定为"是",显示器才能出现"强制"键。设定步骤为:按下"SYSTEM"→"PMC配置"→"设定"键,进入PLC设定页面,如图5-2-9所示,按照图中所示进行相关设定。

图5-2-9 PLC配置菜单下的"设定"页面

3. PLC信号强制

(1)PLC信号强制的操作步骤 以强制输出信号Y1.0为例,信号强制步骤如下:

1)按下"SYSTEM"→"PMC维护"→"信号状态"键,进入信号状态页面。

2)搜索信号地址Y1.0。

3)按"操作"键,再按软键"强制"。

4)按"开"键,将Y1.0置高电平,如图5-2-10所示。

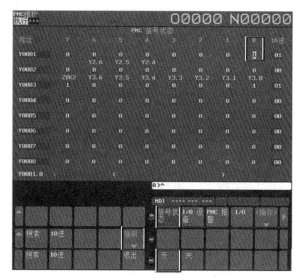

图5-2-10 PLC信号强制

（2）PLC信号强制的特点　PLC信号强制的特点见表5-2-1。

表 5-2-1　PLC 信号强制的特点

强制机能	强制特点
强制能力	可强制信号 ON/OFF，但 PLC 程序如果使用此信号，即恢复实际状态
适用范围	适用于所有信号地址（F 信号除外）
有效性	1）分配过的 X 信号不能使用强制功能 2）分配过的 Y 信号如果用于驱动外围设备，可以通过强制进行测试 3）内置编程器功能有效时才能使用强制功能

（3）PLC 信号强制操作的注意事项

1）进行强制操作时要确保所驱动的外围设备处于安全状态，不能因强制操作而产生安全事故。所以在对外围设备进行强制操作并测试完成后，要进行强制取消操作，例如进行反向强制操作、运行 PLC 程序或关机重启等。

2）进行强制操作时应将 PLC 程序停止运行。由于 PLC 是扫描工作方式，如果没有停止运行，则强制的结果会被 PLC 复位，使得强制无效。

（4）PLC 信号强制实例　下面通过一个例子说明信号强制与 PLC 程序扫描运行方式的关系。

例 5-2-2：说明功能指令 SUB8 输入、输出信号的强制与 PLC 运行的关系。

SUB8 指令的功能是在逻辑乘后进行数据传送，其指令格式如图 5-2-11 所示。

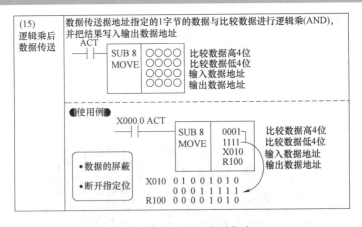

图 5-2-11　逻辑乘后数据传送指令 SUB8

SUB8 指令的作用是输入数据地址指定 1 字节的数据与比较数据进行逻辑乘（AND），并把结果写入输出数据地址中。

编写如图 5-2-12 所示梯形图，并将 K0 信号强制为 55H（H 表示 16 进制），当功能指令 SUB8 触发条件 X0.0 发生变化时，输出数据信号 R0 的信号状态见表 5-2-2。

表 5-2-2 中的 "＊" 表示操作时先把 K0、R0 强制好，然后将 X0.0 置 1，再观察 R0 状态。

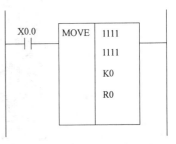

图 5-2-12　R0 信号强制实验梯形图

158

表 5-2-2 不同强制方式下 R0 的信号状态

X0.0 信号状态	K0 状态	R0 状态	R0 最终显示状态
0	55H（强制）	00H（初始）	00H
0	55H（强制）	FFH（强制）	FFH
1 *	55H（强制）	FFH（强制）	55H

由上述实例可以得出以下结论：

1）当功能指令触发条件没有满足时，功能指令不会进行逻辑乘后传递，R0 的信号状态就为初始状态。

2）当功能指令触发条件没有满足时，如果对 R0 进行强制，强制信号能够保持有效。

3）当功能指令触发条件满足时，功能指令进行逻辑乘后传递，K0 信号状态逻辑乘后传递给 R0，原来 R0 的强制状态被 PLC 梯形图扫描结果覆盖。

任务实施

任务实施 1：查看手动工作方式 JOG 相关信号状态。

1. JOG 工作方式相关信号

1）信号 X1.1。如图 5-2-13 所示机床操作面板，"JOG" 为机床手动工作方式，"JOG"
按钮地址为 X1.1。

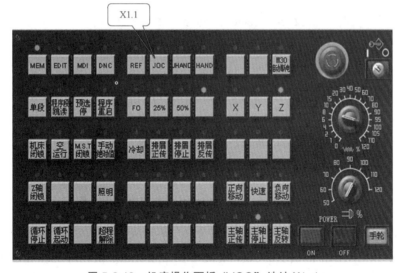

图 5-2-13 机床操作面板 "JOG" 地址 X1.1

2）信号 K0.5、G43.2、G43.0。图 5-2-14 ~ 图 5-2-16 所示为 JOG 方式 PLC 程序，由
"JOG" 按钮 X1.1 信号触发 JOG 中间信号 K0.5，由 K0.5 触发 JOG 工作方式信号 G43.2、
G43.0，只要 G43.2、G43.0 同时为 1，数控系统就处于 JOG 工作方式。

2. 查看手动工作方式 JOG 相关信号状态

步骤 1：按住机床操作面板上的 JOG 按钮查看信号状态。按下 "SYSTEM"→"+"→
"PMC 维护"→"信号状态"键→输入信号 "X1.1"→按 "搜索" 键，记录信号 X1.1 的
状态。

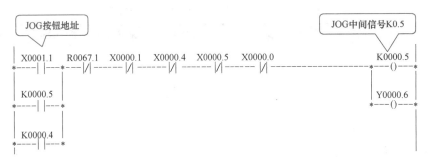

图 5-2-14　JOG 工作方式 PLC 程序（一）

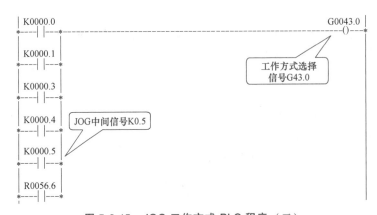

图 5-2-15　JOG 工作方式 PLC 程序（二）

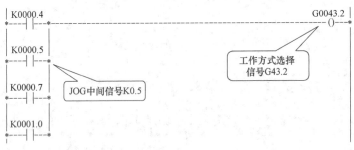

图 5-2-16　JOG 工作方式 PLC 程序（三）

　　按同样的步骤搜索、查看并记录信号 K0.5、G43.2、G43.0 的状态。

　　步骤 2：松开机床操作面板上的 JOG 按钮查看信号状态。按同样的操作步骤再次搜索、查看并记录信号 X1.1、K0.5、G43.2、G43.0 的状态。

　　步骤 3：按下机床操作面板上的 MEM 按钮查看信号状态。按同样的操作步骤再次搜索、查看并记录信号 X1.1、K0.5、G43.2、G43.0 的状态。

　　3 次信号状态查看结果见表 5-2-3。

　　信号状态结果表明：

　　1）要使选择机床 JOG 工作方式有效，必须同时触发 G43.2、G43.0 信号。

　　2）一旦选择 JOG 工作方式，则此方式持续有效，直到选择其他工作方式。

　　任务实施 2：用户正在对一台刚刚经过维修的数控铣床的主轴进行运行状态测试，机床防护门处于打开状态。图 5-2-17 所示为数控铣床主轴正转梯形图，MDI 方式下运行 "M03 S500;" 程序，主轴不转，查看梯形图发现主轴正转信号 G70.5 线圈没有得电。在机床防护门打开的情况下只能通过强制 K0.7 信号才能触发 G70.5 信号。

表 5-2-3　JOG 相关信号状态

操作	信号状态			
	X1.1	K0.5	G43.2	G43.0
按住"JOG"按钮	1	1	1	1
松开"JOG"按钮	0	1	1	1
按下"MEM"按钮	0	0	0	1

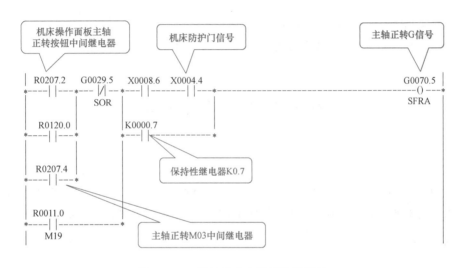

图 5-2-17　数控铣床主轴正转梯形图

方案一：强制信号 K0.7 测试主轴运行。

1）强制信号 K0.7 置 1。按照以下步骤强制 K0.7 信号开：

按下 "SYSTEM"→"+"→"PMC 维护"→"信号状态" 键→输入信号 "K0.7"→按"搜索"→"+"→"强制" 键→"开"，信号 K0.7 置 1。

2）测试主轴运行状态。在 MDI 方式下运行程序 "M03 S500;"，循环启动，主轴运转正常。

3）强制信号 K0.7 置 0。调试完毕后，需要强制信号 K0.7 置 0。

按照步骤 1）操作，直到最后一步按下 "强制" 键→"关"，完成机床主轴运行测试。

方案二：直接强制信号 G70.5。

1）停止 PLC 程序运行。按照以下步骤停止 PLC 程序运行：

按下 "SYSTEM"→"+"→"PMC 配置"

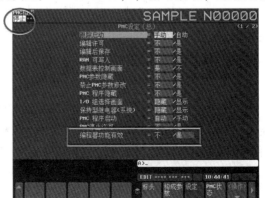

图 5-2-18　停止 PLC 程序运行

→"PMCST"键，停止 PLC 程序运行，如图 5-2-18 所示。

2）强制 G70.5 信号。按照以下步骤强制 G70.5 信号开：

按下"SYSTEM"→"+"→"PMC 维护"→"信号状态"键→输入信号"G70.5"→按"搜索"→"+"→"强制"键→"开"，信号 G70.5 置 1。

3）启动 PLC 程序。再次按下"SYSTEM"→"+"→"PMC 配置"→"PMCST"键，PLC 程序启动。

4）查看 G70.5 信号。按下"SYSTEM"→"+"→"PMC 维护"→"信号状态"键→输入信号"G70.5"→按"搜索"键，G70.5 信号恢复为 0。

问题探究

1. 进行 X 信号、Y 信号强制时的注意事项。

2. 对于主轴倍率信号、进给运动倍率信号通常采用旋钮开关调速，分析信号地址数量和档位数量的关系。

任务 3　PLC 信号跟踪

任务描述

通过 PLC 信号跟踪任务的学习，了解信号跟踪的特点及其在故障排除中的应用，掌握信号跟踪参数设定、采样地址设定以及信号跟踪的操作方法，会对跟踪页面信号状态进行分析。

学前准备

1. 查阅资料了解 PLC 维护各子菜单的功能和作用。

2. 查阅资料了解 PLC 信号跟踪相关知识。

3. 查阅资料了解 PLC 信号跟踪在机床故障排除中的应用。

学习目标

1. 熟练掌握 PLC 信号跟踪的设定方法。

2. 能够进行信号跟踪并根据跟踪页面分析相关信号之间的逻辑关系。

任务学习

一、PLC 信号跟踪功能

在发生机床数控系统报警故障，特别是出现 PLC 以 EX 开头的报警故障时，如果能够追踪信号状态，就有助于找到故障点。但是 FANUC PLC 信号扫描周期非常短，0i-F 数控系统扫描周期甚至达到了毫秒级，直接用肉眼观察，很多信号的变化根本无法看到。采用 FANUC 系统 PLC 信号跟踪功能可以记录信号的变化。

使用 PLC 信号跟踪功能，最多可以记录 32 个信号点的信号变化，具有以下特点：

1）能够记录信号的瞬时变化。

2) 能够记录信号随时间的周期性变化。

3) 能够记录信号之间的时序关系。

二、PLC 信号跟踪页面认知

PLC 信号跟踪由 3 个页面构成，分别是跟踪参数设定页面、采样地址设定页面和信号跟踪显示页面。

1. 跟踪参数设定页面

通过以下路径进入信号跟踪参数设定页面：

按下 "SYSTEM"→"+"→"PMC 维修"→"+"→"跟踪设定" 键。

跟踪参数设定页面如图 5-3-1 所示，在这个页面中可以进行相关跟踪参数设定。

（1）采样方式设定 采样方式设定有 2 种方式："周期" 设定和 "信号变化" 设定。"周期" 设定表示按照一定的周期长度进行信号采样；"信号变化" 设定表示在信号变化时进行信号采样。

（2）停止条件设定 信号停止条件设定有 3 种方式："无" "缓冲满" "触发"。

1）"无" 表示通过操作跟踪的启停软键来停止采样。

2）"缓冲满" 表示在系统内存区域满的时候自动停止采样。

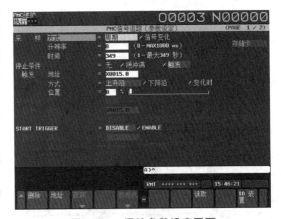

图 5-3-1　跟踪参数设定页面

3）"触发" 表示在触发地址上升沿、下降沿或变化时停止采样。

（3）采样条件设定 采样条件设定有 2 种方式："触发" "变化时"。"触发" 是指输入触发信号地址，可以选择触发信号的上升沿、下降沿、变化时、开或者关的状态时开始采样。

跟踪参数设定页面参数的含义见表 5-3-1。

表 5-3-1　跟踪参数设定页面参数的含义

组	项目		含义
采样	方式	周期	每隔一定时间记录信号
		信号变化	信号变化时记录
	分辨率		采样周期的设定
	时间		设定周期方式的采样时间
	帧		设定信号变化方式下的记录次数
停止条件	条件	无	用软键停止
		缓冲满	用时间或帧指定的次数停止
		触发	指定信号的状态变化时停止
	触发	地址	设定触发停止条件时的信号状态
		方式	
		位置	

163

（续）

组	项目		含义
采样条件	条件	触发	设定信号变化方式下的采样条件
		变化时	
	触发	地址	设定触发采样条件时的信号状态
		方式	

2. 采样地址设定页面

在 PLC 跟踪参数设定页面，通过翻页键就能够进入采样地址设定页面，如图 5-3-2 所示，在这个页面中可以输入采样信号的地址。

3. 信号跟踪显示页面

在信号跟踪参数设定页面，按下"跟踪"→"操作"→"开始"键，就进入了信号跟踪显示页面，如图 5-3-3 所示。信号跟踪显示页面分为参数区域和图形区域。上方参数区域显示了设定的跟踪参数，如采样方式为周期采样、分辨率为 8ms、采样时间为 349s 等。下方图形区域由横轴和纵轴构成，横轴表示跟踪时间，间隔宽度就是分辨率，即每一格表示时间长度；纵轴就是采样信号地址，在信号跟踪显示页面可以看到所跟踪信号随时间变化的状态。

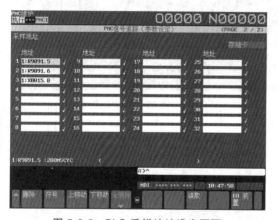

图 5-3-2　PLC 采样地址设定页面

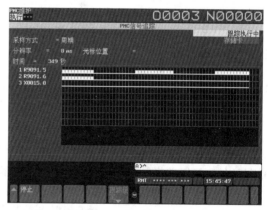

图 5-3-3　PLC 信号跟踪显示页面

三、PLC 信号跟踪

以 PLC 外部报警 EX1100 为例，说明信号跟踪相关操作。当系统 PLC 出现 EX1100 报警时，需要跟踪 R9091.5 和 R9091.6 信号在触发前与触发后 1s 内的信号状态。

1. 跟踪参数设定

在跟踪参数设定页面，对各参数进行如下设定：

（1）采样方式设定　采样方式选定"周期"；采样分辨率设定为 96ms；时间设定为 2s。

（2）停止条件设置　通过查找 PLC 梯形图，报警 EX1100 触发条件是 A0.1，把 A0.1 输入至停止条件触发地址中。停止条件的触发方式选择 A0.1 上升沿。现在需要记录在报警信号触发前、后各 1s 的状态，总的采样时间是 2s，触发方式选择上升沿，位置选择在 50% 的位置，相当于记录的就是触发前、后各 1s 的状态，具体设置如图 5-3-4 所示。

2. 采样地址设定

通过翻页键进入采样地址设定页面，分别输入采样地址 R9091.5、R9091.6 和 A0.1，采样地址设定如图 5-3-5 所示。

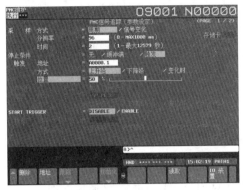

图 5-3-4 跟踪参数设定

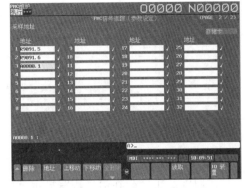

图 5-3-5 采样地址设定

3. 信号跟踪

按照以下流程进行操作，就可以进行信号跟踪。

按下"跟踪"→"操作"→"开始"键。在信号跟踪开始后，给出停止条件 A0.1，采集到信号状态如图 5-3-6 所示。

从图 5-3-6 可以看出，以停止条件设定位置为界，对于设定的 3 个地址信号分别跟踪了停止触发时前 1s 和后 1s 的信号状态。

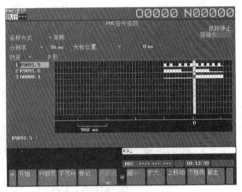

图 5-3-6 信号跟踪显示页面

4. 跟踪显示页面调整

信号跟踪显示页面软键及其功能如图 5-3-7 所示，包括"开始""≪前页""下页≫""标记""缩小""扩大""上移动""下移动""输出"等软键，各软键功能见表 5-3-2。通过软键可以进行跟踪页面调整。

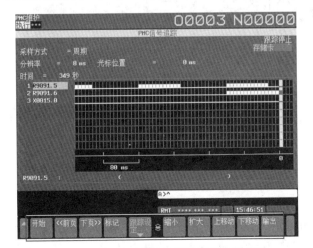

图 5-3-7 信号跟踪显示页面软键及其功能

表 5-3-2　信号跟踪显示页面软键功能

序号	软键	功能
1	《前页	显示信号跟踪的前一页
2	下页》	显示信号跟踪的下一页
3	标记	在图形光标位置显示标记
4	缩小	时间轴缩小
5	扩大	时间轴放大
6	上移动	光标位置信号与上信号交换
7	下移动	光标位置信号与下信号交换
8	输出	将跟踪的数据文件输出

5. 信号周期计算

信号跟踪结束后，在信号跟踪显示页面，可以计算信号周期长度，具体操作如下：

将光标移动至待计算周期信号开始位置，按下"标记"键，然后移动光标至周期计算结束位置，页面上方就会显示信号周期数据，如图 5-3-8 所示。

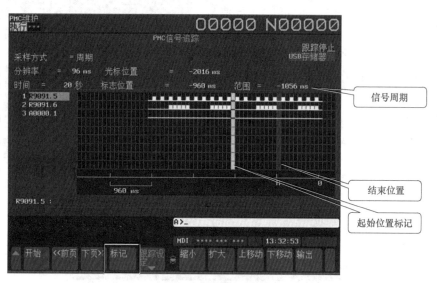

图 5-3-8　信号周期计算

任务实施

对机床操作面板上的工作方式选择进行信号跟踪，找出工作方式选择与 G43 信号之间的关系。

实施步骤如下：

步骤 1：按下"SYSTEM"→"+"→"PMC 维修"→"+"→"跟踪设定"键，进入跟踪设定页面。

步骤 2：跟踪参数设定。在跟踪参数设定页面，将采样方式设定为"周期"；采样分辨率设定为 96ms；时间设定为 20s；停止条件设定为"无"；采样条件设定为"触发"，触发地址在机床操作面板上选择一个空白键输入 X 地址，触发方式设定为"上升沿"，如图 5-3-9 所示。

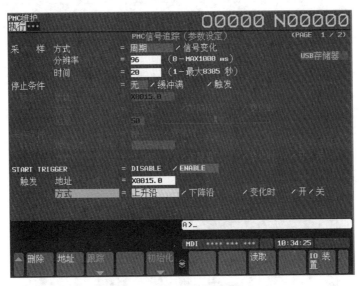

图 5-3-9 信号跟踪参数设定

步骤 3：采样地址设定。通过翻页键进入采样地址设定页面，分别输入采样地址 G43.0、G43.1、G43.2、G43.5、G43.7，如图 5-3-10 所示。

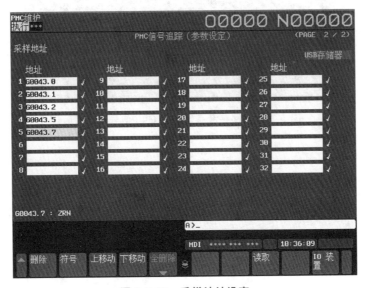

图 5-3-10 采样地址设定

步骤 4：信号跟踪。按照以下流程操作进行信号跟踪：

按下"跟踪"→"操作"→"开始"键，同时按下采样触发信号机床操作面板上选定的空白键，然后依次按下"自动""编辑""MDI""REMOTE""回参考点""JOG"手轮等键，分别采集各种工作方式下 G43 信号各位的状态。表 5-3-3 记录了各种工作方式与 G43 信号各位状态对应的关系，回参考点方式下 G43 信号跟踪页面如图 5-3-11 所示。

表 5-3-3　各种工作方式下 G43 信号状态

序号	工作方式选择	G43 信号状态				
		G43.7（ZRN）	G43.5（DNC1）	G43.2（MD4）	G43.1（MD2）	G43.0（MD1）
1	自动	0	0	0	0	1
2	编辑	0	0	0	1	1
3	MDI	0	0	0	0	0
4	REMOTE	0	1	0	0	1
5	回参考点	1	0	1	0	1
6	JOG	0	0	1	0	1
7	手轮	0	0	1	0	0

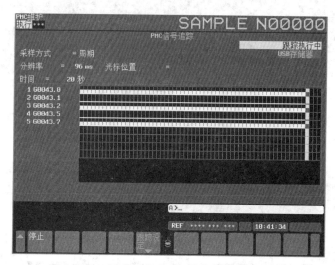

图 5-3-11　回参考点方式下 G43 信号跟踪页面

问题探究

1. 通过信号跟踪找出快速进给速度倍率档位选择与 G14.1、G14.0 信号的关系。

2. 通过信号跟踪找出机床外部报警 EX 的原因，探究出信号跟踪的思路和工作方法。

任务 4　PLC 报警分类及查看

任务描述

通过 PLC 报警分类及查看任务的学习，了解 PLC 报警类型和不同类型报警对应的报警原因，学习根据 PLC 报警内容查阅维修手册及排除报警的思路和方法。

学前准备

1. 查阅资料了解 PLC 报警类型。

2. 查阅资料了解 PLC 报警号关联的可能故障原因。

3. 查阅资料了解 PLC 报警的排查方法。

学习目标

1. 熟悉 FANUC 数控系统相关说明书的使用方法。

2. 掌握根据 PLC 报警类型判断故障类别的方法。

3. 熟练掌握 PLC 报警的排查思路和方法。

任务学习

一、PLC 报警分类

PLC 报警分为 PLC 系统报警 SYS_ ALMxx、PLC 报警 ER、PLC 报警 WN 和 PLC 外部报警 EX 几种类型。

1. PLC 系统报警

由 PLC 软件或 I/O LINK 通信异常等原因导致系统不能维持正常动作时，数控系统会转移到系统报警状态，出现 "SYS_ALMxx" 系统报警。图 5-4-1 所示为由于 CPU 卡不良造成的 SYS_ALM197 报警页面。在报警页面中显示了以下内容：

① 装置名称、CNC 系统软件的系列、版本号。

② 系统报警号以及错误信息。

③ 报警发生的时刻。

④ 报警可能的原因。

⑤ 报警发生时的 PC 报警号。

⑥ 报警信息当前页面。

⑦ 总页面。

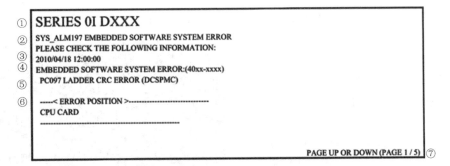

图 5-4-1　SYS_ALM197 报警页面

PLC 系统报警通常与主板不良、CPU 不良、I/O Link 硬件故障相关。当系统页面显示 "SYS_ALMxx" 报警时，PLC 系统报警号及可能的报警原因见表 5-4-1。

2. PLC 报警

PLC 报警分为 PLC 报警 ER、PLC 报警 WN 两种类型。PLC 报警 ER 会影响机床运行，使机床处于停机状态，需要解除报警机床才能正常运行；PLC 报警 WN 属于操作信息类报警，对用户操作起提示作用，不影响机床正常运行。

表 5-4-1　PLC 系统报警及报警原因

序号	系统报警号	PC 报警号	可能的报警原因
1	SYS_ALM199	PC004、PC006、PC009、PC010、PC012、PC030、PC060、PC070、PC071、PC072、PC080、PC090、PC093、PC094、PC095、PC096、PC097、PC098、PC501	可能主板不良
2	SYS_ALM197	PC070、PC071、PC095、PC097	可能 CPU 卡不良
3	SYS_ALM196	PC073	可能主板不良
4	SYS_ALM195	PC050、PC051	I/O Link 相关
5	SYS_ALM194	PC049、PC052、PC053、PC054、PC055、PC056、PC057、PC058、PC059	I/O Link i 相关

3. PLC 外部报警 EX

机床外部报警是指因非数控系统故障产生的报警，是机床外部元器件出了故障而产生的报警，报警号以 "EX" 开头，报警内容显示在数控系统工作页面上，可以通过编制 PLC 程序显示外部元器件故障信息并借助报警号和梯形图查找故障原因，这部分内容在本项目任务 2 中已详细描述。

二、PLC 报警原因分析

1. PLC 报警 ER

（1）进入 PLC 报警页面　当数控系统发生 ER 类 PLC 报警时，按照以下操作步骤进入 PLC 报警页面：

按下 "SYSTEM"→"PMC 维护"→"PMC 报警" 键，进入 PLC ER 报警页面，如图 5-4-2 所示。在报警页面上显示有 ER 报警号及其可能的原因，可以根据报警号在维修说明书上查看更详细的原因及分析内容。

（2）ER 类 PLC 报警分析

1）确认数控机床当前状态。当发生 ER 类 PLC 报警时，检查机床操作面板状态，同时查看是否显示其他 PLC 报警信息，报警发生时机床的状态是否是机床操作面板无效，同时伴随着急停报警和其他外部报警。

2）确认具体 ER 报警内容。进入报警页面后确认 ER 报警具体信息，如 PLC 报警页面显示报警信息为 "ER97 I/O Link FAILURE（CH1 G00）"。

3）排除 ER 报警　针对上述 ER97 报警信息，表明故障排除要从 I/O 模块 "00" 组为基准点进行排查，在 00 组之前是数控系统主

图 5-4-2　PLC ER 报警页面

板，在 00 组之后是其他 I/O 模块。因此要检查 00 组 I/O 模块及后续的 I/O 模块 DC 24V 电源供给情况，也就是检查 I/O 模块 CP1 接口的供电情况以及是否存在短路，检查从 CNC 主板 I/O 接口 JD51A 到 00 组 I/O 模块 JD1B 接口通信电缆的连接情况，检查 I/O 模块本身是否有故障等，从而准确定位故障点。

ER 类 PLC 报警号范围及其可能原因见表 5-4-2。

表 5-4-2　PLC ER 报警号范围及可能故障原因

序号	报警号范围	故障原因
1	ER01～ER27	与 PLC 顺序程序关联
2	ER33～ER45、ER60～ER62、ER95、ER97	与硬件、硬件连接关联
3	ER64～ER71、ER96	与硬件相关设定关联
4	ER46～ER58、ER63	与 I/O 参数设定关联
5	ER89～ER94	与 I/O 配置数据关联

2. PLC 报警 WN

PLC 报警 WN 属于提示性报警，报警号范围为 WN02～WN72，具体报警号对应的可能原因可查看《FANUC Series 0i-MODEL F Plus 维修说明书》。PLC WN 报警页面如图 5-4-3 所示。

任务实施

任务实施 1：PLC ER97 报警故障诊断与排除。

某加工中心数控系统开机后，显示页面没有数控系统报警、没有伺服报警和主轴报警，但是机床操作面板失效，查找故障原因并排除故障。

步骤 1：检查机床当前状态。机床操作面板指示灯全部熄灭，操作面板功能全部失效，同时数控系统伴随急停 EMG 报警。

步骤 2：进入 PLC 报警页面。按下 "SYSTEM"→"PMC 维护"→"PMC 报警" 键，进入 PLC 报警页面，显示 ER97 报警，如图 5-4-4 所示。

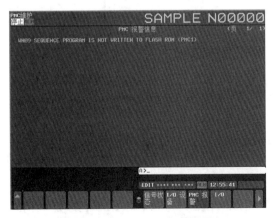

图 5-4-3　PLC WN 报警页面

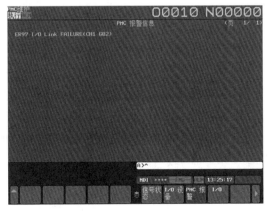

图 5-4-4　PLC 报警页面

步骤 3：查看 I/O 模块组设定页面。

按下 "SYSTEM"→"PMC 配置"→">"→"I/O Link i" 键，进入 I/O 模块组设定页面，

如图 5-4-5 所示。图中显示系统带有 3 组 I/O 模块，实际机床 I/O 模块硬件配置与连接如图 5-4-6 所示。

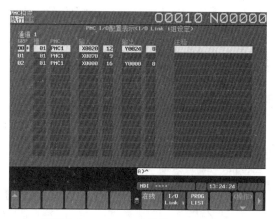

图 5-4-5　I/O Link i 模块组设定页面

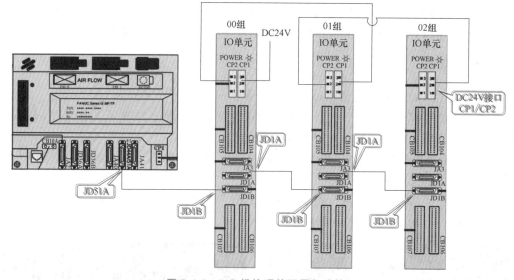

图 5-4-6　I/O 模块硬件配置与连接

步骤 4：按下"PMC 维护"→"I/O 设备"键，进入 I/O 设备检查页面，确认当前系统识别的 I/O 模块为前 2 个模块，通信中断点为第 2 个模块和第 3 个模块间，如图 5-4-7 所示。

步骤 5：检查第 3 组 I/O 模块电源及熔断器正常。

步骤 6：更换第 2～3 组间通信电缆（JD1A～JD1B），重新上电，故障排除。故障原因为电缆断线。

任务实施 2：PLC WN09 报警故障诊断与排除。

某加工中心数控系统进行 PLC 程序恢复操作，将保存在 CF 卡中的 PLC 程序加载到系统中，操作步骤如下。

步骤 1：进入 PLC I/O 页面。按下"SYSTEM"→"PMC 维护"→"I/O"键，进入 PLC 程序加载页面，进行 PLC 程序读取操作，如图 5-4-8 所示。

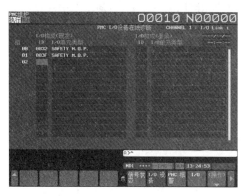

图 5-4-7 I/O 设备检查页面

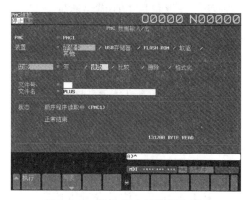

图 5-4-8 PLC 程序读取操作设定

步骤 2：I/O 页面设置。将"装置"选择为"存储卡"，"功能"选择为"读取"，"文件名"选择保存在 CF 卡中的 PLC 程序名或文件号，然后按下"执行"键完成 PLC 读取操作。

操作完成后，数控系统出现提示框，显示 WN09 报警信息，如图 5-4-9 所示

报警内容提示，PLC 程序未保存到闪存 FROM 中，说明 PLC 加载没有完成，应继续进行 PLC 程序加载操作。在"I/O"页面，将"装置"选择为"FLASH ROM"，"功能"选择为"写"，然后按下"执行"软键进行 PLC 程序写操作，这是一个 PLC 程序固化操作。PLC 程序写操作设置如图 5-4-10 所示。

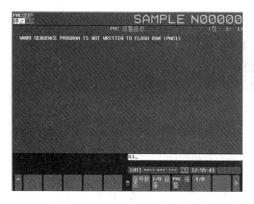

图 5-4-9 PLC WN09 报警信息

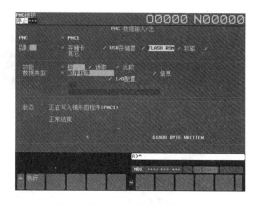

图 5-4-10 PLC 程序写操作设定

问题探究

1. 归纳 PLC 报警的类型、报警显示查看方式和路径。

2. 基于任务实施 1 的处理，如果更换电缆后，故障依然没有排除，下一步需要做什么？

任务5 I/O Link 地址连接与应用

任务描述

通过 I/O Link 地址连接与应用任务的学习，了解 FANUC I/O 模块类型，熟悉 I/O 模块

硬件连接，能够根据 I/O 模块地址分配查找信号状态，并能够排除 I/O 信号连接故障。

学前准备

1. 查阅资料了解 I/O 模块类型。
2. 查阅资料了解 I/O 模块引脚定义。
3. 查阅资料了解 I/O 模块首地址的确定。

学习目标

1. 熟悉 FANUC I/O 模块类型。
2. 掌握 I/O 模块信号查看方法。
3. 掌握 I/O 信号故障排除方法。

任务学习

一、常用 I/O 模块认知

FANUC 常用 I/O 模块包括 I/O 单元（0i 用 I/O 单元）、FANUC 标准机床操作面板、操作盘 I/O 模块、分线盘 I/O 模块、FANUC I/O UNIT A/B 单元、I/O Link 轴等，如图 5-5-1 所示。

0i用I/O单元
带手轮接口
96/64

FANUC标准机床操作面板
带手轮接口 96/64

操作盘I/O模块
带手轮接口 48/32

分线盘I/O模块
带手轮接口 96/64

FANUC I/O UNIT A/B单元
无手轮接口 256/256

I/O Link轴
无手轮接口
128/128

图 5-5-1 FANUC 常用 I/O 模块

二、I/O 模块硬件连接与物理位置设定

1. I/O 模块硬件连接

I/O 模块硬件连接如图 5-5-2 所示。数控系统配置了 FANUC 标准机床操作面板和 I/O 单元两种类型的 I/O 模块。I/O 模块之间采用串行连接方式，数控系统接口 JD51A 连接至 FANUC 标准机床操作面板 JD1B，再从机床操作面板 JD1A 连接至 I/O 单元 JD1B。

FANUC 标准机床操作面板可连接 96 个输入信号和 64 个输出信号，通过 JA3 接口连接手轮。

I/O 单元是 FANUC 0i 标准 I/O 单元，同样可以连接 96 个输入信号和 64 个输出信号，也具备手轮接口。

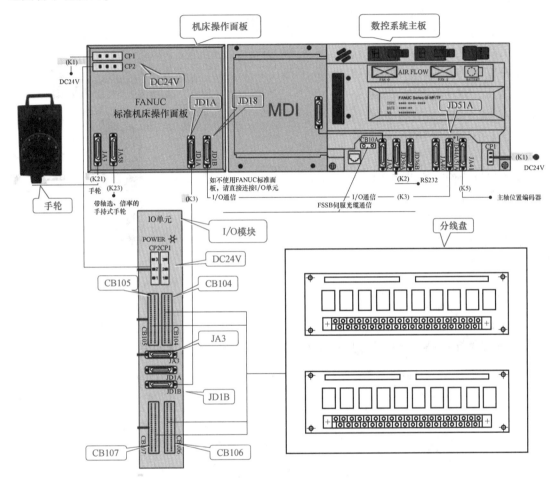

图 5-5-2　I/O 模块硬件连接

2. I/O 模块物理位置设定

I/O Link i 是一个串行接口，通过 I/O Link 电缆将数控装置、各种类型 I/O 模块和机床操作面板等连接起来。FANUC 0i-F 系列主板上的 I/O 接口为 JD51A，通过信号线连接相邻 I/O 模块的 JD1B 接口，再从这个模块的 JD1A 接口连接到下一个模块的 JD1B 接口，依此类推，直至连接到最后一个 I/O 模块的 JD1B 接口，最后一个 I/O 模块的 JD1A 接口空着。

按照这种 JD1A→JD1B 方式串行连接的各 I/O 模块，其物理位置按照组来进行定义，距数控系统最近的 I/O 模块为第 0 组，下一个模块为第 1 组，依此类推。

I/O 模块物理位置设定如图 5-5-3 所示。

三、I/O 单元 DI/DO 连接器引脚地址配置

1. I/O 单元连接器地址分配

I/O 单元通过 CB104～CB107 连接器与机床电器柜分线盘、机床操作面板（不带 I/O 接

口）上的输入/输出信号连接，每个输入/输出信号状态通过 JD51A→JD1B 方式与数控系统连接，形成数控系统与 I/O 单元之间信号的串行传递方式。

I/O 单元 CB104~CB107 连接器地址分配如图 5-5-4 所示。从图中可以看出，每个连接器有 50 个引脚，有 24 个输入信号和 16 个输出信号，4 个连接器共有 96 个输入信号和 64 个输出信号。以 CB104 连接器为例，输入信号地址范围为 Xm+0.0~Xm+2.7，共 3 字节 24 个输入信号，其中"m"为输入信号起始地址；输出信号地址范围为 Yn+0.0~Yn+1.7，共 2 字节 16 个输出信号，其中"n"为输出信号起始地址。

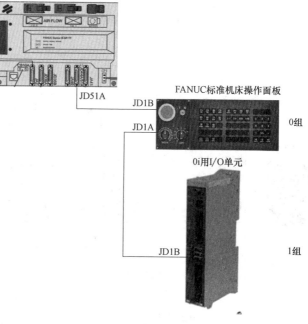

图 5-5-3　I/O 模块物理位置设定

在对 I/O 模块进行地址分配时，要注意以下几点：

1）地址固定的高速处理信号要接在 I/O 模块连接器指定地址的引脚上。

CB104 广濑50PIN			CB105 广濑50PIN			CB106 广濑50PIN			CB107 广濑50PIN		
	A	B		A	B		A	B		A	B
01	0V	+24V	01	0V	+24V	01	0V	+24V	01	0V	+24V
02	Xm+0.0	Xm+0.1	02	Xm+3.0	Xm+3.1	02	Xm+4.0	Xm+4.1	02	Xm+7.0	Xm+7.1
03	Xm+0.2	Xm+0.3	03	Xm+3.2	Xm+3.3	03	Xm+4.2	Xm+4.3	03	Xm+7.2	Xm+7.3
04	Xm+0.4	Xm+0.5	04	Xm+3.4	Xm+3.5	04	Xm+4.4	Xm+4.5	04	Xm+7.4	Xm+7.5
05	Xm+0.6	Xm+0.7	05	Xm+3.6	Xm+3.7	05	Xm+4.6	Xm+4.7	05	Xm+7.6	Xm+7.7
06	Xm+1.0	Xm+1.1	06	Xm+8.0	Xm+8.1	06	Xm+5.0	Xm+5.1	06	Xm+10.0	Xm+10.1
07	Xm+1.2	Xm+1.3	07	Xm+8.2	Xm+8.3	07	Xm+5.2	Xm+5.3	07	Xm+10.2	Xm+10.3
08	Xm+1.4	Xm+1.5	08	Xm+8.4	Xm+8.5	08	Xm+5.4	Xm+5.5	08	Xm+10.4	Xm+10.5
09	Xm+1.6	Xm+1.7	09	Xm+8.6	Xm+8.7	09	Xm+5.6	Xm+5.7	09	Xm+10.6	Xm+10.7
10	Xm+2.0	Xm+2.1	10	Xm+9.0	Xm+9.1	10	Xm+6.0	Xm+6.1	10	Xm+11.0	Xm+11.1
11	Xm+2.2	Xm+2.3	11	Xm+9.2	Xm+9.3	11	Xm+6.2	Xm+6.3	11	Xm+11.2	Xm+11.3
12	Xm+2.4	Xm+2.5	12	Xm+9.4	Xm+9.5	12	Xm+6.4	Xm+6.5	12	Xm+11.4	Xm+11.5
13	Xm+2.6	Xm+2.7	13	Xm+9.6	Xm+9.7	13	Xm+6.6	Xm+6.7	13	Xm+11.6	Xm+11.7
14			14			14	COM4		14		
15			15			15			15		
16	Yn+0.0	Yn+0.1	16	Yn+2.0	Yn+2.1	16	Yn+4.0	Yn+4.1	16	Yn+6.0	Yn+6.1
17	Yn+0.2	Yn+0.3	17	Yn+2.2	Yn+2.3	17	Yn+4.2	Yn+4.3	17	Yn+6.2	Yn+6.3
18	Yn+0.4	Yn+0.5	18	Yn+2.4	Yn+2.5	18	Yn+4.4	Yn+4.5	18	Yn+6.4	Yn+6.5
19	Yn+0.6	Yn+0.7	19	Yn+2.6	Yn+2.7	19	Yn+4.6	Yn+4.7	19	Yn+6.6	Yn+6.7
20	Yn+1.0	Yn+1.1	20	Yn+3.0	Yn+3.1	20	Yn+5.0	Yn+5.1	20	Yn+7.0	Yn+7.1
21	Yn+1.2	Yn+1.3	21	Yn+3.2	Yn+3.3	21	Yn+5.2	Yn+5.3	21	Yn+7.2	Yn+7.3
22	Yn+1.4	Yn+1.5	22	Yn+3.4	Yn+3.5	22	Yn+5.4	Yn+5.5	22	Yn+7.4	Yn+7.5
23	Yn+1.6	Yn+1.7	23	Yn+3.6	Yn+3.7	23	Yn+5.6	Yn+5.7	23	Yn+7.6	Yn+7.7
24	DOCOM	DOCOM	24	DOCOM	DOCOM	24	DOCOM	DOCOM	24	DOCOM	DOCOM
25	DOCOM	DOCOM	25	DOCOM	DOCOM	25	DOCOM	DOCOM	25	DOCOM	DOCOM

图 5-5-4　I/O 单元连接器地址分配

2）CB104、CB105、CB106、CB107 引脚图中的 B01 引脚+24V 是输出信号，该引脚输出 24V 电压，不要将外部 24V 电压接到该引脚上。

3）如果需要使用连接器的 Y 信号，可将 24V 电压输入到 DOCOM 引脚。

4）如果需要使用 Xm+4 的地址，不要悬空 COM4 引脚，建议将 0V 接入 COM4 引脚。

2. I/O 模块地址分配

I/O 模块地址分配主要是确定输入/输出模块信号的首地址"m"和"n"。如果 I/O 模块中连接有高速输入信号，首地址确定以确保高速信号固定地址为原则；如果有多个 I/O 模块，且有 I/O 模块没有连接高速输入信号，则首地址确定以地址不相互冲突为原则。

如图 5-5-5 所示，急停信号接至 I/O 模块 CB105 的 A08 接线端子上，地址为 Xm+8.4，由于急停信号地址为 X8.4，Xm+8.4=X0+8.4，所以 m 为 0，因此起始地址设定为 X0，从 X0 开始进行地址分配，I/O 模块有 12 字节，则占用地址为 X0~X11。

CB104
广濑50PIN

	A	B
01	0V	+24V
02	Xm+0.0	Xm+0.1
03	Xm+0.2	Xm+0.3
04	Xm+0.4	Xm+0.5
05	Xm+0.6	Xm+0.7
06	Xm+1.0	Xm+1.1
07	Xm+1.2	Xm+1.3
08	Xm+1.4	Xm+1.5
09	Xm+1.6	Xm+1.7
10	Xm+2.0	Xm+2.1
11	Xm+2.2	Xm+2.3
12	Xm+2.4	Xm+2.5
13	Xm+2.6	Xm+2.7
14		
15		
16	Yn+0.0	Yn+0.1
17	Yn+0.2	Yn+0.3
18	Yn+0.4	Yn+0.5
19	Yn+0.6	Yn+0.7
20	Yn+1.0	Yn+1.1
21	Yn+1.2	Yn+1.3
22	Yn+1.4	Yn+1.5
23	Yn+1.6	Yn+1.7
24	DOCOM	DOCOM
25	DOCOM	DOCOM

CB105
广濑50PIN

	A	B
01	0V	+24V
02	Xm+3.0	Xm+3.1
03	Xm+3.2	Xm+3.3
04	Xm+3.4	Xm+3.5
05	Xm+3.6	Xm+3.7
06	Xm+8.0	Xm+8.1
07	Xm+8.2	Xm+8.3
08	Xm+8.4	Xm+8.5
09	Xm+8.6	Xm+8.7
10	Xm+9.0	Xm+9.1
11	Xm+9.2	Xm+9.3
12	Xm+9.4	Xm+9.5
13	Xm+9.6	Xm+9.7
14		
15		
16	Yn+2.0	Yn+2.1
17	Yn+2.2	Yn+2.3
18	Yn+2.4	Yn+2.5
19	Yn+2.6	Yn+2.7
20	Yn+3.0	Yn+3.1
21	Yn+3.2	Yn+3.3
22	Yn+3.4	Yn+3.5
23	Yn+3.6	Yn+3.7
24	DOCOM	DOCOM
25	DOCOM	DOCOM

图 5-5-5 I/O 模块地址分配（一）

如图 5-5-6 所示，急停信号接至 I/O 模块 CB104 的 A04 接线端子上，地址为 Xm+0.4，由于急停信号地址为 X8.4，Xm+0.4=X8+0.4，所以 m 为 8，因此起始地址设定为 X8，从 X8 开始进行地址分配，I/O 模块有 12 字节，则占用地址为 X8~X19。

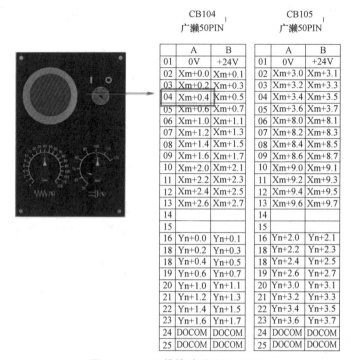

	CB104 广濑50PIN	
	A	B
01	0V	+24V
02	Xm+0.0	Xm+0.1
03	Xm+0.2	Xm+0.3
04	Xm+0.4	Xm+0.5
05	Xm+0.6	Xm+0.7
06	Xm+1.0	Xm+1.1
07	Xm+1.2	Xm+1.3
08	Xm+1.4	Xm+1.5
09	Xm+1.6	Xm+1.7
10	Xm+2.0	Xm+2.1
11	Xm+2.2	Xm+2.3
12	Xm+2.4	Xm+2.5
13	Xm+2.6	Xm+2.7
14		
15		
16	Yn+0.0	Yn+0.1
18	Yn+0.2	Yn+0.3
18	Yn+0.4	Yn+0.5
19	Yn+0.6	Yn+0.7
20	Yn+1.0	Yn+1.1
21	Yn+1.2	Yn+1.3
22	Yn+1.4	Yn+1.5
23	Yn+1.6	Yn+1.7
24	DOCOM	DOCOM
25	DOCOM	DOCOM

	CB105 广濑50PIN	
	A	B
01	0V	+24V
02	Xm+3.0	Xm+3.1
03	Xm+3.2	Xm+3.3
04	Xm+3.4	Xm+3.5
05	Xm+3.6	Xm+3.7
06	Xm+8.0	Xm+8.1
07	Xm+8.2	Xm+8.3
08	Xm+8.4	Xm+8.5
09	Xm+8.6	Xm+8.7
10	Xm+9.0	Xm+9.1
11	Xm+9.2	Xm+9.3
12	Xm+9.4	Xm+9.5
13	Xm+9.6	Xm+9.7
14		
15		
16	Yn+2.0	Yn+2.1
18	Yn+2.2	Yn+2.3
18	Yn+2.4	Yn+2.5
19	Yn+2.6	Yn+2.7
20	Yn+3.0	Yn+3.1
21	Yn+3.2	Yn+3.3
22	Yn+3.4	Yn+3.5
23	Yn+3.6	Yn+3.7
24	DOCOM	DOCOM
25	DOCOM	DOCOM

图 5-5-6　I/O 模块地址分配（二）

四、0i-F I/O Link i 地址分配页面认知

1. 使用 I/O Link i 模块参数设定

0i-F 地址分配可以使用 I/O Link 和 I/O Link i 两条通道，在参数 NO.11933 #0 和 #1 中设置即可，如图 5-5-7 所示。

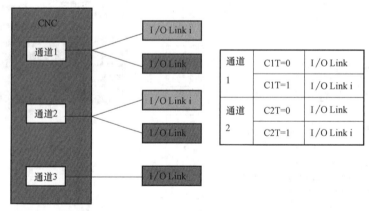

图 5-5-7　I/O Link 和 I/O Link i 通道设置

如果使用 I/O Link i 模块，并且使用 I/O Link i 通信，参数设定如图 5-5-8 所示，将参数 11933#1、#0 都设定为 1。

2. 进入 0i-F I/O Link i 地址分配页面

按照以下步骤操作进入 0i-F I/O Link i 地址分配页面。

（1）编辑许可设定 按下"SYSTEM"→"PMC 配置"→">"→"设定"键，开启梯形图"编辑许可""编程器功能有效"选项，如图 5-5-9 所示。

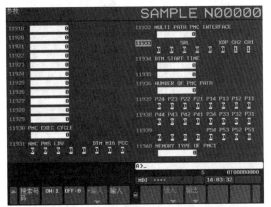

图 5-5-8 使用 I/O Link i 模块参数设定

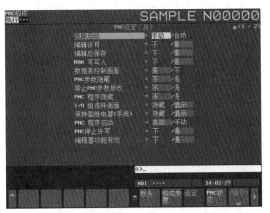

图 5-5-9 编辑许可设定

（2）进入 I/O Link i 设定页面 按下"SYSTEM"→">"→"PMC 配置"→">"→"I/O Link i"键，进入 I/O Link i 设定页面，如图 5-5-10 所示。在这个页面中可以对 X 信号起始地址、Y 信号起始地址、信号字节数、手轮等进行设定。图中各参数含义如下：

1）GRP（组）：起始默认 00，在设定过程中，依据组数系统会自动生成相应的顺序组号。

2）槽：默认 01，系统根据硬件连接方式会自动生成。

3）输入：分配输入地址的起始地址。

4）输出：分配输出地址的起始地址。

5）12 和 8：分别代表输入和输出信号的字节数。

五、I/O Link i 地址分配操作

下面以 I/O 单元（JA3 连接有手轮）地址设定为例，说明地址分配的操作过程。

（1）确定 I/O 模块地址范围 I/O 单元共有 96 个输入信号，12 字节；64 个输出信号，8 字节。由于急停信号连接在 Xm+8.4 上，所以 I/O 单元输入信号首地址为 X0，地址范围为 X0～X11；输出信号首地址为 Y0，地址范围为 Y0～Y7。

（2）I/O 模块参数设定 使用 I/O Link i 模块，且使用 I/O Link i 通信，将参数 11933#1、#0 均设定为 1。

（3）设定 PLC 配置设定页面 按照图 5-5-9 所示进行 PLC 设定操作。

（4）I/O Link i 设定页面设定

1）进入 I/O Link i 设定页面。按照前面的操作步骤进入 I/O Link i 设定页面，如图 5-5-10 所示。

2）按下"编辑"键，进入 I/O 配置编辑页面，如图 5-5-11 所示。

3）按下"新"键，新建一个组，默认为 0 组、PLC1，如图 5-5-12 所示。

4）按下"缩放"键，可对第 0 组 I/O 设备进行设定，如图 5-5-13 所示。将显示光标移动到"输入"处，输入"X0"，按下 MDI 面板上的"INPUT"键，输入 X 地址为 12 字节；将显示光标移动到"输出"处，输入"Y0"，按下 MDI 面板上的"INPUT"键，输出 Y 地址为 8 字节，注释区域可以不填写。

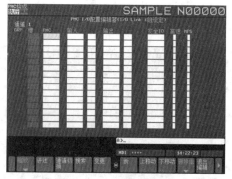

图 5-5-10　I/O Link i 设定页面

图 5-5-11　I/O 配置编辑页面

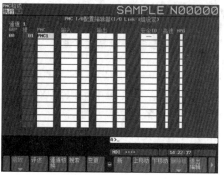

图 5-5-12　新建一个组

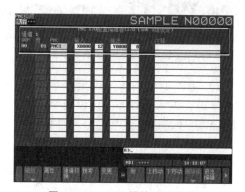

图 5-5-13　I/O 模块地址设定

5）给 I/O 单元配置手摇脉冲发生器。在 I/O Link i 主页面上按下"属性"键，将显示光标移动到本组最后一项 MPG 处，按下"变更"键，勾选手轮，如图 5-5-14 所示。

6）按下"缩放"键，分配手轮地址，分配结束后，按下"缩放结束"键，退出手轮地址分配页面，如图 5-5-15 所示。

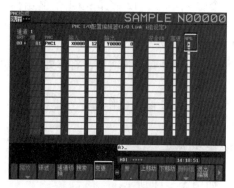

图 5-5-14　增加手轮

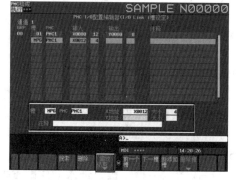

图 5-5-15　手轮地址分配

7）按下"退出编辑"键，系统提示是否将数据写入 FROM，按下"是"键，第 1 个 I/O 模块地址分配完成，如图 5-5-16 所示。

如果系统有多个 I/O 模块，可以通过"新"键，增加第 2 个 I/O 模块并进行设定，具体步骤同上。

8）地址分配完成后，按照以下步骤进入信号页面。

按下"SYSTEM"→">"→"PMC 维护"→"信号状态"→"（操作）"键→输入 X12→按"搜索"键，这时旋转手轮，如果信号 X12 发生变化，说明手轮电缆连接正确，所产生的脉冲信号为系统所接收，如图 5-5-17 所示。

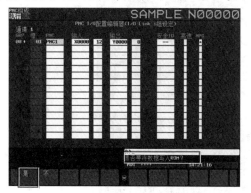

图 5-5-16　保存 I/O 分配数据

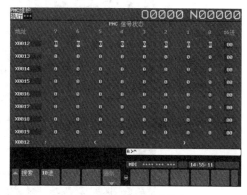

图 5-5-17　X12 信号状态

任务实施

数控车床转塔刀架霍尔元件信号 T1、T2、T3、T4 及电源线 24V、0V 接至机床电气柜接线端子排 XT1 上，在端子排上的连接位置分别是 XT1：18、XT1：19、XT1：20、XT1：21，通过端子排转接到机床电气柜分线盘接线端子 XT2：12、XT2：13、XT2：14、XT2：15 上，通过分线盘排线连接至 I/O 模块上，如图 5-5-18 所示。

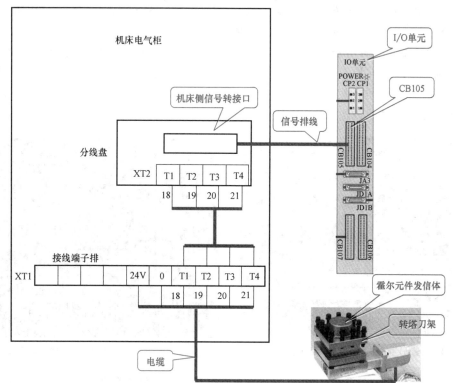

图 5-5-18　转塔刀架霍尔元件信号电气连接

181

数控车床电气柜内分线盘的实物图如图 5-5-19 所示。

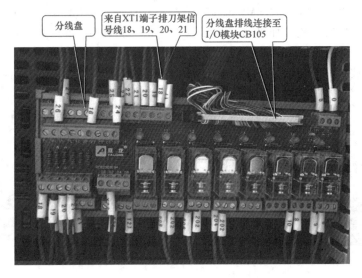

图 5-5-19　数控车床电气柜内分线盘实物图

步骤 1：查看数控车床 I/O 信号地址分配。按下 "SYSTEM"→">"→"PMC 配置"→">"→"I/O Link i" 键，进入 I/O Link i 配置页面，可以看到数控车床 X 信号分配首地址为 X0，X 信号共计 12 字节，输入信号范围为 X0~X11，如图 5-5-20 所示。

步骤 2：查看刀架刀位号信号地址。

1）进入输入信号 X 查看页面。按下 MDA 键盘上的 "SYSTEM"→">"→"PMC 维护"→"信号状态"→"（操作）" 键→输入"X"→"搜索"。

2）查看刀架刀位号信号地址。选择 JOG 工作方式，持续按下机床操作面板上的 "手动换刀" 按钮，刀架旋转换刀，在 MDA 面板上通过翻页键或光标上下移动键在 X0~X11 之间查找状态变化的 X 信号，找到与刀架 4 个霍尔元件信号对应的输入地址。刀架信号页面如图 5-5-21 所示，刀位号与输入信号 X 的对应关系见表 5-5-1。

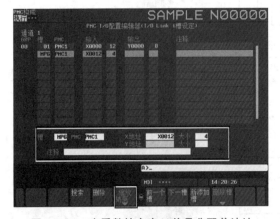

图 5-5-20　查看数控车床 X 信号分配首地址

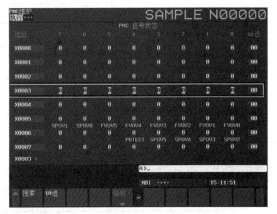

图 5-5-21　查看霍尔元件输入信号地址

步骤 3：查找刀位信号在 I/O 模块上的引脚位置。由于数控车床 I/O 模块输入信号首地址为 X0，刀位信号为 X3.0~X3.3，可知刀位信号连接在 CB105 的引脚 A02、B02、A03、B03 上，如图 5-5-22 所示。

表 5-5-1　刀位号与输入信号 X 的对应关系

刀位号	T1	T2	T3	T4
输入信号地址	X3.0	X3.1	X3.2	X3.3

步骤 4：刀位信号诊断。在机床没有通电的情况下，拔出 CB105 排线插头，使用万用表电阻档，分别测试机床电气柜接线端子排 XT1：18、XT1：19、XT1：20、XT1：21 与 I/O 模块 CB105 排线插头对应引脚 A02、B02、A03、B03 位置的通断情况。如果信号导通，说明刀架刀位信号传递到系统；如果信号不导通，说明信号连接故障或霍尔元件故障，可以按照硬件连接图分段查找故障点位置。

问题探究

1. 如果数控系统有 2 个 I/O 模块，写出第 2 个 I/O 模块地址分配步骤，并配置图形加以说明。

2. 如果数控系统配置 2 个手轮，如何进行第 2 个手轮地址的分配及参数设定？

CB104　广濑 50PIN

	A	B
01	0V	+24V
02	Xm+0.0	Xm+0.1
03	Xm+0.2	Xm+0.3
04	Xm+0.4	Xm+0.5
05	Xm+0.6	Xm+0.7
06	Xm+1.0	Xm+1.1
07	Xm+1.2	Xm+1.3
08	Xm+1.4	Xm+1.5
09	Xm+1.6	Xm+1.7
10	Xm+2.0	Xm+2.1
11	Xm+2.2	Xm+2.3
12	Xm+2.4	Xm+2.5
13	Xm+2.6	Xm+2.7
14		
15		
16	Yn+0.0	Yn+0.1
17	Yn+0.2	Yn+0.3
18	Yn+0.4	Yn+0.5
19	Yn+0.6	Yn+0.7
20	Yn+1.0	Yn+1.1
21	Yn+1.2	Yn+1.3
22	Yn+1.4	Yn+1.5
23	Yn+1.6	Yn+1.7
24	DOCOM	DOCOM
25	DOCOM	DOCOM

CB105　广濑 50PIN

	A	B
01	0V	+24V
02	Xm+3.0	Xm+3.1
03	Xm+3.2	Xm+3.3
04	Xm+3.4	Xm+3.5
05	Xm+3.6	Xm+3.7
06	Xm+8.0	Xm+8.1
07	Xm+8.2	Xm+8.3
08	Xm+8.4	Xm+8.5
09	Xm+8.6	Xm+8.7
10	Xm+9.0	Xm+9.1
11	Xm+9.2	Xm+9.3
12	Xm+9.4	Xm+9.5
13	Xm+9.6	Xm+9.7
14		
15		
16	Yn+2.0	Yn+2.1
17	Yn+2.2	Yn+2.3
18	Yn+2.4	Yn+2.5
19	Yn+2.6	Yn+2.7
20	Yn+3.0	Yn+3.1
21	Yn+3.2	Yn+3.3
22	Yn+3.4	Yn+3.5
23	Yn+3.6	Yn+3.7
24	DOCOM	DOCOM
25	DOCOM	DOCOM

图 5-5-22　刀架信号引脚位

183

任务6　PLC 的监控

任务描述

通过 PLC 监控任务的学习，熟悉 PLC 梯形图，学习通过数控系统梯形图页面、LADDER Ⅲ软件在线监控页面进行状态监控的方法，能够通过 PLC 梯形图监控分析关联信号之间的逻辑关系。

学前准备

1. 查阅资料熟悉 PLC 梯形图菜单结构。
2. 查阅资料了解 PLC 监控的操作步骤。
3. 查阅资料了解 LADDER Ⅲ软件的安装、使用方法。

学习目标

1. 能够对 PLC 梯形图进行现场监控。
2. 能够通过 LADDER Ⅲ软件对梯形图进行在线监控。

3. 能够借助监控分析关联信号之间的逻辑关系。

任务学习

一、梯形图检索

1. 梯形图页面认知

按下 "SYSTEM"→"+"→"PMC 梯图" 键，进入 PLC 梯形图监控与编辑功能菜单。PLC 梯形图监控与编辑功能由 "列表""梯形图""双层圈" 检查 3 个二级子菜单构成，如图 5-6-1 所示。

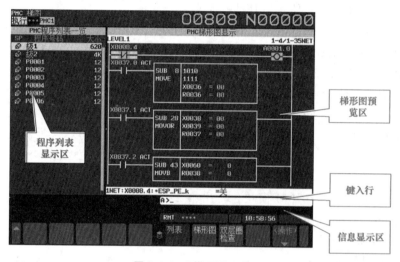

图 5-6-1 "梯形图" 页面

（1）列表 列表包括选择、全部、级 1、级 2、子程序等，各部分作用见表 5-6-1。

表 5-6-1 程序列表各部分作用

序号	表头名称	符号	含义
1	SP 显示子程序的保护 信息及程序类别		可参照、可编辑梯形图程序
2			可参照、不可编辑梯形图程序
3			不可参照、不可编辑所有梯形图程序
4	程序号码	选择	表示选择监控功能
5		全部	表示所有程序
6		级 n （n=1,2,3）	表示梯形图的级别 1、2、3
7		Pm （m 为子程序号）	表示子程序
8	大小	以字节为单位显示 程序大小	程序大小超过 1024 字节时，以千字节（KB）为单位显示程序容量

（2）梯形图 在 "PMC 梯形图" 菜单下，按下 "梯形图" 键，进入梯形图显示与编辑

页面，如图5-6-2所示。在该页面上，可以监控触点和线圈的通断状态和功能指令参数中所指定的地址内容，确认梯形图程序的动作顺序。

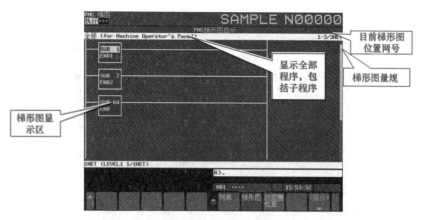

图5-6-2　PLC梯形图页面

按下"梯形图"→"（操作）"键，即进入梯形图子菜单，包括"列表""搜索菜单""编辑""转换""返回""子程序一览""PMC切换""画面设定"等项，如图5-6-3所示。

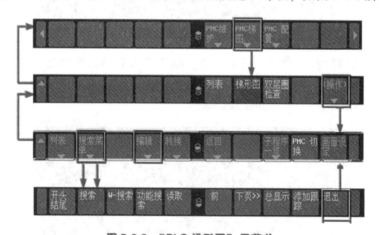

图5-6-3　"PLC梯形图"子菜单

子菜单中各项的作用如下：

1）列表：对程序进行列表显示。

2）搜索菜单：按照从头至尾、地址、网号、线圈、功能指令等关键词进行搜索。

3）编辑：对梯形图以网为单位进行删除、剪切、复制、粘贴操作，改变触点和线圈地址、改变功能指令参数、追加新网、改变网的形状、反映编辑结果、恢复到编辑前状态等操作。

4）转换：选择监控页面。

5）返回：显示之前的子程序。

6）SPLIST：显示子程序列表。

7）设定：设定梯形图显示页面的显示格式。

2. 梯形图检索

梯形图检索包括以下内容：

（1）"搜索"菜单　依次按下"PMC 梯图"→"梯形图"→"（操作）"→"搜索"键，即进入梯形图查找页面，包括"开头结尾""搜索""W-搜索""读取"等子菜单，如图 5-6-4所示。

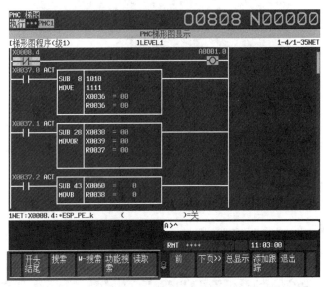

图 5-6-4　"搜索"菜单

（2）触点、线圈搜索　使用"搜索"键，输入待查找的信号地址，可以同时查找触点和线圈；如果只想查找线圈，则输入待查找的线圈地址，如 R0009.4 后，按下"W-搜索"键，即按照指定线圈地址查询，如图 5-6-5 所示。

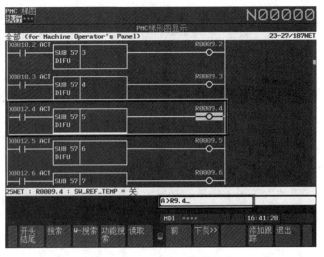

图 5-6-5　R0009.4 线圈查找

（3）梯形图网格号搜索　如果知道所要查找的触点或线圈位于梯形图的哪一行（网格号），则可以按照网格号查询。按下"搜索"键→输入梯形图网格号，如 30→按"搜索"键，即进入所查找的网格号梯形图页面，如图 5-6-6 所示。

（4）功能指令搜索　如果需要搜索功能指令，则可以按照功能指令的编号进行搜索。

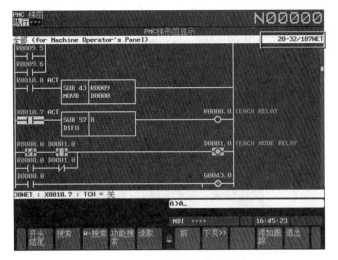

图 5-6-6　按梯形图网格号搜索

如二进制码变换功能指令的编号为 43（SUB43 MOVB），可按照以下顺序进行搜索：按 "搜索"键→输入功能指令编号 43→按 "F-搜索"键，页面即显示所查找的功能指令，如图 5-6-7 所示。

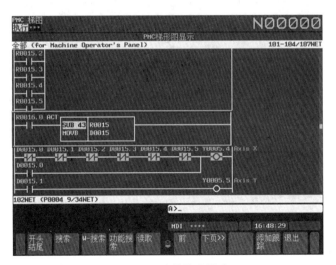

图 5-6-7　功能指令搜索

二、梯形图集中监控

1. 梯形图集中监控方式

集中监控方式可以将不在同一页面上的网格读取至连续页面进行显示，便于观察监控的整体逻辑。

由梯形图显示页面读取监控梯形图网格，步骤是：按下 "PMC 梯图"→"梯形图"→"（操作）"→"搜索菜单"键→输入待监控的地址，如 X20.1→按 "搜索"→"读取"键，这时在待监控的梯形图网格左边显示放大镜的监控标记，如图 5-6-8 所示。如果还有其他的逻辑，可继续进行该操作。

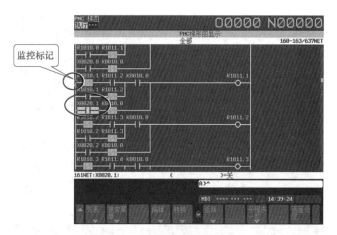

图 5-6-8　梯形图网格监控方法

按下"转换"键可以切换到梯形图"选择监测"页面，在这里将需要监控的梯形图网格集中在"选择监测"页面上，便于查看相关梯形图网格之间的逻辑关系，如图 5-6-9 所示。

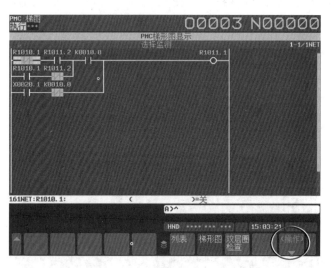

图 5-6-9　梯形图网格选择监测页面

2. 梯形图网格监控方式

按照以下步骤进入监控页面：按下"PMC 梯图"→"梯形图"→"（操作）"→"转换"键，进入"选择监测"页面。一开始由于没有设定待监测信号，因此页面为空白，如图 5-6-10 所示。

输入待监控的地址如 X12.4，按"读取"键，这时在选择监测页面出现待监控的梯形图网格，按下"转换"键，也可以切换至梯形图页面，如图 5-6-11 所示，相关梯形图网格前面有监测标记。

三、LADDER Ⅲ 软件使用概述

FANUC LADDER Ⅲ 软件是 FANUC 系统 PLC 程序专用编程软件，安装在 PC 上，可以

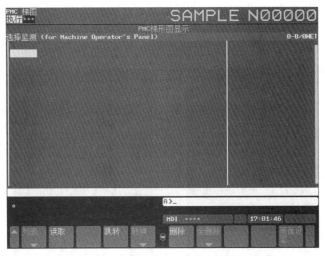

图 5-6-10 进入梯形图"选择监测"页面

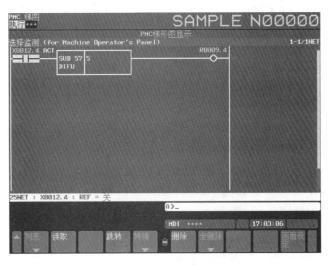

图 5-6-11 梯形图"选择监测"页面

新建和编辑 PLC 程序，也可以通过软件与 CNC 系统在线监控梯形图状态，非常适合现场封闭式自动生产线的维修。

四、梯形图在线监控

借助于 LADDER Ⅲ 软件，建立数控系统和 PC 之间的通信，就可以在 PC 上在线监控数控系统 PLC 状态。

1. 数控系统 IP 地址设定

（1）公共参数设定 按"SYSTEM"→"+"→"内藏口"→"公共"键，进入以太网参数设置页面，可根据实际情况设定 CNC 的 IP 地址，通常使用推荐值 192.168.1.1，如图 5-6-12 所示。

（2）FOCAS2 参数设定 按"FOCAS2"键，进入 FOCAS2 参数设定页面，用于设定

TCP、UDP 端口和时间间隔。通常 TCP 端口设定为 8193，UDP 端口设定为 8192，时间间隔根据实际需要设定，一般设定为 10s 即可，如图 5-6-13 所示。这时系统侧 IP 地址设定就完成了。

图 5-6-12 公共参数设定

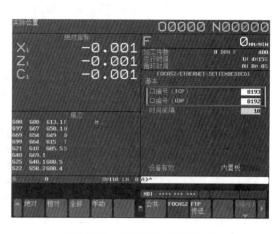

图 5-6-13 FOCAS2 参数设定

2. PLC 在线功能设定

按 "SYSTEM"→">"→"PMC 配置"→"在线" 键，进入在线监测参数设定页面，将高速接口设为 "使用"，如图 5-6-14 所示。

3. PC 侧 IP 地址设定

PC 侧 IP 地址与数控系统侧 IP 地址设定要遵循以下原则：IP 地址前 3 位必须一致，最后一位必须不同。例如，数控系统侧的 IP 地址设定为 192.168.1.1，则 PC 侧 IP 地址可设定为 192.168.1.2。对子网掩码，PC 侧和数控系统侧的设定必须一致，其他数值在 PC 侧可以自动生成。PC 侧 IP 地址设定如图 5-6-15 所示。

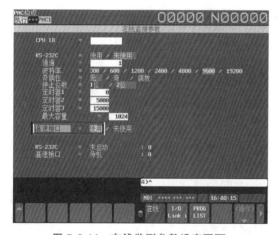

图 5-6-14 在线监测参数设定页面

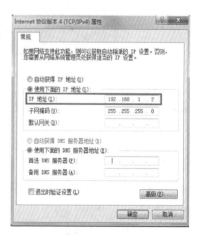

图 5-6-15 PC 侧 IP 地址设定

4. 建立 LADDER Ⅲ软件与数控系统通信

（1）主机地址设定 选择 LADDER Ⅲ软件 "Tool" 下拉菜单中的 Communication 选项，选择 Network Address 进行主机地址添加。选择 Add Host，弹出 Host Setting Dialog 对话框，

输入数控系统的 IP 地址 192.168.1.1，如图 5-6-16 所示将数控系统认为是主机。输入完成后，数控系统的 IP 地址将出现在 Network Address 中。

（2）PC 侧地址设定　继续选择"Tool"下拉菜单中的 Communication 选项，选择 Setting 进行 PC 侧地址配置。将 Enable Device 中的主机 IP 地址（数控系统端的 IP 地址）选中，单击 Add 按钮，将 PC 侧 IP 地址 192.168.1.2 添加到 Use Device 中，如图 5-6-17 所示。

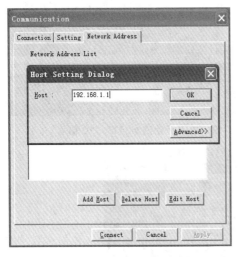

图 5-6-16　LADDER Ⅲ软件主机 IP
地址设定

图 5-6-17　LADDER Ⅲ软件 PC 侧 IP
地址设定

（3）建立通信　单击 Communication 提示框中的 Connect 按钮，开始 PC 与数控系统的连接，PC 与数控系统的连接过程如图 5-6-18 所示。连接完成后，单击 Close 按钮，LADDER Ⅲ 软件即在线显示数控系统梯形图页面。

任务实施

通过数控系统梯形图页面和 LADDER Ⅲ 软件监控手动进给倍率信号及其相关信号，分析信号之间的逻辑关系。

1. 搜索并监控手动进给倍率信号 G10

步骤 1：搜索 G10 信号。按下"SYSTEM"→"+"→"PMC 梯图"→"梯形图"→"（操作）"键→输入"G10"→按"搜索"键，显示 G10 所在梯形图页面，如图 5-6-19 所示。

步骤 2：监控 G10 信号。搜索到 G10 信号后，按下"读取"键，即实现对该信号的监控，在梯形图网格前面会显示梯形图监控标记，如图 5-6-20 所示。

2. 搜索并监控进给倍率开关输入信号

进给倍率开关输入信号为 X0.7、X0.1、X0.5、X0.3，搜索键并监控这些信号。

图 5-6-18　PC 与数控系统的连接过程

按下“SYSTEM”→“+”→“PMC梯图”→“梯形图”→“（操作）”键→依次输入“X0.7”“X0.1”“X0.5”“X0.3”→按“搜索”键，页面显示X0.7、X0.1、X0.5、X0.3信号所在梯形图网格，将光标移至不同网格处，依次按“读取”键，对X0.7、X0.1、X0.5、X0.3信号所在梯形图网格进行监控，监控页面如图5-6-21所示。

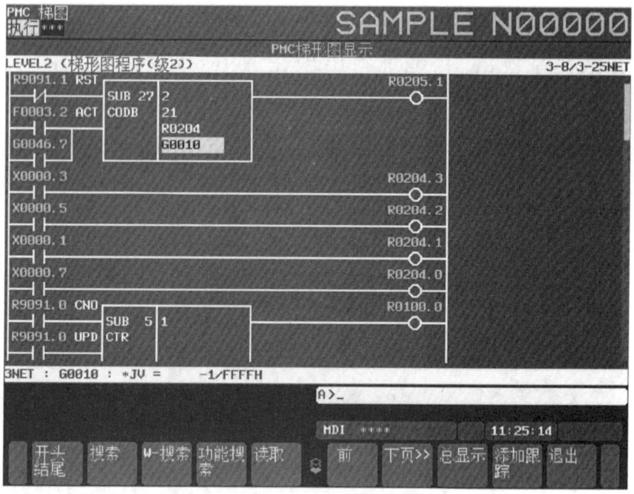

图 5-6-19　搜索手动进给倍率 G10 信号

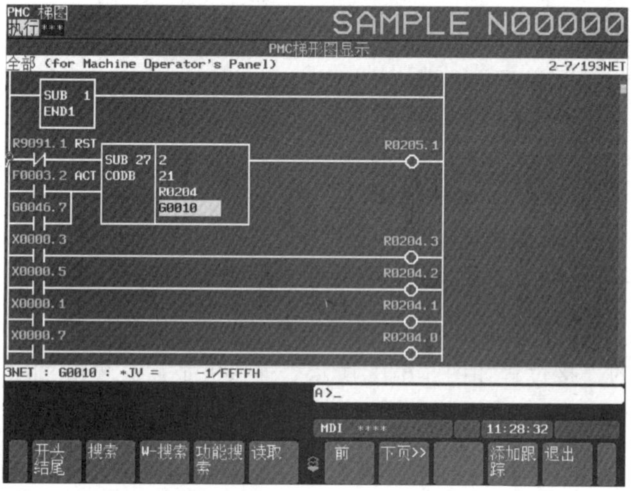

图 5-6-20　监控手动进给倍率 G10 信号

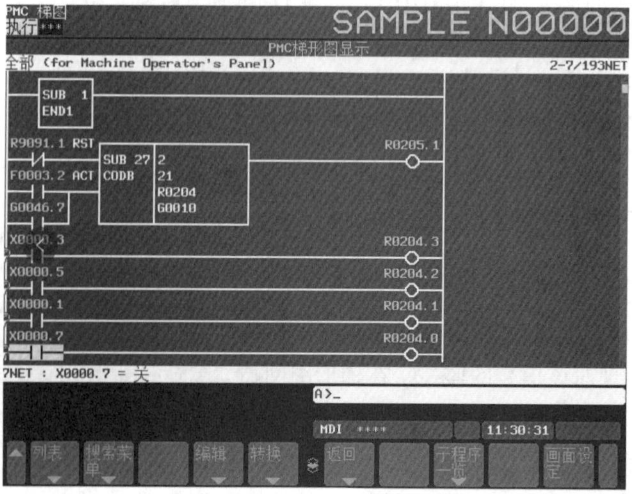

图 5-6-21　监控手动进给倍率开关输入信号

3. 集中监控手动进给倍率关联信号

在当前梯形图页面按下"转换"键,所有被监控的与 G10 关联的梯形图网格在"选择监测"页面集中呈现,如图 5-6-22 所示。

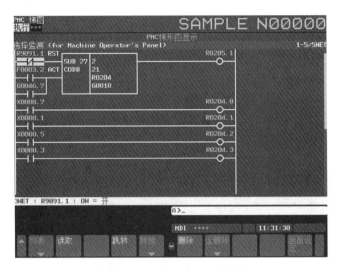

图 5-6-22　G10 关联信号监控

4. 通过 LADDER Ⅲ 软件在线监控

步骤 1:数控系统 IP 地址设定。按"SYSTEM"→">"→"内藏口"→"公共"键,设定数控系统的 IP 地址为"192.168.1.1",子网掩码为"255.255.255.0"。

步骤 2:FOCAS2 设定。按"FOCAS2"键,将 TCP 端口设定为"8193",UDP 端口设定为"8192",时间间隔设定为 10s。

步骤 3:PLC 在线功能设定。按"SYSTEM"→">"→"PMC 配置"→"在线"键,选择使用"高速接口"。

步骤 4:PC 侧 IP 地址设定。将 PC 侧 IP 地址设定为"192.168.1.2",子网掩码设定为"255.255.255.0"。

步骤 5:建立 LADDER Ⅲ 软件与数控系统的通信。选择"Tool"下拉菜单中的 Communication 选项→选择 Network Address 进行主机地址添加→选择 Add Host,弹出 Host Setting Dialog 对话框→输入数控系统的 IP 地址"192.168.1.1"→选择 Setting 进行 PC 地址配置→将 Enable Device 中的主机 IP 地址选中→单击 Add 加入 PC 的 IP 地址 192.168.1.2→单击 Connect 建立通信,LADDER Ⅲ 软件显示数控系统监控页面梯形图,如图 5-6-23 所示。

5. 监控程序关联信号状态与逻辑关系

转动进给运动倍率开关,在数控系统显示页面、LADDER Ⅲ 软件页面观察信号的变化,可以分析关联信号之间的逻辑关系。

问题探究

1. 同一个信号在梯形图中会出现在多个地方,如何搜索出这些信号?

2. 如何搜索、监控、分析关联信号的逻辑关系?

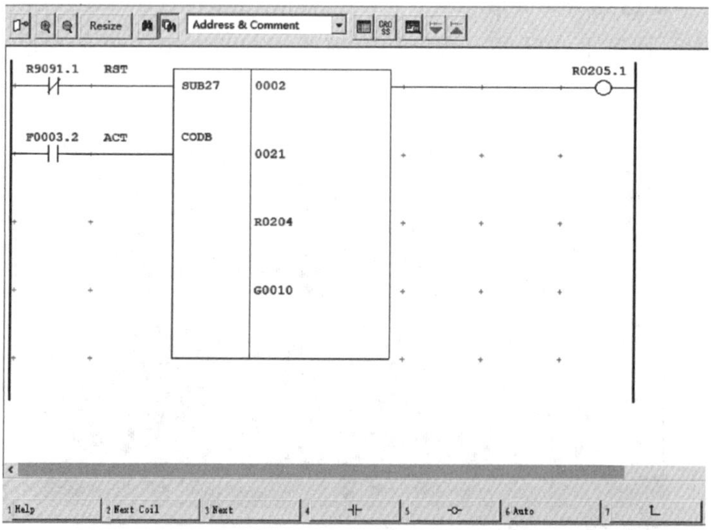

图 5-6-23　数控系统监控页面梯形图

任务 7　PLC 基本指令编辑

任务描述

通过 PLC 基本指令编辑任务的学习，了解 PLC 内置编程器的开启与操作步骤，熟悉 PLC 程序基本指令、编辑方法和应用。

学前准备

1. 查阅资料了解 PLC 内置编程器的开启与操作步骤。
2. 查阅资料了解 PLC 程序格式。
3. 查阅资料了解 PLC 基本指令的含义、格式及其应用。

学习目标

1. 掌握 PLC 基本指令编程方法。
2. 看懂数控机床常用 PLC 程序，能够分析信号之间的逻辑关系。

任务学习

一、内置编程器开启与操作

要实现数控系统 PLC 程序的编辑功能，必须使编程器功能有效，同时能保存编辑后的 PLC 程序，这些功能的实现需要对内置编程器进行设定。

按下"SYSTEM"→">"→"PMC 配置"→"设定"键，进入 PLC 设定页面，如图 5-7-1 所示。

194

在 PLC 设定页面，进行以下设定：

1）将"编辑后保存"设定为"是"。

2）将"编程器功能有效"设定为"是"。

二、PLC 基本指令编辑

1. PLC 编辑菜单结构

按下 "SYSTEM"→">"→"PMC 梯形图"→"梯形图"→"操作"→"编辑" 键，进入 PLC 梯形图编辑页面。PLC 梯形图有"列表""搜索菜单""缩放""追加新网""自动"等 18 个子菜单，如图 5-7-2 所示。

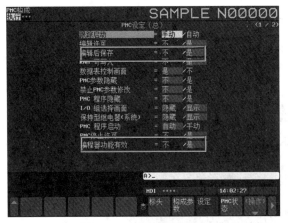

图 5-7-1　PLC 设定页面

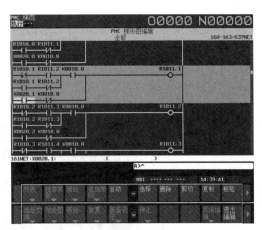

图 5-7-2　PLC 编辑子菜单结构

各子菜单的作用见表 5-7-1。

表 5-7-1　PLC 梯形图编辑各子菜单的作用

序号	子菜单	子菜单作用
1	列表	显示程序结构的组成
2	搜索菜单	进入检索方式的按键
3	缩放	修改光标所在位置的网格
4	追加新网	在光标位置之前编辑新的网格
5	自动	地址号自动分配（避免出现重复使用地址号的现象）
6	选择	选择复制、删除、剪切的程序
7	删除	删除所选择的程序
8	剪切	剪切所选择的程序
9	复制	复制所选择的程序
10	粘贴	粘贴所复制、剪切的程序到光标所在位置
11	地址交换	批量更换地址号
12	地址图	显示程序所使用的地址分布
13	更新	编辑完成后更新程序的 RAM 区
14	恢复	恢复更改前的源程序（更新之前有效）

（续）

序号	子菜单	子菜单作用
15	画面设定	PLC 梯形图编辑相关设定
16	停止	停止 PLC 的运行
17	取消编辑	取消当前编辑,退出编辑状态
18	退出编辑	编辑完后退出

2. 追加新的梯形图网格

（1）追加新网　如果要在梯形图某一个网格之前追加一个新的网格，按照以下步骤操作：

将光标移动至拟追加新网格之后的网格行，按"追加新网"键，进入追加新网格页面，如图 5-7-3 所示。显示器下方显示有触点、线圈、功能指令、连线等程序编辑相关的键，如图 5-7-4 所示。在这个页面，可以根据功能要求进行添加触点、线圈、功能指令等 PLC 编辑操作。

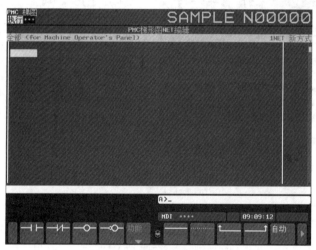

图 5-7-3　追加新网格页面

（2）编辑新网　以急停 PLC 程序编辑为例，说明添加常开触点、常闭触点、线圈等网格要素"与"和"或"等编辑操作。

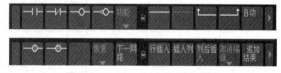

图5-7-4　PLC 程序编辑子菜单

1）急停 PLC 程序说明。数控系统急停控制 PLC 程序如图 5-7-5 所示，急停 PLC 程序编辑在第 1 级 PLC 程序中。

图 5-7-5　急停控制 PLC 程序

196

2）追加新网。按下"SYSTEM"→">"→"PMC 梯形图"→"梯形图"→"操作"→"编辑"→"列表"键，进入第 1 级梯形图，按"追加新网"键，进入急停程序编辑页面。

3）编辑并保存程序。输入地址"X8.4"→按常开触点键⊢├→输入地址"X8.6"→按常开触点键⊢├→输入地址"G8.4"→按线圈键⊸○⊸→光标移动至 G8.4 下方网格位置→输入地址"G71.1"→按线圈键⊸○⊸→按连线键└├→">"→按追加结束键→根据提示保存程序。

数控系统急停 PLC 程序编辑完成后如图 5-7-6 所示。

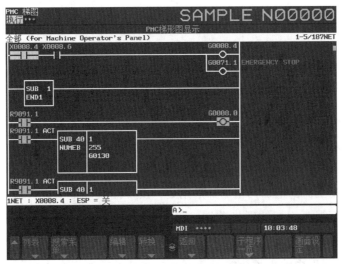

图 5-7-6　数控系统急停 PLC 程序编辑页面

3. 修改原有梯形图网格

（1）进入"缩放"页面　如果要修改，按原有梯形图网格，按照以下步骤操作：

将光标移动至拟修改的梯形图网格行"缩放"键，则进入梯形图修改页面，显示器下方显示与"追加新网格"页面相同的键，包括触点、线圈等程序编辑相关的键，如图 5-7-7 所示。在这个页面中，可以根据功能要求进行添加触点、线圈、功能指令等 PLC 程序修改操作。

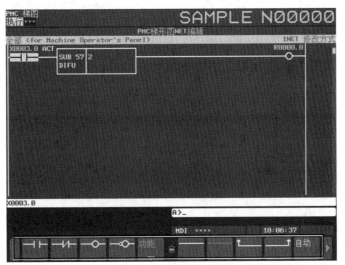

图 5-7-7　"缩放"页面

（2）编辑"缩放"页面 以功能指令追加为例，在原有梯形图上，要追加新的网格，网格中含功能指令 SUB25，需要追加的梯形图网格如图 5-7-8 所示。

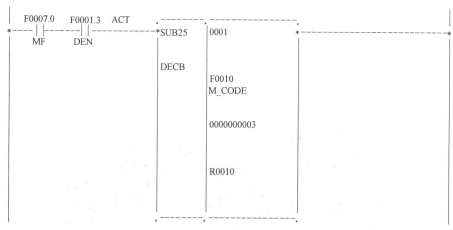

图 5-7-8　功能指令 SUB25

在原有梯形图基础上修改梯形图的操作步骤如下：

1）将光标移动至需要追加网格的梯形图处，按"缩放"键，进入梯形图编辑页面。

2）将光标移至需要添加的网格首端，输入地址"F7.0"→按常开触点键 ┤├ →输入地址"F1.3"→按常开触点键 ┤├ →"功能"键，进入功能指令选择页面→光标移至 SUB25→按"选择"键，梯形图中输入了功能指令→光标移动至功能指令内部数据填写栏，分别填写所要输入的数据→按"INPUT"键，数据生效。完成追加后数控系统显示的梯形图如图 5-7-9 所示。

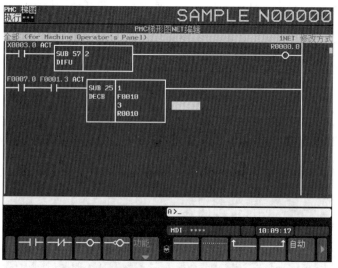

图 5-7-9　"缩放"后追加功能指令 SUB25

4. 梯形图地址交换

进行现场维修时，有时由于元器件的更换或者输入/输出模块引脚故障导致信号地址的变化，需要针对原梯形图进行信号地址的交换。地址交换操作步骤如下：

按下 "SYSTEM"→">"→"PMC 梯形图"→"梯形图"→"（操作）"→"编辑"→">"→"地
址交换" 键→输入交换前的地址→输入交换后的地址→按"（操作）"键，实现地址交换。
交换结束后，系统屏幕会显示交换地址的数量。图 5-7-10 所示为梯形图地址交换页面。

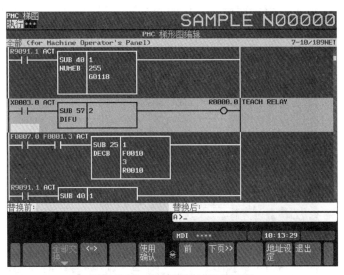

图 5-7-10　梯形图地址交换页面

5. 定时器功能指令认知

数控机床 PLC 程序经常用到定时功能，如加工中心主轴装刀前吹扫延时、数控车床转塔刀架
选刀锁紧延时等。定时器有固定定时器和可变时间定时器等功能指令可实现定时功能。

（1）固定定时器功能指令　固定定时器功能指令
SUB24 TMRB 指定定时间是固定的延时定时器，指令格式
如图 5-7-11 所示。指令中符号的含义如下：

图 5-7-11　固定定时器功能指令
SUB24 指令格式

1）ACT。ACT = 0 时，断开时间继电器；ACT = 1 时，
启动定时器。

2）定时器号。用于设定定时器号，范围为 1～100，设定时定时器号不要重复。

3）定时时间。固定定时器直接在定时器功能指令中设定延时时间，用十进制数设定时
间长度，单位为 ms。

4）W1。在启动定时器经过设定的时间时，输出 W1 导通。

（2）可变时间定时器功能指令　可变时间定时器功能指令 SUB3 TMR 是延时定时器，
定时器启动条件满足后，经过设定时间输出线圈接通，指令格式如图 5-7-12 所示。

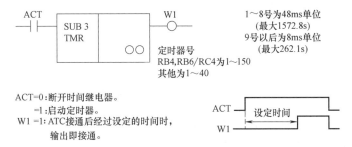

图 5-7-12　可变定时器功能指令格式

199

可变定时器延时时间在定时器设定页面进行设定，操作步骤如下：

按下"SYSTEM"→">"→"PMC 维护"→">"→"定时"，进入定时器设定页面→光标移动至功能指令中指定的定时器号，按照程序要求设定好延时时间。可变时间定时器延时时间设定页面如图 5-7-13 所示，由定时器号、定时器地址、设定时间、定时器、精度构成，其中一个定时器号占用 2 字节的地址。

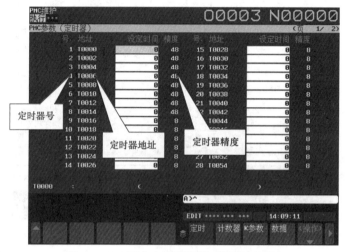

图 5-7-13　可变定时器延时时间设定页面

6. 计数器功能指令认知

数控机床 PLC 程序经常用到计数功能，如加工工件计数、加工中心刀库选刀计数等。计数器功能指令 SUB5 CTR 的指令格式如图 5-7-14 所示，指令中符号的含义如下：

1）CN0。计数器初始值的设定，CN0 为 0 时初始值为 0，CN0 为 1 时初始值为 1。

2）UPDOWN。UPDOWN 为 0 是加计数器，为 1 是减计数器。

3）RST。RST 复位信号，加计数器复位为初始设定值，减计数器复位为预置值。

4）ACT。触发信号。

5）W1。计数结束输出信号，加计数时为最大值、减计数时最小值为 1。

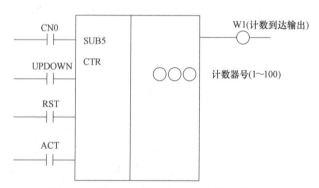

图 5-7-14　计数器功能指令 SUB5 CTR 指令格式

计数器的设定值需要在计数器页面进行设定，按照以下步骤进入计数器设定页面：

按下"SYSTEM"→">"→"PMC 维护"→">"→"计数器"键，进入计数器设定页面→光标移动至功能指令中指定的定时器号→输入计数器设定值和当前值，即完成计数器设定。计数器设定页面如图 5-7-15 所示，由计数器号、计数器地址、设定值、现在值构成，其中一个计数器号占用 4 字节的地址。

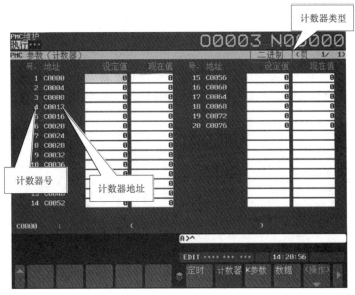

图 5-7-15　计数器设定页面

7. 二进制常数定义功能指令认知

二进制常数定义功能指令 SUB40 NUMEB 用于定义 1 字节、2 字节、4 字节长的二进制形式的常数，其指令格式如图 5-7-16 所示。

例 5-7-1　如图 5-7-17 所示 PLC 程序，当信号 X0.0 导通后，二进制常数定义功能指令 SUB40 将常数 12 赋值给 R100，此时 R100 的二进制表达式为 00001100，其 10 进制值为 12，在实际应用中用于给信号赋值。

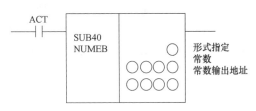

〔形式指定〕1：1字节长　2：2字节长　4：4字节长

图 5-7-16　二进制常数定义功能指令
SUB40 NUMEB 的指令格式

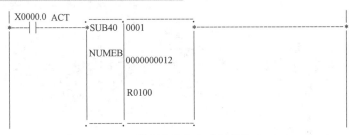

图 5-7-17　二进制常数定义功能指令 SUB40

8. 传送任意字节数据功能指令认知

传送任意字节数据功能指令 SUB45 MOVN 用于把任意字节的数据从被制定的传出位置地址传送到传入位置地址，其指令格式如图 5-7-18 所示。

201

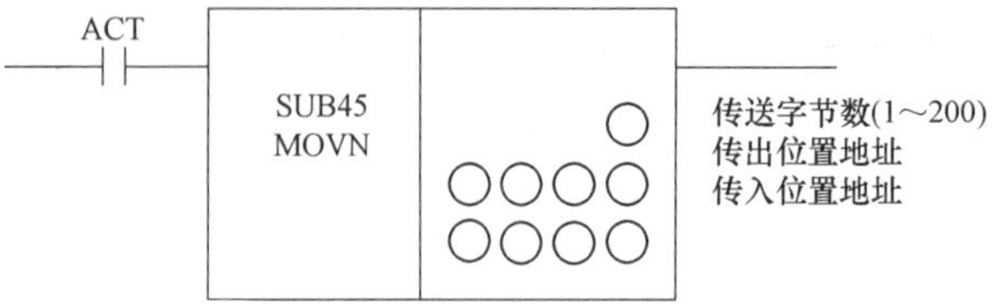

图 5-7-18　传送任意字节数据功能指令 SUB45 MOVN 的指令格式

例 5-7-2　如图 5-7-19 所示 PLC 程序，当信号 X0.0 导通后，传送任意字节数据功能指令 SUB45 将 50 字节数的 R100~R149 的值传送到 R200~R249，在实际应用中用于数据传递。

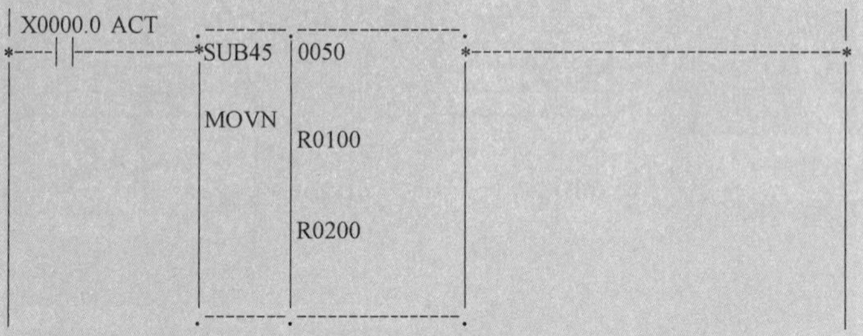

图 5-7-19　传送任意字节数据功能指令 SUB45 的应用

9. 梯形图置位与复位功能编程

PLC 梯形图有置位 SET 与复位 RESET 功能。置位功能是满足某种条件时线圈被置位，始终得电；复位功能是满足某种条件时将置位的线圈复位，线圈失电。置位、复位 PLC 梯形图如图 5-7-20 所示，当按下按钮 X10.0 时，中间继电器 R200.0 被置位为 1，即使松开按钮 R200.0 也是为 1 的状态；当按下 MDI 键盘上的复位按键时，中间继电器 R200.0 复位，为 0 的状态。

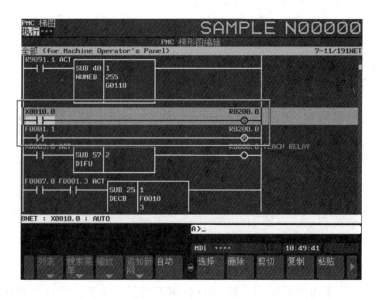

图 5-7-20　置位与复位 PLL 梯形图

任务实施

任务实施1：程序工作方式选择 PLC 程序编辑，以"单段"工作方式为例。

程序工作方式选择包括单段、跳步、预选停、程序重启、机床锁住、空运行等功能。下面以"单段"为例，说明程序工作方式选择 PLC 程序编辑的方法和思路。

1. 单段工作方式 PLC 程序分析

单段工作方式 PLC 程序如图 5-7-21 所示。单段 PLC 程序分析见表 5-7-2。

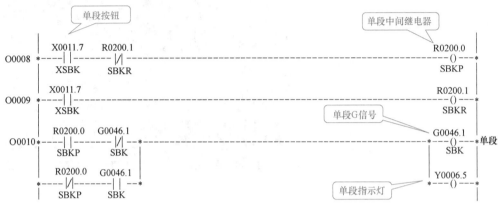

图 5-7-21　单段工作方式 PLC 程序

表 5-7-2　单段 PLC 程序分析

网格号	满足条件	输出结果
O0008 O0009	按下单段按钮（X11.7），串接常闭信号（R200.1）	取单段按钮的上升沿信号（R200.0）
O0010	1）上升沿信号 R200.0 导通，单段常闭信号导通（G46.1） 2）再按单段按钮，上升沿信号 R200.0 再次导通，常闭触点 R200.0 断开	1）单段信号线圈导通（G46.1）并自保，单段指示灯信号导通（Y6.5） 2）单段信号线圈失电（G46.1）

2. 单段工作方式 PLC 程序编辑

按照以下步骤编辑单段工作方式 PLC 程序：

步骤 1：追加新网格。按下"SYSTEM"→">"→"PMC 梯形图"→"梯形图"→"操作"→"编辑"→"列表"键→进入第 2 级梯形图→光标移动至功能指令 END2 位置→按"追加新网格"键，进入新网格编辑页面。

步骤 2：网格 O0008 编辑。输入地址"X11.7"→按常开触点键 ┤├ →输入地址"R200.1"→按常闭触点键 ┤/├ →输入地址"R200.0"→按 ─○─ 键，网格编辑结束。

步骤 3：网格 O0009 编辑。输入地址"X11.7"→按常开触点键 ┤├ →输入地址"R200.1"→按 ─○─ 键，网格编辑结束。

步骤 4：网格 O0010 编辑。输入地址"R200.0"→按常开触点键 ┤├ →输入地址

203

"G46.1"→按常闭触点键 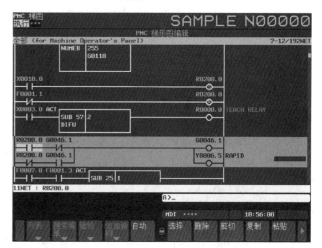→输入地址 "G46.1"→按 键→光标下移一行并对齐上一行线圈位置，输入地址 "Y6.5"→按 键→ 键→光标移至本行首端，输入地址 "R200.0"→按常闭触点键 →输入地址 "G46.1"→按常开触点键 → 键，网格编辑结束。

全部梯形图编辑完成后，按 "退出编辑" 键并保存梯形图，编辑完成后的梯形图如图 5-7-22 所示。

任务实施 2：工件加工计数 PLC 程序编辑。

在数控机床上加工工件，每完成一个工件加工，计数 1 次，当累计完成 10 个工件加工后发出信号通知机器人搬运工件。

1. 工件计数 PLC 程序分析

工件计数 PLC 程序如图 5-7-23 所示。程序分析如下：

1）CN0 为 R9091.0，常 0 信号，计数器初始值为 0。

图 5-7-22　单段方式 PLC 程序编辑页面

2）UPDOWN 为 R9091.0，常 0 信号，计数器为加计数器。

3）RST 为 R20.0，是来自于工业机器人的搬运完成信号。

4）ACT 为 X0.1，是数控系统循环启动信号。

5）R100.0，为工业机器人搬运启动信号。

每按一次循环启动，计数器计数 1 次，表示加工完成一个工件。当计数到 10 的时候，R100.0 线圈输出，机器人搬运加工完成的工件，同时 R20.0 导通，复位计数器为初始设定值 0。

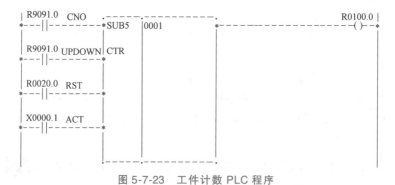

图 5-7-23　工件计数 PLC 程序

2. 计数器设定

编写了工件计数 PLC 程序，还需要对计数器进行设定，步骤如下：

按下 "SYSTEM"→">"→"PMC 维护"→">"→"计数器" 键，即进入计数器设定页面，如图 5-7-24 所示，将 "设定值" 设定为 10，"现在值" 初始值设定为 0。

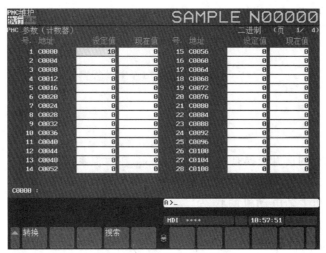

图 5-7-24　计数器设定页面

3. 工件计数 PLC 程序编辑

按照以下步骤对 PLC 程序进行编辑：

输入地址"R9091.0"→按常开触点键 ┤├ →输入 5→按 ▓ 键→光标移至功能指令右侧，输入地址"R100.0"→按输入键 ─○─ →光标移动至第 2 行首端，输入地址"R9091.0"→按常开触点键 ┤├ →光标移动至第 3 行首端，输入地址"R20.0.0"→按常开触点键 ┤├ →光标移动至第 4 行首端，输入地址"X0.1"→按常开触点键 ┤├ →连续输入键 ── →光标移动至功能指令内部，输入计数器号 1→按"退出编辑"键，保存。

工件加工计数 PLC 程序编辑完成后的页面如图 5-7-25 所示。

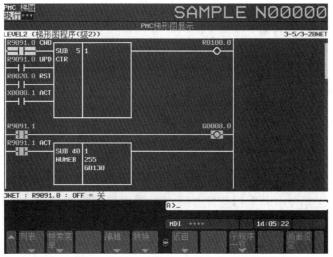

图 5-7-25　工件加工计数 PLC 程序编辑完成后页面

问题探究

1. 熟悉数控机床不同类型面板硬件 PLC 程序的逻辑关系及程序编制方法。

2. 熟悉数控机床典型功能模块，如斗笠刀库、盘式刀库的 PLC 程序逻辑关系及编程思路。

任务8　机床控制信号

任务描述

数控系统中 PLC 的信息交换是以 PLC 为中心，在数控系统（CNC）、PLC 和机床之间的信息传递。PLC 与 CNC 之间交换的信息分两个方向进行：CNC 到 PLC 的信号称为 F 信号，主要将伺服电动机和主轴电动机的状态，以及请求相关机床动作的信号（如移动中信号、位置检测信号、系统准备完了信号等），反馈到 PLC 中去进行逻辑运算，作为机床动作的条件及进行自诊断的依据；PLC 到 CNC 的信号称为 G 信号，是由 PLC 对系统部分进行控制和信息反馈（如轴互锁信号、M 代码执行完毕信号等）。了解各种机床控制信号，对于数控机床维护及处理与 PLC 相关的故障有非常重要的作用。

通过机床常用控制信号的学习，使学生全面了解机床正常运行所需的 PLC 信号，并能够在维护维修中快速定位故障信号，找出故障原因。

学前准备

1. 查阅资料了解机床运行所需的 PLC 信号。
2. 查阅资料了解机床常用 PLC 信号的作用。
3. 查阅资料整理机床信号种类。

学习目标

1. 掌握机床运行准备的相关信号。
2. 掌握机床运行方式切换的信号。
3. 掌握机床自动运行信号。
4. 掌握回参考点信号。

任务学习

一、PLC 信号概况

PLC 内部的 G/F 信号有其专门的地址含义，用来控制机床运行。当出现机床运行异常且没有报警时，首先需要根据信号的状态进行判断。图 5-8-1 所示为机床常用的运行控制信号。

图 5-8-1　机床常用的运行控制信号

二、机床准备信号介绍

1）控制装置准备完成信号 MA（Machine Ready）（Fn001.7）。

地址	Fn001		#7	#6	#5	#4	#3	#2	#1	#0
			MA		TAP	ENB	DEN	BAL	RST	AL

电源接通后，CNC 控制软件正常运行准备完成后，该信号变为 1。

发生系统错误时，该信号变为 0，通知上级控制装置电源已经接通，并可以作为动作的累计时间计数器使用。该信号可以作为常开信号使用。

2）伺服准备完成信号 SA（Servo Ready）（Fn000.6）。

地址	Fn000		#7	#6	#5	#4	#3	#2	#1	#0
			OP	SA	STL	SPL				RWD

紧急停止解除后，伺服系统准备完成后，伺服准备完成信号 SA 变为 1。

在使用重力轴的情况下，用该信号来释放防止重力轴下落的制动器。

3）紧急停止信号 ∗ESP（Emergency Stop）（X0008.4 和 Gn008.4）。

地址	X0008		#7	#6	#5	#4	#3	#2	#1	#0
						∗ESP			(∗ESP)	(∗ESP)

地址	Gn008		#7	#6	#5	#4	#3	#2	#1	#0
			ERS	RRW	∗SP	∗ESP	∗BSL		∗CSL	∗IT

紧急停止信号有硬件信号和软件信号两种类型。硬件信号地址为 X0008.4　∗ESP，软件信号地址为 Gn008.4　∗ESP。

CNC 直接读取机床信号 X0008.4 和 PLC 的输入信号 G008.4，两个信号中任意一个信号为 0 时，进入紧急停止状态。

急停按钮和进给轴的急停限位开关（图 5-8-2）接到硬件紧急停止 X0008.4 信号上。由 PLC 中发出的软件紧急停止信号 Gn008.4 根据机床的状态（自动运行状态下的开门等）进行控制。

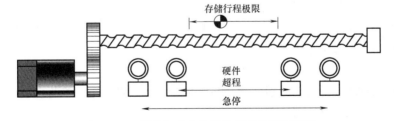

图 5-8-2　数控机床急停限位开关连接示意图

如图 5-8-3 所示，紧急停止按钮使用双回路型或辅助继电器。一个回路与 CNC 连接，另一个回路与伺服放大器连接。使用辅助继电器时，使用正逻辑（B 接点）。进入紧急停止状态时，伺服放大器的电磁接触器 MCC 将断开，并且伺服电动机动态制动，CNC 进入复位状态。紧急停止中，CNC 会对机床位置进行跟踪。在紧急停止状态下，当机床由于外力会发生移动时，CNC 当前显示的位置会根据机床的移动进行更新。

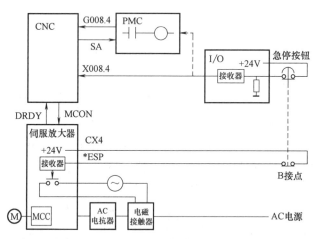

图 5-8-3　数控系统急停信号传递示意图

4）超程信号 * ±Lx（Limit）（Gn114 和 Gn116）。

		#7	#6	#5	#4	#3	#2	#1	#0
地址	Gn114				* +L5	* +L4	* +L3	* +L2	* +L1

		#7	#6	#5	#4	#3	#2	#1	#0
地址	Gn116				* −L5	* −L4	* −L3	* −L2	* −L1

该信号是由硬件超程开关发出的信号，该信号通知 CNC 进给轴已经达到行程的终端。该信号为 0 时，报警 OT0506、OT0507（超程报警）指示灯亮。

自动运行中，当任意一轴发生超程报警时，所有进给轴都将减速停止。

手动运行中，当报警轴发生报警时，在超程报警发生的方向不能进行移动，但是可以向相反的方向移动。

若要屏蔽硬件超程信号时，则需设定系统参数 3004#5。

		#7	#6	#5	#4	#3	#2	#1	#0
参数	3004			OTH				BCY	BSL

#5：OTH　0：使用硬件超程信号。

　　　　1：所有轴都不使用硬件超程信号。

将系统参数 3004#5 设定为 0 后，同一系统内所有轴的超程信号都将变为无效。

5）复位信号 RST（Reset）。

		#7	#6	#5	#4	#3	#2	#1	#0
地址	Gn008	RRW	ERS						
		#7	#6	#5	#4	#3	#2	#1	#0
地址	Fn001							RST	

当 G8.6/G8.7 信号为 1 时，CNC 执行复位，两信号的区别参考 F1.1 信号介绍。

当 CNC 处于复位状态时，F1.1 信号输出为 1。在 PLC 侧可以通过该信号得知系统处于复位状态。

在以下任意状态，CNC 将复位。

① 紧急停止信号 * ESP 被输入（0）时→X0008.4。

② 外部复位信号（ERS）被输入时→G0008.7。

③ 复位 & 倒带信号 RRW 被输入时→G0008.6。

④ MDI 面板上的复位按键被按下时。

6）控制装置报警信号 AL（Alarm）（Fn001.0）。

	#7	#6	#5	#4	#3	#2	#1	#0
地址 Fn001	MA		TAP	ENB	DEN	BAL	RST	AL

当 CNC 处于报警状态时，CRT 显示报警信息的同时，该信号变为 1。

三、运行方式切换信号：MD1 ~ MD4

（1）模式选择信号　用下面 5 种信号切换 CNC 的运行方式：

	#7	#6	#5	#4	#3	#2	#1	#0
地址 Gn043	ZRN		DNC			MD4	MD2	MD1

CNC 运行方式与信号的组合见表 5-8-1。

表 5-8-1　CNC 运行方式与信号的组合

运行方式	状态显示	ZRN	DNC1	MD4	MD2	MD1	输出信号（确认信号）
程序编辑	EDIT	—	—	0	1	1	MEDT
存储器运行	MEM	—	0	0	0	1	MMEM
远程运行	RMT		1				MRMT
手动数据输入	MDI	—	—	0	0	0	MMDI
手轮进给/增量进给	HND	—	—	1	0	0	MH/MINC
手动连续进给	JOG	0	—	1	0	1	MJ
手动返回参考点	REF	1					MREF
示教手轮	THND	—	—	1	1	1	MTCHIN, MH
示教手动连续	TJOG	—	—	1	1	0	MTCHIN, MJ

手轮进给为选项功能，若使用手轮功能需设定参数 HPG（8131#0）。没有追加手轮进给功能时，为增量进给方式（INC）。

	#7	#6	#5	#4	#3	#2	#1	#0
参数 8131					AOV	EDC	FID	HPG

#0：HPG　0：不适用手动手轮进给功能。

　　　　1：使用手动手轮进给功能。

（2）运行方式确认信号　用以下信号，可以读取在 CNC 上选定的运行方式的状态。读取 CNC 的状态信号，并使操作面板上的指示灯点亮，则安全性更高。各运行方式的确认信号详见表 5-8-1。

地址	Fn003	#7 MTCHIN	#6 MEDT	#5 MMEM	#4 MRMT	#3 MMDI	#2 MJ	#1 MH	#0 MINC

地址	Fn004	#7	#6	#5 MREF	#4	#3	#2	#1	#0

四、机床 JOG 控制信号

与 JOG 方式相关的控制信号及参数汇总见表 5-8-2。

表 5-8-2　JOG 方式相关的控制信号及参数汇总

序号	内容	相关信号	相关参数
1	手动移动方向的选择	Gn100, Gn102	NO. 1002
2	手动移动速度的选择	Gn010, Gn011	NO. 1402, 1423, 1424
3	手动快速移动的选择	Gn019.7	NO. 1401
4	手动快移速度的选择	Gn14	NO. 1424

1）进给轴方向选择信号 ±Jx（JOG）。

地址	Gn100	#7 +J8	#6 +J7	#5 +J6	#4 +J5	#3 +J4	#2 +J3	#1 +J2	#0 +J1

地址	Gn102	#7 −J8	#6 −J7	#5 −J6	#4 −J5	#3 −J4	#2 −J3	#1 −J2	#0 −J1

在手动连续进给模式 JOG 下，上述信号为 1 时，该轴沿该方向进行移动。在按下轴选择信号后，再同时按下两个手动连续进给方向按键，轴移动无效。

要同时移动两个以及更多轴时，设定以下参数。

参数	1002	#7 IDG	#6	#5	#4 XIK	#3 AZR	#2	#1	#0 JAX

#0：JAX　0：手动连续进给控制轴数为 1 轴。

　　　　　1：手动连续进给控制轴数为 3 轴。

注意事项：在手动连续进给方式下选择 JOG 后，移动轴的进给信号从 0 变为 1 时，轴才开始移动。同一轴正、负方向移动信号同时为 1 时，轴不能移动。

2）手动进给速度的倍率信号 * JVx（JOG Override）（Gn010，Gn011）。

在机床操作面板上，使用旋转开关选择手动进给时的进给速度。采用 16 位的信号（二进制），对于在参数 1423 上设定的进给速度，以 0.01% 为单位在 0～655.34% 范围内乘以倍率，* JVx 信号与倍率值的对应关系见表 5-8-3。JOG 进给或增量进给中，手动快速移动选择信号 RT 为 "0" 的情况下，相对参数（No. 1423）设定的手动进给速度，乘以由该信号选择的倍率值，就是实际的进给速度。实际的进给速度应不超过倍率值的 120%。

地址	Gn010	#7	#6	#5	#4	#3	#2	#1	#0
		* JV7	* JV6	* JV5	* JV4	* JV3	* JV2	* JV1	* JV0

地址	Gn011	#7	#6	#5	#4	#3	#2	#1	#0
		* JV15	* JV14	* JV13	* JV12	* JV11	* JV10	* JV9	* JV8

表 5-8-3 ＊JVx 信号与倍率值的对应关系

＊JV0~JV15				倍率值
12	8	4	0	
1111	1111	1111	1111	0
1111	1111	1111	1110	0. 01
1111	1111	1111	0101	0. 10
1111	1111	1001	1011	1. 00
1111	1100	0001	0111	10. 00
1101	1000	1110	1111	100. 00
0110	0011	1011	1111	400. 00
0000	0000	0000	0001	655. 34
0000	0000	0000	0000	0

参数	1402	#7	#6	#5	#4	#3	#2	#1	#0
					JRV			JOV	NPC

#1：JOV 0：JOG 倍率有效。

　　　　1：JOG 倍率无效。

#4：JRV JOG 0：进给及增量进给速度为每分钟进给。

　　　　　　1：进给及增量进给速度为每转进给。

参数	1423	每个轴的 JOG 进给速度

参数	1424	每个轴的手动快速移动速度

该参数设定手动快速移动速度倍率为 100% 时的速度。该参数与 1402#4 相配合，设定手动快速移动速度单位为每分钟进给（1402#4 = 0）或每转进给（1402#4 = 1）。（注：每转进给单位为 mm/r，即主轴旋转一周进给轴的进给量。当主轴停止时，进给轴将不做进给运动。）

3）手动快速移动信号（Gn019. 7）。

		#7	#6	#5	#4	#3	#2	#1	#0
地址	Gn019	RT							

手动快速移动信号 RT 为 1 时，机床以参数中设定的快速移动速度进行移动。手动快速移动速度设定为 0 时，自动运行中的快速移动是不能进行移动的。手动快速移动信号 RT 为 0 时，可以用手动进给速度进行移动。在轴移动过程中，可将该信号由 0 变为 1，或由 1 变为 0，移动速度也因此而改变。

使用下面的参数可以在返回参考点之前进行轴的快速移动操作。

		#7	#6	#5	#4	#3	#2	#1	#0
参数	1401								RPD

#0：RPD　0：参考点未确立时，手动快速移动无效。

1：参考点未确立时，手动快速移动有效。

注意事项：在参考点未建立时，软行程极限不起作用。调整机床时，将该参数设定为 1 比较方便。

4）快速移动倍率信号 ROV1，ROV2（Rapid Override）。

		#7	#6	#5	#4	#3	#2	#1	#0
地址	Gn014	RT						ROV2	ROV1

该倍率信号在手动快速移动信号 RT（Gn019.7）输入为 1 时，以及自动运行方式中的 G00 模态下有效。

快速进给倍率有 3 种类型，两个信号用于选择快速进给倍率值，对应关系见表 5-8-4。

表 5-8-4　快速进给倍率信号与倍率值的对应关系

ROV2	ROV1	倍率值
0	0	100%
0	1	50%
1	0	25%
1	1	F0

		#7	#6	#5	#4	#3	#2	#1	#0
地址	1421	每个轴的快速进给倍率的 F0 速度							

F0（参数 1421 设定）设定快速移动倍率的最低速度。

五、机床手轮控制信号

数控机床在手轮控制模式下，可以通过旋转手摇脉冲发生器进行相应旋转量的轴进给。按下机床操作面板上的按键，可选择相应的控制轴。

1）手轮控制轴选择信号 HS1A-HS1D。手轮控制轴选择信号的含义及地址见表 5-8-5。手轮选择信号与控制轴的对应关系见表 5-8-6。

表 5-8-5 手轮控制轴选择信号的含义及地址

HSnA	含义	信号地址
HS1A-HS1D	选择用第 1 台手摇脉冲发生器进给的轴	Gn018.0-3

地址	Gn018	#7	#6	#5	#4	#3	#2	#1	#0
		HS2D	HS2C	HS2B	HS2A	HS1D	HS1C	HS1B	HS1A

表 5-8-6 手轮选择信号与控制轴的对应关系

HS1D	HS1C	HS1B	HS1A	对应的控制轴
0	0	0	0	没有选择
0	0	0	1	第 1 轴
0	0	1	0	第 2 轴
0	0	1	1	第 3 轴
0	1	0	0	第 4 轴
…	…	…	…	…

要使用手控手轮进给,需将参数 HPG (No. 8131#0) 设定为 1。

地址	8131	#7	#6	#5	#4	#3	#2	#1	#0
									HPG

#0:HPG 0:不使用手动手轮进给。

1:使用手动手轮进给。

2) 手轮倍率信号 MP1、MP2。

地址	Gn019	#7	#6	#5	#4	#3	#2	#1	#0
				MP2	MP1	MP31			

按机床操作面板上的键,选择对应的手轮移动速度倍率。

手轮倍率信号与倍率的对应关系见表 5-8-7。

表 5-8-7 手轮倍率信号与倍率的对应关系

MP2	MP1	倍率
0	0	×1
0	1	×10
1	0	×m
1	1	×n

通过参数 MPX (7100#5),可以设定每一台手摇脉冲发生器使用各自的手动移动量选择信号,具体见表 5-8-8。

表 5-8-8 选择手摇脉冲发生器

选择信号	设定倍率的参数	
	m	n
MP1,MP2	No. 7113	No. 7114

六、机床 MDI、自动运行信号

1）自动运行起动信号 ST（Start）。

地址	Gn007	#7 RLSOT	#6 EXLM	#5 *FLWU	#4 RLSOT3	#3	#2 ST	#1 STLK	#0 RVS

#2：SON 自动运行起动，使用信号 ST。

    0：下降沿（"1""0"）。

    1：上升沿（"0""1"）。

选择自动运行（MEM）方式或者 MDI 方式，按下自动运行（ST）按钮，即开始自动运行。

以下情况，自动运行信号将被忽略。

① 不在自动运行方式、MDI 方式时。

② 自动运行暂停信号（*SP）为 0 时。

③ 急停信号（*ESP）为 0 时。

④ 外部复位信号（ERS）为 1 时。

⑤ 顺序号检索中时。

⑥ 报警状态时。

⑦ MDI 运行方式的指令未结束时。

⑧ CNC 在 "NOT READY"（未就绪）状态时。

⑨ 自动运行起动中时。

⑩ 前一指令的轴移动未结束时。

2）自动运行暂停中信号 *SP（Stop Lamp）。

地址	Gn008	#7 ERS	#6 RRW	#5 *SP	#4 *ESP	#3 *BSL	#2	#1 *CSL	#0 *IT

在自动运行暂停的状态时，此信号为 1。

自动运行时按自动运行暂停（*SP）键，将自动运行暂停信号（*SP）置 0，即进入自动运行暂停状态。

此时自动运行中（循环起动）指示灯灭，而自动运行暂停（进给保持）指示灯亮。

自动运行执行只有辅助功能（M、S、T）的程序段时，把该信号置 0 后，自动工作起动指示灯灭，进给暂停指示灯亮。然后，由 PLC 输入辅助功能完成信号（FIN），并与单程序段一样使程序停止。

3）程序运行信号。

地址	Gn046	#7 DRN	#6 KEY4	#5 KEY3	#4 KEY2	#3 KEY1	#2	#1 SBK	#0 KEYP

① 单段信号 SBK（Single Block）。当此信号为 1，自动运行的 1 个程序段动作结束时，自动运行指示灯（STL）灭，进入自动运行停止状态。进入自动运行停止状态后，输入自动运行起动信号（ST）时，执行下一个程序段。

② 空运行信号 DRN。此信号为 1，程序中的 F 值无效，机床运行 No. 1410 参数设定的

速度值。

③ 钥匙开关 KEY1~KEY4。该组信号可以保护以下数据不被修改,见表5-8-9。将参数 3290#7(KEY)置1时,KEY1信号成为程序保护信号,KEY2~KEY4信号无效。此时,刀具补偿量、用户宏变量、SETTING 数据将失去保护。

表 5-8-9 被保护的数据

信号	数据
KEY1	刀具补偿值、工件原点偏置量
KEY2	SETTING 参数、用户宏变量
KEY3	加工(CNC)程序
KEY4	PLC 参数(C:计数器和 D:数据表)

④ 跳过信号 SKIP。

地址	#7	#6	#5	#4	#3	#2	#1	#0
Gn044								BDT

该信号为1,程序中"/"标记的程序段跳过不执行。

七、主轴运行控制信号

1)主轴运行准备信号。

地址	#7	#6	#5	#4	#3	#2	#1	#0
Gn070	MRDYA							

该信号为1且输出主轴励磁信号时主轴可以旋转,该信号为0则主轴显示#1报警。

2)主轴急停信号。

地址	#7	#6	#5	#4	#3	#2	#1	#0
Gn071							* ESPA	

该信号为1且输出主轴励磁信号时主轴可以旋转,该信号为0则主轴显示#1报警。

3)主轴停止信号 * SSTP(Gn029.6)。

地址	#7	#6	#5	#4	#3	#2	#1	#0
Gn029		* SSTP	SOR	SAR				

主轴停止,该信号为0,则切断输出至主轴伺服的速度命令,为 M05。

4)主轴倍率信号 SOV(Gn030)。

地址	#7	#6	#5	#4	#3	#2	#1	#0
Gn030	SOV7	SOV6	SOV5	SOV4	SOV3	SOV2	SOV1	SOV0

对于 CNC 给定的 S 指令值,以1%为单位应用于0~254%的倍率。

5)主轴功能选通信号 SF(Fn007.2)。

地址	#7	#6	#5	#4	#3	#2	#1	#0
Fn007	BF				TF	SF		MF

程序中执行 S##指令后,SF 会变成"1",PLC 接收到该信号后,开始读取代码信息,

执行相应的动作。

6）齿轮选择信号 GR10、GR20、GR30（Fn034.0~034.2）。

地址	Fn034	#7	#6	#5	#4	#3	#2	#1	#0
							GR30	GR20	GR10

对 PLC 指令齿轮切换级数，见表 5-8-10。

表 5-8-10 齿轮选择信号与档位的对应关系

齿轮档位	齿轮选择信号		
	GR30	GR20	GR10
低速档	0	0	1
中速档	0	1	0
高速档	1	0	0

7）主轴正反转、定向信号。

地址	Gn070	#7	#6	#5	#4	#3	#2	#1	#0
			ORCMA	SFRA	SRVA				

SFRA 和 SRVA 信号为主轴电动机正反转输出信号，ORCMA 为主轴定向输出信号。

8）定向完成信号。

地址	Fn045	#7	#6	#5	#4	#3	#2	#1	#0
		ORARA							

该信号为 1 代表主轴定向在位置范围内。

八、机床互锁信号

1）全轴互锁信号 Gn008.0。

地址	Gn008	#7	#6	#5	#4	#3	#2	#1	#0
		ERS	RRW	*SP	*ESP	*BSL		*CSL	*IT

Gn008.0 为 0 时，轴移动停止，而且与模式无关。

2）各轴互锁信号 Gn130。

地址	Gn130	#7	#6	#5	#4	#3	#2	#1	#0
		*IT8	*IT7	*IT6	*IT5	*IT4	*IT3	*IT2	*IT1

使用各轴互锁信号时，可以禁止轴的移动。在自动换刀装置（ATC）和托盘交换装置（APC）等动作的过程中，可以用该信号禁止轴的移动。

3）不同轴向的互锁信号 Gn0132 和 Gn0134（M 系）。

地址	Gn0132	#7	#6	#5	#4	#3	#2	#1	#0
		+MIT8	+MIT7	+MIT6	+MIT5	+MIT4	+MIT3	+MIT2	+MIT1

地址	Gn0134	#7	#6	#5	#4	#3	#2	#1	#0
		−MIT8	−MIT7	−MIT6	−MIT5	−MIT4	−MIT3	−MIT2	−MIT1

可以对每个轴应用不同轴向的互锁。手动状态下，互锁信号为"1"时，对相应轴轴向进行锁定；自动运行时，全轴都锁定。

若出现互锁现象，诊断号 0 中的"互锁/启动锁住接通"信号变为"1"，如图 5-8-4 所示。

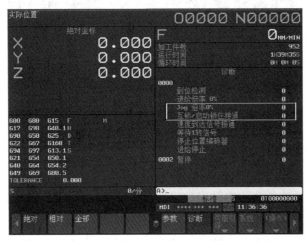

图 5-8-4 诊断号 0 页面（一）

互锁信号可以通过参数 3003 进行设定。

参数	3003	#7	#6	#5	#4	#3	#2	#1	#0
				DEC		DIT	ITX		ITL

#3：DIT　0：使不同轴向的互锁信号有效。

　　　　　1：使不同轴向的互锁信号无效。

#2：ITX　0：使用各轴的互锁信号 *ITx。

　　　　　1：不使用各轴的互锁信号 *ITx。

#0：ITL　0：使用所有轴的互锁信号 *IT。

　　　　　1：不使用所有轴的互锁信号 *IT。

4）主轴速度到达信号 SAR（G29.4）。

CNC 开始切削的输入条件。当该值为 0 时，各轴禁止切削运行，诊断号 0 中的"速度到达信号接通"信号为"1"，如图 5-8-5 所示。若使用 SAR 信号，需将 SAR（No.3708）设为 1。

参数	3708	#7	#6	#5	#4	#3	#2	#1	#0
			TSO	SOC					SAR

#0：SAR 0：检查主轴信号到达信号 SAR（Gn29.4）。

　　　　　1：不检查主轴信号到达信号 SAR（Gn29.4）。

5）机床锁住信号 MLK（Gn044.1）。

该信号为 1 时，系统指令脉冲不发送到伺服侧，因此机床锁住。在机床锁住的情况下操作机床后，需手动返回参考点后执行加工。

6）各轴机床锁住信号 MLK1~MLK8（Gn108）。

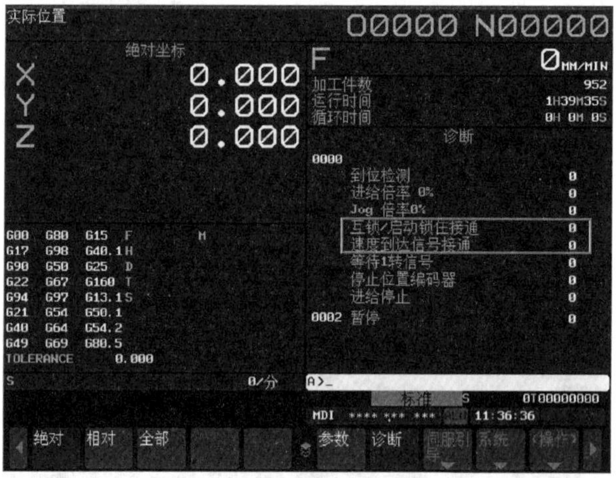

图 5-8-5 诊断号 0 页面（二）

该信号为 1 时，系统指令不向对应锁定轴发送信号，以锁定对应轴。

地址		#7	#6	#5	#4	#3	#2	#1	#0
	Gn108	MLK8	MLK7	MLK6	MLK5	MLK4	MLK3	MLK2	MLK1

7）辅助功能锁住信号 AFL（Gn005.6）。

地址		#7	#6	#5	#4	#3	#2	#1	#0
	Gn005		AFL						

该信号有效时，M、S、T 功能禁止执行，系统不需要 FIN 完成信号，自动执行下一单节。

任务实施

完成机床手轮控制梯形图的编写。

步骤 1：编写工作方式切换梯形图，如图 5-8-6 所示。

地址		#7	#6	#5	#4	#3	#2	#1	#0
	Gn043	ZRN		DNC			MD4	MD2	MD1

当按下面板手轮按键（X26.7）时，MD4 = 1（G43.2），MD2 = 0（G43.1），MD1 = 0（G43.0），故手轮方式被选择。

```
        | X0024.0                                      G0043.0        |
00293*---| |---*------------------------------------------(      )---*MD1方式选择信号
        |  AUTO |                                        MD1          |
        |       |                                                     |
        | X0024.1 |                                                   |
        *---| |---*                                                   |
        |  EDIT  |                                                    |
```

图 5-8-6 工作方式切换梯形图

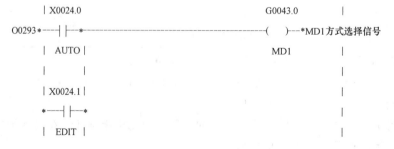

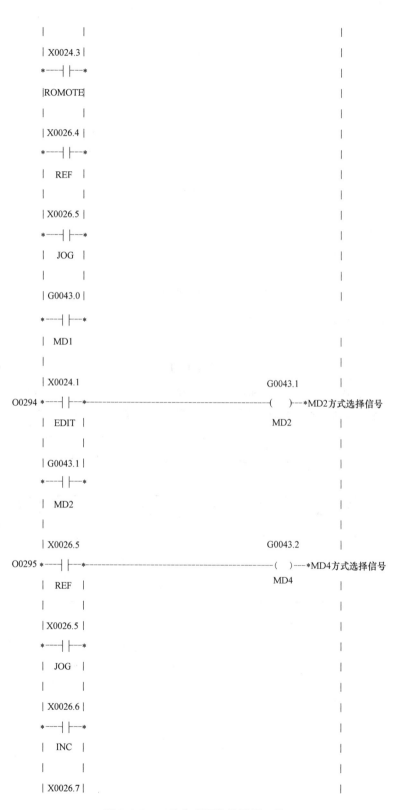

图 5-8-6 工作方式切换梯形图（续）

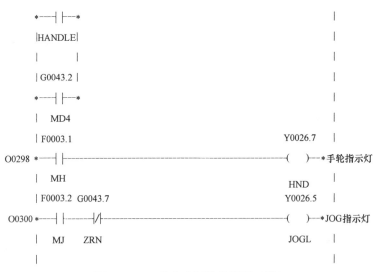

图 5-8-6　工作方式切换梯形图（续）

步骤 2：编写手轮控制轴选择梯形图，如图 5-8-7 所示。

		#7	#6	#5	#4	#3	#2	#1	#0
地址	Fn003		MTCHIN	MEDT	MMEM	MRMT	MMDI	MJ	MH	MINC

选择第 1 台手摇脉冲发生器进给的轴，确定 3 个进给轴。在选择手轮方式的前提下，按下面板上的 X 轴、Y 轴、Z 轴按键，依次控制 X 轴、Y 轴、Z 轴进给。对应轴选择见表 5-8-11。

		#7	#6	#5	#4	#3	#2	#1	#0
地址	Gn018	HS2D	HS2C	HS2B	HS2A	HS1D	HS1C	HS1B	HS1A

表 5-8-11　手轮选择信号与控制轴对应关系

HS1D	HS1C	HS1B	HS1A	对应的控制轴
0	0	0	0	没有选择
0	0	0	1	X 轴
0	0	1	0	Y 轴
0	0	1	1	Z 轴

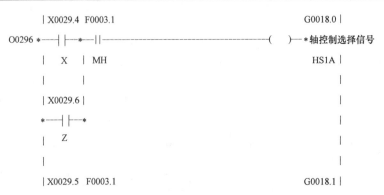

图 5-8-7　手轮控制轴选择梯形图

图 5-8-7　手轮控制轴选择梯形图（续）

步骤 3：编写手轮倍率梯形图，如图 5-8-8 所示。

地址	Gn019	#7	#6	#5	#4	#3	#2	#1	#0
		RT	MP4	MP2	MP1	HS3D	HS3C	HS3B	HS3A

设定参数 MPX（7100#5）为 0，即有 MP1、MP2 信号控制 X 轴、Y 轴、Z 轴进给倍率。

将 m 值设定为 100（No.7113 为 100），n 值设定为 1000（No.7114 为 1000），则手轮倍率信号与倍率的对应关系见表 5-8-12。

按机床操作面板上的×1、×10、×100、×1000 倍率键，对应轴按选择的手轮移动速度倍率进给。

表 5-8-12　手轮倍率信号与倍率的对应关系

MP2	MP1	倍率
0	0	×1
0	1	×10
1	0	×100
1	1	×1000

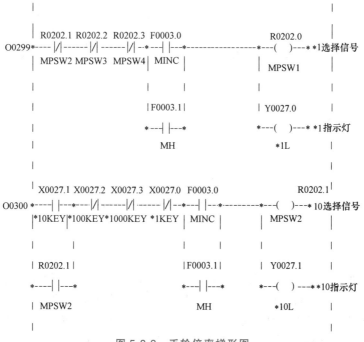

图 5-8-8　手轮倍率梯形图

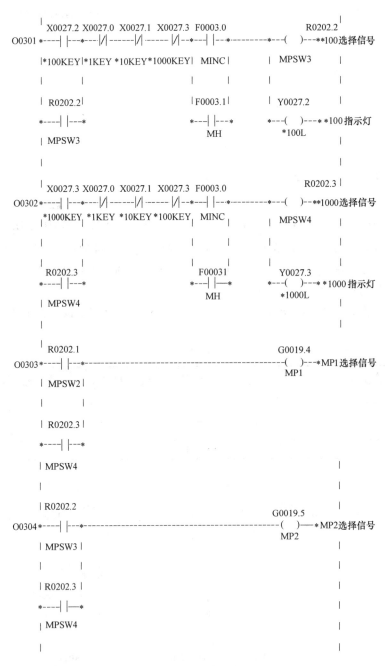

图 5-8-8 手轮倍率梯形图（续）

问题探究

1. 若有挡块回参考点机床，按下 X 轴回参考点按键，机床先以快速运行，后速度减慢，然后发生超程报警。请分析这可能跟哪些信号有关？应如何找出故障点？

2. 当立式加工中心主轴发生紧急故障时，哪些信号能保证 Z 轴不会下落？

3. 某加工中心，执行返回参考点的程序时，当执行到 "G91 G28 G00 Z0；" 时，Z 轴无动作，CNC 状态栏显示为"MEM STRT MTN ＊ ＊ ＊"，即 Z 轴移动指令已发出。用功能键"MESSAGE"切换屏幕，并无报警信息。用功能键"SYSTEM"切换屏幕，按"诊断"键，这时 005（INTERLOCK/START-LOCK）为"1"，即有伺服轴进入了互锁状态。请推断是哪个信号出现了异常。

项目小结

1. 以思维导图的形式罗列出机床控制信号。

2. 通过小组讨论的形式，总结自身遇到过的报警哪些属于外部报警，并分析报警的排除方法和步骤。

拓展训练

根据所学知识，深入了解功能模块编程，能够使用 5 种以上功能指令编程。

项目6 辅助装置及刀库故障诊断与维修

项目教学导航

教学目标	1. 了解常见数控机床辅助装置的种类及特点 2. 熟悉常见数控机床辅助装置的基本结构 3. 掌握数控机床辅助装置常见故障的排除方法 4. 掌握数控机床刀库刀架常见故障的排除方法
教学重点	1. 斗笠式刀库的基本结构与工作原理及故障排除方法 2. 冷却、润滑、排屑、气动装置的基本结构与工作原理及故障排除方法
思政要点	专题二 大国重器，中国智造 主题二 中国智造，助力 C919 一飞冲天
教学方法	教学演示与理论知识教学相结合
建议学时	17 学时
实训任务	任务1 刀库故障诊断与维修 任务2 润滑冷却装置故障诊断与维修 任务3 气动及排屑装置故障诊断与维修

项目引入

　　加工中心的自动换刀装置（刀库）和高速主轴单元，以及数控机床常用的自动排屑、润滑、冷却、气动装置等是数控机床的重要组成部分，统称为功能部件。随着社会分工的日益精细化，这些部件已经越来越多地由专业厂家进行批量生产与制造，除非特殊需要，数控机床生产厂家一般都选择专业厂家生产的产品。

　　自动换刀装置（刀库和刀架）是实现数控机床自动换刀动作最重要的标准功能部件，其性能在很大程度上决定了数控机床的功能、效率和自动化程度，了解其结构和原理，同样是数控机床维修的基础。气动、冷却、润滑和排屑装置在数控机床中同样占有重要的地位。

　　气动（液压）系统是实现数控机床功能的重要控制部件，加工中心的换刀装置、回转工作台和托盘交换装置以及主轴的辅助变速装置，刀具和工件的夹紧/松开等一般都要通过气动或液压系统来进行控制。机床的润滑系统对于提高机床加工精度、延长机床使用寿命起到了十分重要的作用，数控机床的导轨、丝杠、变速箱、轴承等滑动和转动部件都需要进行润滑。排屑装置是数控机床常用的附属装置，迅速、有效地排屑同样对保证数控机床正常加工有重要的作用。因此，气动、润滑、排屑、冷却装置的维护、维修同样是数控机床维修的重要内容。本项目将对此进行介绍。

知识图谱

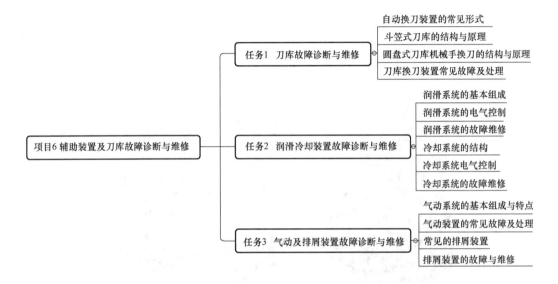

任务1 刀库故障诊断与维修

任务描述

加工中心的自动换刀装置种类繁多，其结构、原理和性能的差距很大，而且其结构与动作还和机床结构密切相关。具有足够的强度与刚性、定位准确、换刀快捷、动作可靠是数控车床对刀架与加工中心对自动换刀装置的共同要求。

学前准备

1. 查阅资料了解加工中心的刀库的作用。
2. 查阅资料了解加工中心的刀库的形式。
3. 查阅资料了解加工中心不同种类刀库的工作原理。

学习目标

1. 熟悉加工中心自动换刀装置的常见形式。
2. 掌握刀库移动式换刀装置的典型结构与原理。
3. 能够进行自动换刀装置的故障诊断与维修。

任务学习

一、自动换刀装置的常见形式

1. 直接换刀（夹臂式刀库、转塔式刀库）

图 6-1-1a 所示是一种典型的直接换刀立式加工中心，该机床的刀库形状如图 6-1-1b 所示。换刀时只需要刀库做回转运动选刀，Z 轴上下运动实现换刀。

采用直接换刀的加工中心结构简单、换刀快捷选刀错误的故障相对较少，但是刀库可安装的刀具数量通常较少，而且刀具的尺寸较小。此外，机床加工时也不能进行刀具装卸，刀具的装卸不是很方便，且对刀具安装的准确性要求很高。因此，这是一种用于小型加工中心和钻削中心的自动换刀形式。

a) 机床外形 b) 刀库

图 6-1-1 直接换刀（夹臂式刀库）立式加工中心

2. 刀库移动式换刀（斗笠式刀库）

采用刀库移动式换刀的加工中心同样不需要机械手，但换刀时需要进行刀库的平移、上下移动等运动，所需要的刀具能够直接移动到机床主轴的轴线上，其刀具的装卸可直接利用 Z 轴（或刀库）的上、下运动完成。

图 6-1-2a 所示为一种典型的刀库移动式换刀立式加工中心。该机床的刀具装卸通过图 6-1-2b 所示的刀库平移和 Z 轴的上、下运动实现，换刀时刀库只需要进行平移和回转运动，而不需要上下运动。立式加工中心的刀库移动式换刀的刀库外形类似于斗笠，故又称其为斗笠式刀库。

采用刀库移动式换刀的加工中心结构简单、控制容易、换刀

 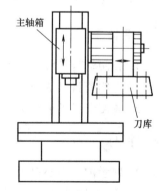

a) 机床外形 b) 换刀动作

图 6-1-2 刀库移动式换刀立式加工中心

可靠，刀具交换前后的安装位置固定不变。目前常用的刀库容量有16把刀、20把刀、24把刀和30把刀。

3. 机械手换刀

机械手换刀的形式繁多，但总体上都是通过机械手运动完成刀库侧和主轴侧的刀具交换和装卸动作的。机械手需要进行上下、180°旋转、刀具松夹等运动，在大型机床上有时还需要做平移等运动；而刀库则需要进行回转选刀，有时还需要进行换刀位置刀具的90°翻转动作；整个自动换刀装置的部件众多，机械结构复杂。

图6-1-3a所示为配置圆盘式刀库的立式加工中心。该机床的刀具装卸通过图6-1-3b所示的机械手上下移动和180°回转实现。在换刀前刀库先通过回转运动将所需的下一把刀具预先旋转到换刀位置上，换刀时刀库侧刀具翻转90°，Z轴上升到换刀位，然后通过机械手的运动，便可交换刀库与主轴侧的刀具。换刀后，刀库换刀位上的刀具将改变。

采用机械手换刀的加工中心换刀快捷，刀库可以布置在机床侧面，其刀库容量、刀具的尺寸不受限制，是一种多刀具交换的大、中型加工中心常用的自动换刀形式。图6-1-4所示为链式刀库。

a) 机床外形　　　　　　　　　　　b) 刀库外形

图 6-1-3　配置圆盘式刀库的立式加工中心

二、斗笠式刀库的结构与原理

斗笠式刀库结构简单、控制容易、换刀可靠，是普通中、小型立式加工中心常用的自动换刀装置，它通过刀库与机床Z轴的相对运动来实现刀具的装卸与交换。

1. 斗笠式刀库的结构

如图6-1-5所示，斗笠式刀库主要由横移装置（气缸推动横移支架在导轨上滑动，以使刀库移动至主轴位置）、分度装置（刀库驱动电动机带动槽轮机

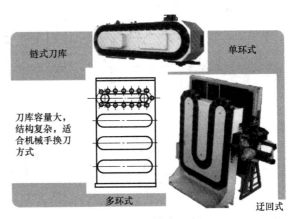

图 6-1-4　链式刀库

构旋转，以选择刀盘上的目标刀具）、刀盘和限位开关等部分组成。换刀时，依靠横移装置实现刀库中刀具和主轴刀具的交换（先还刀再取刀），且二者不能同时进行，因此带斗笠式刀库的换刀机构属于无机械手自动换刀装置。以上换刀方式不需要机械手，其结构非常简单、动作可靠，但不能实现刀具的预选动作。即在换刀时必须先将原来主轴上的刀具放回到刀库中，然后再通过刀库的旋转选择新刀具，因此换刀需要一定时间，而且每次换刀，刀库和 Z 轴还必须进行一次往复运动，故而其换刀时间往往较长。此外，斗笠式刀库上刀具的安装也不是很方便。

图 6-1-5　斗笠式刀库实物图

2. 斗笠式刀库的换刀过程

1）执行换刀指令 TXX M06 时，系统将会取消刀具补偿、关闭切削液，主轴（刀具）自动返回到换刀点（即第 2 参考点），且实现主轴定向准停控制，如图 6-1-6a 所示。

2）刀盘前进电磁阀吸合，刀盘从原位自动进刀，做好准备接刀动作，如图 6-1-6b 所示。

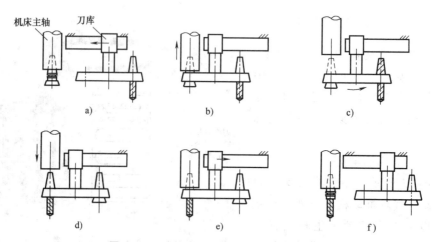

图 6-1-6　斗笠式刀库换刀动作过程示意图

3）系统检测到刀盘前进到位信号后，主轴执行松刀动作，此时刀具会被安全放回到刀库中并吹气（目的是吹掉刀具上的水和灰尘，防止刀具装进主轴后，损坏主轴），完成刀盘接刀控制动作（把当前主轴上的刀具放回刀库）。

4）系统检测到刀具松开到位信号时，Z 轴向正方向移动，最后到达第 1 参考点，如图 6-1-6c 所示。

5）根据程序的 T 指令进行就近选刀（刀盘电动机正转或反转控制），即电动机通过槽轮机构带动刀盘间歇运动（刀盘分度），同时刀盘计数开关计数，当选刀到位（计数器为 0）时，刀盘电动机立即停止，如图 6-1-6d 所示。

6）Z 轴向下移动到第 2 参考点，进行主轴接刀控制，如图 6-1-6e 所示。

7）主轴到达换刀点后，实现主轴锁紧刀具控制。

8）主轴夹紧刀具，系统检测到刀具夹紧到位信号时，刀盘后退电磁阀吸合，刀盘后退到原位，如图 6-1-6f 所示。

9）系统检测到刀盘后退到位信号和刀具已经夹紧的信号，会自动将用户所编程序的大部分模态指令恢复，完成整个还刀取刀动作，发出换刀完成信号。

换刀动作流程如图 6-1-7 所示。

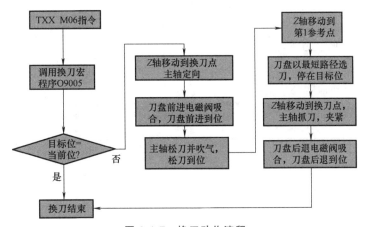

图 6-1-7　换刀动作流程

3. 斗笠式刀库电气控制

斗笠式刀库电气控制原理如图 6-1-8～图 6-1-10 所示。

输出信号（24V）Y2.3（Y2.4）是刀库电动机正（反）转信号，由控制系统执行换刀指令时经 PMC 程序译码后发出，驱动继电器 KA4（KA5）得电动作，触点吸合，使得 KM11（KM10）线圈得电，触点吸合，接通刀盘驱动电动机主回路，刀盘驱动电动机旋转。Y2.5（Y2.6）是气缸控制刀盘前进（后退）信号，由控制系统执行换刀指令时经 PMC 程序译码后发出，驱动继电器 KA6（KA7）得电动作，触点吸合，使得电磁阀接通，气缸驱动刀盘前进与后退。刀库的到位信号分别由 X8.0、X9.0～X9.3 提供。

三、圆盘式刀库机械手换刀的结构与原理

采用机械手换刀的加工中心，其刀库布置灵活，刀具数量不受结构的限制，还可实现刀具预选。此外，如采用机械凸轮控制，其动作迅速，可大大提高换刀速度，因此这是一种高速、高性能加工中心普遍采用的换刀方式。机械手的运动控制可通过气动、液压、机械凸轮

229

联动机构等实现。与气动、液压控制相比，机械凸轮联动换刀具有换刀迅速、定位准确的优点，在加工中心上得到了广泛的应用。

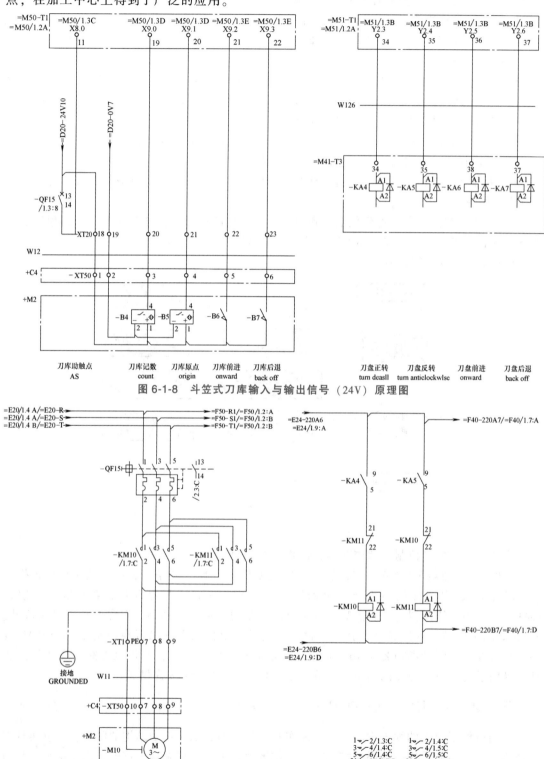

图 6-1-8　斗笠式刀库输入与输出信号（24V）原理图

图 6-1-9　斗笠式刀库刀盘驱动电动机动力电路与控制电路原理图

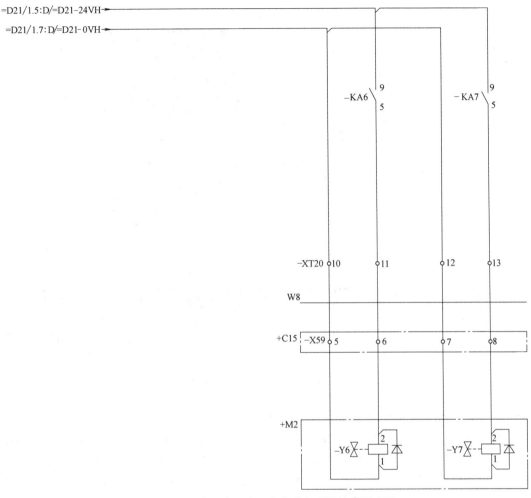

图 6-1-10　斗笠式刀库刀盘前进与后退控制原理图

1. 圆盘式刀库机械手换刀结构

圆盘式刀库凸轮机械手换刀过程包括刀库找刀和换刀两个独立的动作，涉及圆盘刀库、凸轮机械手和主轴 3 方面的协作关系。刀库找刀运动由带抱闸的三相异步电动机实现，通过分度盘的运动及相关检测元件的逻辑组合，每个刀套可准确地停止在换刀位置，并由气缸控制刀套实现水平和垂直状态的切换，刀套分度盘可顺时针或逆时针方向旋转，用最短的时间搜索到目标刀具，如图 6-1-11 和表 6-1-1 所示。

机械手换刀前，需将刀库中的刀套预先转动到换刀位置，由气缸控制刀套呈垂直状态。换刀过程中，辅以主轴定向准停、主轴拉刀/松刀和主轴吹气等动作。换刀机械手的运动同样由带抱闸的三相异步电动机实现，通过凸轮机构把电动机产生的匀速旋转运动转变为机械手的规律性上升、下降和回转运动；将不用的刀具从主轴上卸下来送回刀库中，同时从刀库中选择指定的刀具装在主轴上，然后机械手返回初始位置等待下一个工作循环。

2. 圆盘式刀库机械手换刀过程

图 6-1-12 所示是一种立式加工中心广泛使用的单臂双爪回转式凸轮联动机械手换刀装置的换刀过程示意图，其换刀动作过程如下。

231

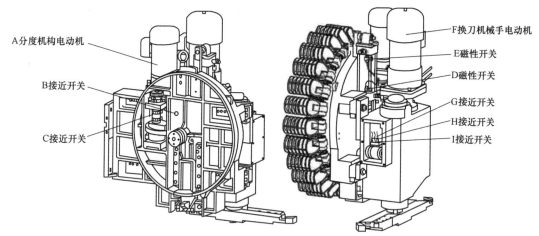

图 6-1-11　圆盘式刀库机械手换刀结构图

表 6-1-1　圆盘式刀库各部件作用

代号	部件名称	作用	代号	部件名称	作用
A	分度机构电动机	控制刀盘正反转	F	换刀机械手电动机	换刀机械手动力来源
B	接近开关	刀库原点1号刀具信号	G	接近开关	换刀机械手电动机定位信号
C	接近开关	刀库数刀定位信号	H	接近开关	换刀机械手定位确认信号
D	磁性开关	刀套气缸伸出定位信号	I	接近开关	换刀机械手原点确认信号
E	磁性开关	刀套气缸缩回定位信号			

1）刀具预选。在机床加工时，根据加工程序，可提前执行下一把刀的 T 指令，由刀库回转电动机将下一把刀具回转到刀具交换位置，完成刀具的预选动作，如图 6-1-12a 所示。

2）主轴定向准停和 Z 轴运动。当 CNC 的换刀指令 M06 发出后，先进行主轴定向准停，使主轴上的定位键和机械手定位槽位置一致。与此同时，Z 轴快速向上运动到换刀点位置；刀套转位气缸将预选的刀具连同刀套向下翻转 90°，如图 6-1-12b 所示，使刀具的轴线和主轴轴线平行。

3）机械手回转。当 Z 轴到达换刀点位置，刀套上的刀具完成 90°翻转后，机械手在电动机和凸轮换刀机构或其他液压、气动控制装置的驱动下回转（图 6-1-12c 所示为回转75°），使两边的手爪分别夹持刀库换刀位和主轴上的刀具。

4）卸刀。机械手完成夹刀动作后，同时松开刀套及主轴内的刀具；刀具松开后，机械手在电动机和凸轮换刀机构或其他液压、气动控制装置的驱动下向下伸出，刀库和主轴上的刀具被同时取出，完成卸刀动作，如图 6-1-12d 所示。

5）刀具换位。卸刀完成后，机械手在电动机和凸轮换刀机构或其他液压、气动控制装置的驱动下旋转 180°，进行刀库侧和主轴侧的刀具互换，如图 6-1-12e 所示。

6）装刀。完成刀具换位后，机械手在电动机和凸轮换刀机构或其他液压、气动控制装置的驱动下向上缩回，将刀库侧和主轴侧的刀具同时装入刀库刀套和主轴并夹紧，如图 6-1-12f 所示。

7）机械手返回。刀库和主轴内的刀具夹紧后，机械手在电动机和凸轮换刀机构或其他液压、

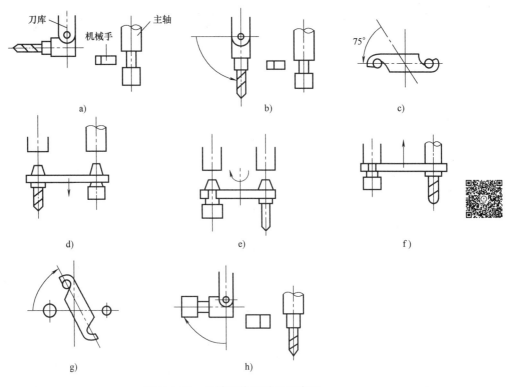

图 6-1-12　机械手换刀过程示意图

气动控制装置的驱动下反向旋转，回到起始位置，换刀动作完成，如图 6-1-12g 所示。

8）换刀动作完成后，Z 轴便可向下运动进行加工，同时刀套转位气缸将从主轴上换下的刀具连同刀套向上翻转 90°，如图 6-1-12h 所示，然后根据下一把刀具的 T 指令，再次进行刀具的预选。

换刀动作流程如图 6-1-13 所示。

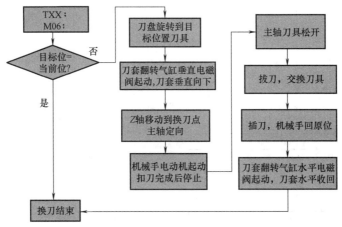

图 6-1-13　换刀动作流程

3. 圆盘式刀库机械手换刀电气控制

圆盘式刀库机械手换刀电气控制原理如图 6-1-14～图 6-1-16 所示。

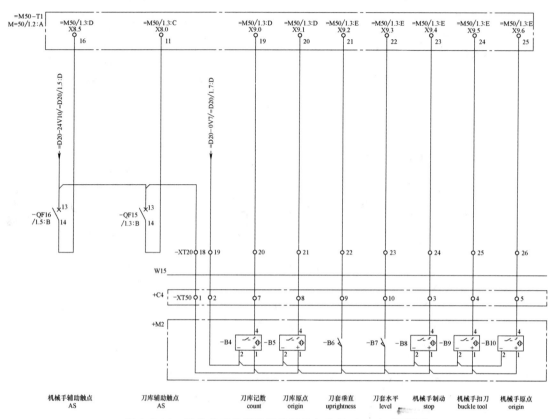

图 6-1-14　圆盘式刀库机械手换刀输入信号（24V）原理图

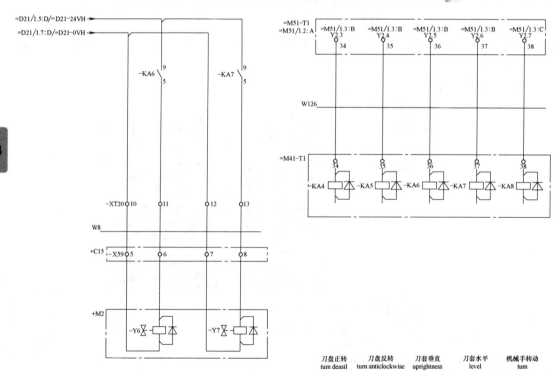

图 6-1-15　圆盘式刀库机械手换刀输出信号（24V）与刀套控制电路原理图

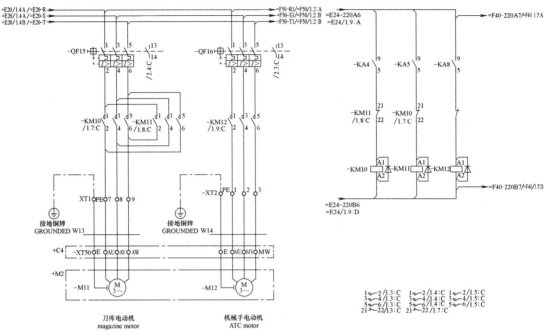

图 6-1-16　圆盘式刀库机械手换刀刀库电动机与机械手电动机动力电路与控制电路原理图

输出信号（24V）Y2.3（Y2.4）是刀库电动机正（反）转信号，由控制系统执行换刀指令时经 PMC 程序译码后发出，驱动继电器 KA4（KA5）得电动作，触点吸合，使得 KM11（KM10）线圈得电，触点吸合，接通刀库电动机主回路，刀库驱动电动机旋转。Y2.5（Y2.6）是气缸（液压缸）控制刀套垂直（水平）信号，由控制系统执行换刀指令时经 PMC 程序译码后发出，驱动继电器 KA6（KA7）得电动作，触点吸合，使得电磁阀接通，气缸驱动刀套垂直（向下）和水平（向上）。Y2.7 是机械手电动机旋转信号，由控制系统执行换刀指令时经 PMC 程序译码后发出，驱动继电器 KA8 得电动作，触点吸合，使得 KM12 线圈得电，触点吸合，接通机械手电动机主回路，机械手电动机旋转。刀库的到位信号分别由 X8.0、X8.5、X9.0~X9.6 提供。

四、刀库换刀装置常见故障及处理

刀库的常见故障主要是：刀库不能转动或刀套翻转不响应、刀库移动不到位、定位不准、刀具松开夹紧不响应、刀具换刀点位置故障、机械手故障等。需要根据不同的情况进行如下检查与处理。

1）当刀库不能转动或移动不到位时，主要检查刀库电动机驱动电路与控制电路、刀库 PLC 程序、计数开关位置是否正常，刀盘电动机是否损坏，电源是否缺相，刀库检测开关是否正常。

2）检查电气控制系统刀库电动机驱动电路与控制电路、PLC 程序、刀库检测开关、电磁阀控制部分（电磁阀控制的气缸或液压缸）是否正常等。

3）当刀套、刀爪不能夹紧刀具时，需要检查刀套的调整是否正确，刀爪的弹簧是否太松，刀柄上的键槽方向是否正确，拉钉尺寸是否符合要求，刀具重量是否符合要求等。

4）当刀具不能松开夹紧时，应检查主轴部分相关检测信号、电磁阀控制回路、气缸或液压缸以及机械部分的松刀量调整是否合适，松刀机构是否正常等。

5）当机械手不起动时，应检查气源压力是否达到要求，如达到要求则检查刀套垂直的弹簧开关是否损坏、是否松动，电气线路是否有问题。

6）当机械手发生掉刀现象时，应检查刀具是否超重，或机械手夹紧装置是否损坏等。当机械手不在正常位置时，应检查机械手位置反馈信号开关是否正常或机械手电动机及机械部分是否正常。

任务实施

立式加工中心上配备 FANUC 0i-F 系统、斗笠式刀库。在自动换刀时，出现报警：EX1011 刀库气缸检测未到位，请完成刀库故障排除。

操作步骤如下：

步骤 1：查看机床状态。将刀库刀盘从原位移动到主轴侧，根据报警提示为刀库气缸信号，找到刀库气缸信号，查看信号状态，将刀库气缸到主轴侧检测信号输入 X 信号，信号没有输入。

步骤 2：查看气缸的检测开关。信号灯未点亮，调整检测开关位置；信号灯点亮，输入 X 信号正常，如图 6-1-17。

步骤 3：执行换刀指令。换刀时，主轴抓、松刀时，刀爪有明显的晃动，判断换刀的位置点需要调整。

步骤 4：检查第 2 参考点，位置正常；检查 X、Y 轴方向的换刀点位置，发现沿 X 轴方向换刀点位置有偏差。X 轴方向换刀点位置可以通过调整气缸行程来实现（Y 轴方向需要调整刀库支架的厚度，加垫片或重新加工，一般此项在机床出厂已调整好，现场出现问题的概率很小）。

步骤 5：调整气缸行程发现，控制气缸行程的螺母有明显松动，因此判断之前的检测开关也是由此导致检测不正常。重新调整气缸行程与检测开关位置，如图 6-1-18 所示。执行换刀指令后，换刀正常。

图 6-1-17 刀库气缸检测信号　　图 6-1-18 刀库气缸行程调整螺母

问题探究

1. 简述斗笠式刀库换刀的主要特点、动作过程以及容易产生故障的点。

2. 简述圆盘式刀库机械手换刀的主要特点、动作过程以及容易产生故障的点。

任务2 润滑冷却装置故障诊断与维修

任务描述

机床润滑装置在机床整机中占有十分重要的位置。润滑可以起到降低摩擦阻力、减少磨损、降温冷却、防锈、减振的作用，机床润滑装置对提高机床加工精度、延长机床使用寿命等都起着十分重要的作用。现代机床导轨、丝杠等滑动副的润滑，基本上都是采用集中润滑方式。冷却装置主要是对加工件进行冷却，以保证工件的加工性能和加工质量。掌握润滑冷却装置的维修方法是数控机床维修的重要内容。

学前准备

1. 查阅资料了解数控机床润滑冷却装置是什么，起什么作用。

2. 查阅资料整理当前常见的润滑冷却装置有哪些。

3. 查阅资料了解数控机床的结构组成及其特点。

学习目标

1. 熟悉数控机床润滑冷却装置的基本组成。

2. 了解数控机床集中润滑装置的类型与特点。

3. 了解数控机床冷却装置的类型与特点。

4. 能够进行润滑、冷却装置的故障诊断与维修。

任务学习

一、润滑系统的基本组成

润滑系统是由油泵提供一定排量、一定压力的润滑油，为系统中所有的主、次油路上的分流器供油，然后由分流器将润滑油按所需油量分配到各润滑点，同时由控制器完成润滑时间、次数的监控和故障报警以及停机等功能，以实现自动润滑。

1. 系统组成

润滑系统的组成如图6-2-1所示。润滑系统一般由供油装置、过滤装置、油量分配装置、控制装置、管路与附件等组成。

1）供油装置。供油装置可为润滑系统提供一定流量和压力的润滑油，它可以是手动油泵、电动油泵、气动油泵、液压泵等。

2）过滤装置。过滤装置用于润滑油或润滑脂的过滤，分为滤油器、滤脂器等。

3）油量分配装置。油量分配装置可将润滑油按所需油量分配到各润滑点，包括计量件、控制件等。

4）控制装置。控制装置具有润滑时间、周期、压力的自动控制和故障报警等功能，包括润滑周期与润滑时间控制器、液位开关、压力开关等。

5）管路与附件。管路与附件有各种接头、软管、硬管、管夹、压力表、空气滤清器等。

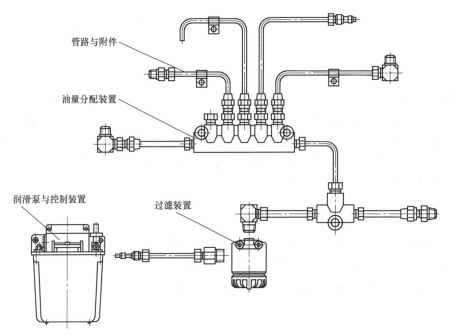

图 6-2-1　润滑系统的组成

2. 机床常用润滑系统

数控机床需要润滑的部分有导轨、丝杠、齿轮箱、轴承等。为了便于使用与维修，通常都采用集中润滑装置进行润滑。集中润滑装置具有定时、定量、准确、高效和使用方便、工作可靠、维护容易等特点，对延长机床使用寿命、保障机床性能有着重要的作用，是所有数控机床必须配备的辅助控制装置。

抵抗式油泵：系统工作无需卸荷机构，结构简单、造价低，但油量计量误差比较大，对管路过长、过高的润滑点润滑难以保障，一般只用于润滑点较少、油量精度要求不高的小型机械。图 6-2-2a 所示为其实物外观，其工作原理如图 6-2-3a 所示。

定量式油泵：系统对润滑点的给油精度高，而且不会受到管路长度的影响。系统安装简单，分配装置可以并联、串联任意排列，可同时向数百个润滑点供油。图 6-2-2b 所示，其工作原理如图 6-2-3b 所示。

二、润滑系统的电气控制

1. 数控机床润滑系统的电气控制要求

1）首次开机时，自动润滑 15s（2.5s 泵油、2.5s 关闭）。

2）机床运行时，达到润滑间隔固定时间（如 30min）自动润滑一次，而且润滑间隔时间可由用户进行调整（通过 PMC 参数）。

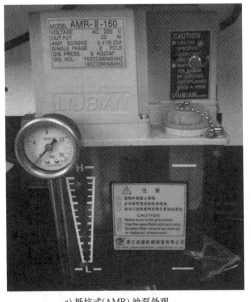

a) 抵抗式(AMR)油泵外观

b) 定量式(AMO)油泵外观

图 6-2-2 抵抗式和定量式油泵外观

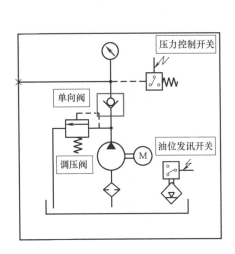

a) 抵抗式油泵工作原理

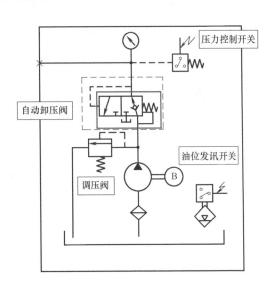

b) 定量式油泵工作原理

图 6-2-3 抵抗式与定量式油泵工作原理

239

3）加工过程中，操作者根据实际需要还可以进行手动润滑（通过机床操作面板的润滑手动开关控制）。

4）油泵电动机具有过载保护，当过载时，系统有相应的报警信息。

5）油箱油面低于极限时，系统有报警提示（此时机床可以运行）。

2. 润滑系统的电气控制原理

润滑系统的电气控制原理图和 PMC 输入/输出信号接口如图 6-2-4 所示。QF7 为油泵电动机的断路器，实现电动机的短路与过载保护。通过系统 PMC 控制输出继电器 KA6，继电器 KA6 常开触点控制接触器线圈 KM6，从而实现机床润滑自动控制。

系统 PMC 输入/输出信号中，QF7 作为系统油泵过载与短路保护的输入信号；SL 为油面检测开关（润滑油面下限到位开关），作为系统润滑油过低报警提示（需要添加润滑油）的输入信号；SB5 为数控机床面板上的手动润滑开关，作为系统手动润滑的输入信号；KA1 为机床就绪继电器（如机床液压泵控制继电器）的常开触点，作为机床就绪的输入信号；HL 为机床润滑报警灯的输出信号。

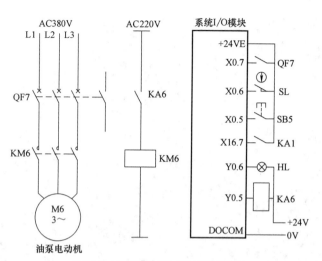

图 6-2-4　润滑系统电气控制原理

润滑系统 PMC 控制梯形图如图 6-2-5 所示。由于机床自动润滑时间和每次润滑的间歇时间不需要用户修改，所以系统 PMC 采用固定时间定时器 12、13 来进行控制（2.5s 泵油、2.5s 关闭）。固定定时器 14 用来控制自动运行时的润滑时间（15s），固定定时器 15 用来控制机床首次开机的润滑时间（15s）。根据机床实际加工情况不同，用户有时需要对自动润滑的间隔时间进行调整，所以采用可变定时器控制，且采用两个可变定时器（TMR01 和 TMR02）串联，来延长定时时间，用户可通过 PMC 参数页面下的定时器页面进行设定或修改自动润滑的间隔时间。

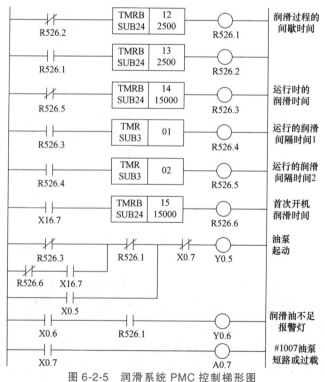

图 6-2-5　润滑系统 PMC 控制梯形图

当机床首次开机时，机床准备就绪信号 X16.7 为 1，起动机床油泵电动机（Y0.5 输出），同时起动固定定时器 15，机床自动润滑 15s（2.5s 泵油、2.5s 关闭）后，固定定时器 15 的延时断开常闭触点 R526.6 切断自动润滑回路，机床停止润滑，从而完成机床首次开机的自动润滑操作。机床运行过程中，经过可变定时器 TMR01 和 TMR02 设定的延时时间后，机床自动润滑一次，润滑的时间由固定定时器 14 设定（15s）。通过固定定时器 14 的延时断开常闭触点 R526.3 切断运行润滑控制回路，从而完成一次机床运行时润滑的自动控制，机床周而复始地进行润滑。当润滑系统出现过载或短路故障时，通过输入信号 X0.7 切断油泵输出信号 Y0.5，并发出润滑系统报警信息（EX1007：润滑系统故障）。当润滑系统的油面下降到极限位置时，机床润滑系统报警灯闪亮，提示操作者需加润滑油。

三、润滑系统的故障维修

总体而言，数控机床润滑系统的结构、原理都相对简单，故障维修较为容易，而且润滑系统的故障维修与液压系统还较为类似。下面分析润滑系统的常见故障并通过实例进行说明，见表 6-2-1。

表 6-2-1 润滑系统的常见故障

故障现象	检测手段	分析与处理办法
润滑油位低	目测油泵油位高低，系统页面显示	①及时加注润滑油 ②液位检测开关及回路故障
润滑压力不足	目测油泵压力表，系统页面显示	①检测管路是否有破裂 ②油品型号是否正确 ③油泵工作是否异常 ④过滤网是否堵塞 ⑤分油器是否异常
油泵电动机工作正常，但压力不足	目测、万用表、系统页面报警显示	①相序是否反向 ②压力表是否损坏 ③管路中是否有空气
导轨、丝杠润滑面无油	目测、手触摸	①检测管路是否破裂堵塞 ②分油器堵塞 ③系统设置的泵油时间是否合理 ④控制电路是否异常
润滑油消耗过快	目测、统计	①检测管路是否破裂 ②分油器油堵是否存在 ③系统设置的泵油时间是否合理

四、冷却系统的结构

冷却系统原理简述：切削液在储液箱（主水箱）中，通过切削液泵及管路进入主轴箱，从主轴箱下方的喷管喷出后，循环流入排屑器储液箱，并回流至主水箱，如图 6-2-6 所示。其实物图如图 6-2-7 所示。

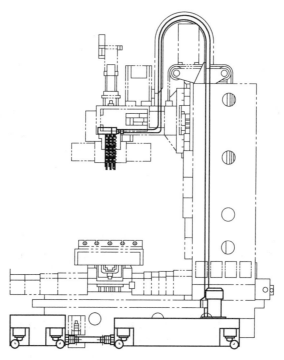

图 6-2-6　冷却系统结构图

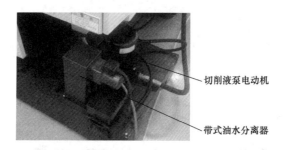

切削液泵电动机

带式油水分离器

切削液
储液箱

排屑器
储液箱

切削液箱连接水管

图 6-2-7　冷却系统实物图

五、冷却系统电气控制

冷却系统电气控制原理图如图 6-2-8 所示。

QF7为切削液泵电动机的断路器,用于实现电动机的短路与过载保护,输入信号为X7.4;SL1为冷却系统液面检测开关(切削液液面下限到位开关),作为系统切削液过低报警提示(需要添加切削液)的输入信号;SB5为数控机床面板上的手动冷却开关,作为系统手动冷却的输入信号;KA13为控制冷却电动机的中间继电器;KM6为控制冷却电动机的接触器;HL为冷却电动机工作指示灯。

六、冷却系统的故障维修

冷却系统常见故障见表6-2-2。

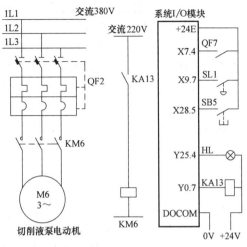

图6-2-8 冷却系统电气控制原理图

表6-2-2 冷却系统常见故障

故障现象	检测手段	处理办法
液位报警	系统页面报警显示	①在查明泄漏点和回液不畅的原因后,及时加注切削液,以消除报警 ②液位检测开关及回路故障
不出切削液	目测	①检测切削液泵电动机是否正常工作,控制电路是否正常 ②泵体是否有泄漏,连接件是否松动 ③冷却泵过滤网是否堵塞;液位是否达标 ④外冷开闭电磁阀工作是否正常 ⑤管路、接头是否破裂、松动 ⑥电磁阀控制回路是否正常
外冷压力不足	目测、零件加工精度、刀具磨损程度	①电动机是否在断相状态下工作 ②是否因进切屑或其他原因导致非正常运转、漏液,压力不达标 ③切削液箱回液不畅,液面不理想;管路、接头是否破裂、松动 ④切削液品质是否有问题
电动机泵体漏液	目测	①切削液泵本身质量是否有问题 ②查找切屑进入泵体的原因,及时清理切削液箱和泵体

任务实施

立式加工中心在加工过程中,提示报警2051,润滑油箱液面低,请根据提示信息完成故障排除。

操作过程如下:

步骤1：根据提示信息，润滑油箱液面低首先要检查油箱液位，检查发现液位正常。

步骤2：查看电气原理图，找到液位检测输入X信号，查看信号状态，此信号为接通状态，导致触发PLC导通，产生报警，正常状态此信号应为不接通。

步骤3：确认液位检测开关和相应回路，拆开油泵，发现液位检测开关故障。更换液位检测开关，如图6-2-9所示，故障排除。

问题探究

1. 数控机床中除了加工件需要冷却外，还有哪些需要冷却的？

2. 分析数控机床润滑系统与液压系统有哪些相同点和不同点。

图6-2-9　油泵液位检测开关

任务3　气动及排屑装置故障诊断与维修

任务描述

数控机床气动系统的作用和原理均与液压系统相似，同样用于数控机床辅助部件的运动控制，如自动换刀、主轴辅助变速、工件与刀具的松夹等。但是，由于气动系统的工作压力通常较低，执行元件的输出力较小，故较少用于车床刀架、立式数控转台、交换工作台等要求夹紧力大、压力高的场合。因此，气动系统多用于小型立式加工中心、钻削中心的控制，而卧式加工中心、数控车床则较少采用。排屑装置的主要作用是将加工过程中产生的切屑从加工区排出。迅速、有效地排除切屑也是保证数控机床正常加工的重要条件，故数控机床一般都配有自动排屑装置。

学前准备

1. 查阅资料了解数控机床气动及排屑装置。
2. 查阅资料，整理当前常见的气动及排屑装置有哪些。
3. 查阅资料了解数控机床气动及排屑装置的结构组成及其特点。

学习目标

1. 熟悉数控机床气动系统的基本组成和特点，了解数控机床排屑装置的种类及特点。
2. 熟悉加工中心典型气动系统。
3. 能够进行气动系统及排屑装置常见故障的诊断与维修。

任务学习

一、气动系统的基本组成与特点

1. 基本组成

气动系统是通过压缩空气传递运动和动力、控制机械部件运动的控制系统。气动系统的基本组成如图 6-3-1 所示，各部分的作用如下。

1）气源。气源是将电能或其他能量转换为空气压力能的装置，其作用是产生并向系统提供压缩空气。空气压缩机是常用的气源。

2）气缸和气马达。气缸和气马达是将空气压力能转换为机械能，驱动机械部件（负载）做直线或回转运动的装置。

3）气动阀。气动阀是对系统压力、流量或方向进行调节、控制，改变运动部件速度、位置和方向的装置。气动阀种类繁多，常用的有压力阀、流量阀、方向阀、逻辑阀等，每类阀还可根据其结构和控制形式分类。

4）辅助装置。辅助装置是保证气动系统正常工作的其他装置，如干燥器、过滤器、消声器、压力表、油雾器等。

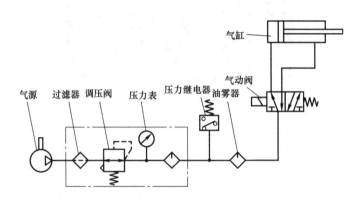

图 6-3-1 气动系统的基本组成

2. 基本特点

气动系统的结构简单、安装容易、维护方便。与液压系统比较，气动系统具有气源容易获得、工作介质不污染环境的突出优点。气动系统反应快、动作迅速，管路不容易堵塞，也无需补充介质，使用维护简单，运行成本低。气动系统的压缩空气流动损失小，可远距离输送，集中供气方便。此外，气动系统的工作压力低，还能用于易燃易爆的场合，故其环境适应性和安全性好，因此在中小型数控机床上得到了广泛应用。

但是，由于空气比油液更容易被压缩和泄漏，因此气动系统负载变化对工作速度的影响及系统工作时的噪声均较大。由于气动系统的工作压力一般为 0.4~0.8MPa，远低于液压系统可达到的工作压力（20MPa 以上），因此不能用于输出力大的控制场合。此外，由于压缩空气本身不具润滑性，故气动系统需要另加油雾器进行润滑。

3. 加工中心的气动系统

立式加工中心和钻削中心的气动系统一般用于主轴吹气、刀具夹紧松开、防护门开关、自动换刀、主轴机械变速的传动及交换等控制。图 6-3-2 所示为立式加工中心气动元件。

图 6-3-3 所示为某立式加工中心的气动控制原理图。由于该加工中心采用的是凸轮机械手换刀，主轴无机械变速装置，其气动系统较为简单。该气动系统由主轴吹气、刀具夹紧松开、防护门控制 3 部分组成；系统还带有两只连接清洁用气枪的接头，气枪用来清理工件和工作台面上的切屑。该气动系统的组成和原理如下。

1）主轴吹气。主轴吹气由二位三通气动阀控制。气动阀接通时，在主轴锥孔内便可直

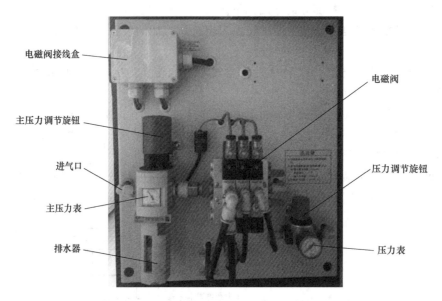

图 6-3-2 立式加工中心气动元件

电磁阀接线盒

主压力调节旋钮

进气口

主压力表

排水器

电磁阀

压力调节旋钮

压力表

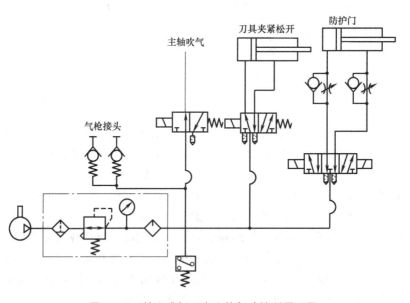

气枪接头

主轴吹气

刀具夹紧松开

防护门

图 6-3-3 某立式加工中心的气动控制原理图

接通入压缩空气，以便换刀时对刀柄、锥孔进行清洁。

2）刀具夹紧松开。刀具松开由二位五通气动阀控制。气动阀接通时，在刀具松开腔通入压缩空气，气缸可顶开主轴上的碟形弹簧、松开刀具；气动阀断开时，刀具夹紧腔通入压缩空气，气缸复位，主轴上的刀具通过碟形弹簧自动夹紧。

3）防护门开关。防护门开关由三位五通气动阀控制。当气动阀不通电时，防护门可以手动移动；门打开、关闭由两侧的电磁线圈控制。开门、关门的速度均可通过两只调速阀独立调节。

二、气动装置的常见故障及处理

气动装置的故障分析、处理方法与液压系统基本相同，两者的区别仅在于元件和介质不同。气动装置主要元件的常见故障见表6-3-1。

表6-3-1 气动装置主要元件的常见故障

故障现象	检测手段	处理办法
电磁阀失灵	万用表,手动、自动换刀,气枪	①检查气源中水分是否超标 ②检查电磁阀中密封圈是否损坏并进行更换,如仍未解决问题,直接更换电磁阀 ③检查线路或更换电磁铁
气动元件漏气	目测	按维修与保养要求对气动元件做定期保养,更换漏气部件
气动元件玻璃杯破裂	目测	按维修与保养要求对气动元件做定期保养,更换玻璃杯
压力表失灵	目测	在检测压力异常增高时更换压力表
气动压力检测开关报警、失灵	系统页面报警显示	①如气源质量良好,可适当重设压力检测开关入口压力 ②如气源质量不佳,则开关电路板可能已经腐蚀,无法维修,只能更换压力检测开关
刀库气缸动作无缓冲	自动换刀时检测	①检查气源质量 ②适当调整气缸两端的缓冲调节旋钮,如效果不佳则必须更换气缸两端的密封圈
打刀缸无动作	松夹刀时检测	①检查打刀缸油杯是否有油并做出处理 ②检查消声器是否漏气、电磁阀有无动作并做出处理

三、常见的排屑装置

排屑装置的种类繁多，图6-3-4所示为金属切削机床常用的排屑装置。

（1）平板链式排屑装置 平板链式排屑装置以链轮牵引钢制平板链带在封闭箱中运转，落到链带上的切屑经过链带部分进行切削液分离，并将切屑排入收集箱。平板链式排屑装置可以排除各种形状的切屑，其适应性较强，可以用于各类机床。在数控车床上使用时，该排屑装置多与机床切削液箱合为一体，以简化结构。

a) 平板链式　　　　　　　　　　b) 刮板式　　　　　　　　　　c) 螺旋式

图6-3-4 金属切削机床常用的排屑装置

（2）刮板式排屑装置 刮板式排屑装置与平板链式排屑装置的区别只是链板不同，它使用的是刮板链板。刮板式排屑装置常用于输送各种材料的短小切屑，其排屑能力较强，但负载较大，故需采用较大功率的驱动电动机。

（3）螺旋式排屑装置 螺旋式排屑装置是通过电动机、减速装置驱动安装在沟槽中的一根长螺旋杆进行排屑的。当螺旋杆转动时，沟槽中的切屑将在螺旋杆的推动下连续向前运动，最终排入切屑收集箱。螺旋杆有两种形式，一是用扁型钢条卷成的螺旋弹簧状，二是在轴上焊上螺旋形钢板。后者的体积较小，可以用于空间狭小的场合。螺旋式排屑装置结构简单，排屑性能良好，但只适合沿水平或小角度倾斜方向排屑，不能用于大角度倾斜方向的排屑场合。

四、排屑装置的故障与维修

排屑装置常见故障及检测项目见表6-3-2。

表6-3-2　排屑装置常见故障及检测项目

故障现象	检测手段	检测项目
电动机不转	目测、万用表、排屑情况	①检测电动机是否损坏 ②电气回路(电压、相序等)是否正常 ③PLC程序中K参数设置是否正确
电动机旋转,绞笼或链排不动	目测、排屑情况	①绞笼减速器工作是否正常,连接销是否断裂 ②链排的驱动链节是否断裂 ③电动机轴与链轮之间的锁紧套是否失灵
绞笼排屑不畅	目测、排屑情况	①是否有异物堵塞 ②是否切屑堆积过多造成排泄口阻塞 ③加工工件的材质不同,排泄口的角度是否合理
电动机过载报警	系统页面报警显示、万用表	①电动机三相绕组是否平衡 ②控制电路是否正常,三相电源是否断相 ③是否有异物堵塞造成电动机过载导致断路器断开

任务实施

图6-3-5所示为某立式加工中心气动控制原理图，分析其组成及作用。

该加工中心采用的是凸轮机械手换刀，主轴无机械变速装置。该气动系统由主轴松夹刀及中心吹气、冷却系统、主轴前端密封吹气、刀库倒刀定位4部分组成，其原理如下。

1）主轴松夹刀及中心吹气。主轴吹气由二位五通气动阀控制，气动阀接通时，在刀具松开腔通入压缩空气，气缸可顶开主轴上的碟形弹簧，松开刀具，并在主轴锥孔内直接通入压缩空气，以便换刀时对刀柄、锥孔进行清洁；气动阀断开时，刀具夹紧腔通入压缩空气，气缸复位，主轴上的刀具通过碟形弹簧自动夹紧。

2）冷却系统。刀具松开由二位二通气动阀控制，气动阀接通时，直接接入风冷却系统。

3）主轴前端密封吹气。主轴前端密封吹气由二位二通气动阀控制，气动阀接通时，经

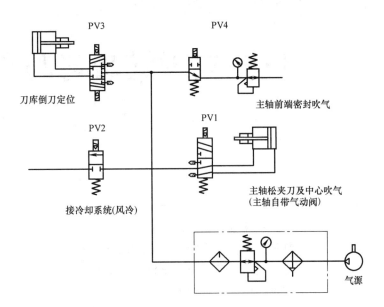

图 6-3-5　某立式加工中心气动控制原理图

减压阀接入主轴前端密封。

　　4）刀库倒刀定位。刀库倒刀定位由三位五通气动阀控制，气动阀中位时，气缸无运动；气动阀接通时，刀库倒刀定位气缸工作，两个方向的动作方向相反。

问题探究

　　如何熟练掌握数控机床气动系统与排屑装置的维修方法？应该从哪些方面入手？

项目小结

　　1. 以思维导图的形式罗列出数控车床常见的故障。

　　2. 通过分组的形式，对数控加工中心刀库常见故障进行手抄报的形式呈现。

拓展训练

　　根据学习内容，收集资料，完成立式加工中心斗笠式刀库的气动原理图绘制，并说明气动元件控制的动作。

项目7　机械故障维修与调整

项目教学导航

教学目标	1. 掌握机床水平精度的调整方法 2. 掌握主轴传动系统的维修与调整方法 3. 掌握进给传动系统的维修与调整方法 4. 掌握反向间隙补偿的方法 5. 掌握螺距误差补偿的系统参数设置与程序编写方法
教学重点	1. 数控机床水平精度调整 2. 反向间隙与螺距误差补偿的检测与补偿
思政要点	专题二　大国重器，中国智造 主题三　从制造到创造，中国高铁走向世界
教学方法	教学演示与理论知识教学相结合
建议学时	17 学时
实训任务	任务 1　机床水平精度的检测与调整 任务 2　主轴传动系统的维修与调整 任务 3　进给传动系统的维修与调整 任务 4　进给传动系统精度的检测与补偿

项目引入

　　决定数控机床加工精度及加工效率的因素，除了数控系统、伺服系统、机床附件等的功能强大、先进可靠外，机床机械部分作为机床的最终执行部件，其制造精度、安装调整精度也起到了关键作用。

　　数控机床主轴部件是影响机床加工精度的重要部件，其回转精度将直接影响工件的加工精度，其输出功率、输出转矩和最高转速、调速范围将直接影响加工效率，其调速性能、位置控制性能和刀具装夹性能将直接影响机床的自动化程度和功能。因此，主轴部件必须具有与机床性能相适应的回转精度、刚度、抗振性、耐磨性，同时还必须降低温升、振动和噪声。

进给传动系统的精度、灵敏度、稳定性直接影响数控机床的定位精度和轮廓加工精度。对数控机床定位和轮廓加工精度起决定作用的因素，主要是进给传动系统的刚度、转动惯量和精度。本项目将对此进行介绍。

知识图谱

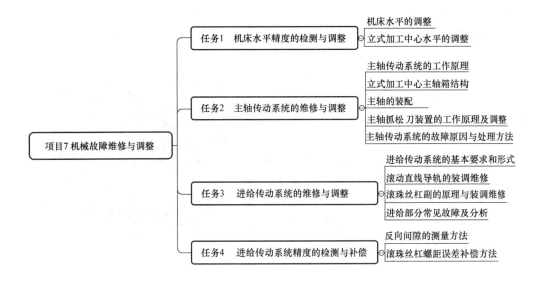

任务1 机床水平精度的检测与调整

任务描述

数控机床的安装工作是指机床运到后，安装到工作场地直至能正常工作的这一阶段所做的工作。对于小型的数控机床，这项工作比较简单。对于大中型数控机床，用户需进行组装和重新调试，这项工作就比较复杂。数控机床调平是数控机床安装与验收的基础和必不可少的重要调整环节，数控机床精度检测是在数控机床水平调试好后进行的。

学前准备

1. 查阅资料了解水平仪。
2. 查阅资料整理数控机床安装就位有哪些要求。
3. 查阅资料了解数控机床水平的调整方法。

学习目标

1. 熟悉水平仪的使用方法。
2. 掌握数控车床水平的调整方法，能进行数控机床（以数控车床为例）水平调整。
3. 掌握数据分析和处理方法，能进行机床水平调整后的数据分析和处理。

任务学习

一、机床水平的调整

1. 框式水平仪的结构及工作原理

水平仪是利用液体流动和液面水平的原理，以水准泡直接显示相对于水平和铅垂位置微小倾斜角度的一种正方形通用角度测量器具。框式水平仪的两个V形测量面是测量精度的基准，在测量中不能与粗糙面接触。安放时必须小心轻放，避免因测量面划伤而损坏水平仪和造成不应有的测量误差。

图7-1-1、图7-1-2所示分别为框式水平仪及其测量原理图。框式水平仪由框架和水准器组成，水准器是一个带有刻度的弧形密封玻璃管，装有酒精或乙醚，并留有一定长度的气泡，当水平仪移动时，气泡移动一定距离。对于精度为0.02mm/1000mm的水平仪，当气泡移动一格时，水平仪的角度变化为4″，即在1000mm长度两端的高度差为0.02mm。可根据气泡移动格数、被测平面长度和水平仪精度按比例关系计算被测平面两端的高度差。在不使用垫板或水平桥时，被测平面长度即为水平仪长度。

图7-1-1　框式水平仪

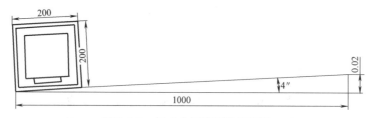

图7-1-2　框式水平仪测量原理图

2. 用水平仪粗调机床水平的方法

用三点调整法粗调机床水平，即用水平仪分别在机床导轨的两端和中间位置，初步测量和调整导轨横向和纵向的水平状态，要求全长在5格之内，即0.1mm。现以先调整横向水平，再调整纵向水平为例来介绍。

1）将水平仪放在导轨平面上距离主轴最近的位置，水平仪的方向与导轨长度方向成90°。调整水平仪的气泡位置，尽量使其在中间位置，如图7-1-3所示，待其平稳后，记录下气泡一端的位置，此位置为水平仪的零点。

2）将水平仪放在导轨的中间位置，待气泡静止后，记录气泡位置。气泡向哪边移动，说明哪边导轨平面高，远离哪边就说明哪边

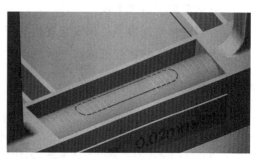

图7-1-3　水平仪气泡处于中间位置

低。在高的那边降低防振垫铁（向外调节楔铁），同时在低的那边升高防振垫铁（向内调节楔铁），使气泡回到（或接近）零点的位置，如图7-1-4所示。

3）将水平仪放在导轨尾部位置，重复步骤2）的操作，使气泡在（或接近）零点位置。往复步骤1）~3），通过调节垫铁，控制气泡在3个位置的移动范围在5格之内。

4）纵向水平的调整和横向水平的调整原理是一样的，但水平仪的方向要和导轨长度方向一致，然后在确定哪端高或哪端低时，在兼顾横向水平精度的同时，要同时拧紧横向方向上的螺母或调节垫铁，直到气泡在导轨两端和中间3个位置的移动范围都在5格之内为止。此时粗调水平结束。

a) 防振垫铁

b) 防振垫铁在数控车床上的使用

图 7-1-4　防振垫铁及其在数控车床上的使用

3. 精调水平

分段调整法，即将导轨分成相等的若干整段来进行测量，并使头尾平稳地衔接，逐段检查并读数，然后确定水平仪气泡的运动方向和水平仪实际刻度及格数。调整中要避免出现水平扭曲现象。纵向方向上，由水平仪 A 来确定；横向方向上，由水平仪 B 来确定，如图7-1-5所示。

（1）横向水平的调整

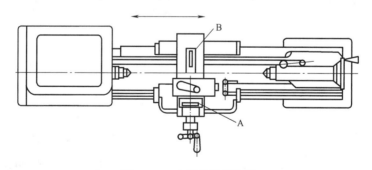

图 7-1-5　水平仪放置位置

1）调整水平仪的零点，并记录气泡的位置。

2）每走一平，观察并记录气泡的位置，气泡向哪边移动就说明哪边高。高的那边就要通过地脚螺母向下压，与此同时，与之相对应，低的那边要通过楔铁往上起。

3）根据规定调整好的水平应为每平气泡的移动在2格之内。

（2）纵向水平的调整

1）测量导轨时，水平仪的气泡一般按照一个方向运动，机床导轨的凸凹由水平仪的移动方向和该气泡的运动方向来确定。

水平仪的移动方向与气泡的运动方向相同，机床导轨呈凸状态，用符号"+"表示。

水平仪的移动方向与气泡的运动方向相反，机床导轨呈凹状态，用符号"−"表示。

2）调整机床水平时，是通过调节地脚螺母（向下压）和楔铁（向上起）来控制水平仪中气泡的位置的。

3）根据规定调整好的水平应为每平气泡的移动在2格之内，所有地脚需受力均匀。

调整水平时需两块水平仪同时观察，来确定机床水平的状态。可按上述方法以一个方向为主，另外一个方向为辅，来判断两端是向下压还是向上起，以更加快速地调整好机床水平。

（3）精度检验　将两块水平仪分别放在如图7-1-5所示的位置，把床鞍移动至距离主轴箱最近的位置，然后调整并记录水平仪的零点位置。根据机床行程，从左至右移动一平，待气泡静止后，记录气泡相对于零点移动的格数，在数值前加"+""−"。每移动一平，记录下一个数值，直至走完全长导轨为止，每平气泡的移动应在2格之内，即为0.04mm/1000mm。

二、立式加工中心水平的调整

1）将水平仪放在工作台上，如图7-1-6所示，工作台移动至X/Y轴中间，检验X/Y轴水平。通过调整地脚螺母，如图7-1-7所示，使水平合格。

图7-1-6　X/Y轴水平

如果立式加工中心行程较小，可将水平仪放在工作台中间位置，无须移动机床与水平仪，可一次完成水平调整；如果立式加工中心尺寸较大或精度要求较高，可以通过移动X/Y轴或移动水平仪来调整机床水平（以水平仪测量范围为界限来划分）。

2）粗调时，优先调整四角处的地脚垫铁（图7-1-7），先将所有地脚螺母松开，用扳手调整空心螺栓。粗调时，要求除四角外，其他各处地脚不受力。直到将水平仪读数调整至偏离大线5格以内。

3）精调水平时，先调整四角处的地脚垫铁，将水平仪读数调整至大线外2格左右时，再调整其他各处垫铁，直至调整合格。

图7-1-7　调整地脚螺母

任务实施

某公司新购一台数控车床，*X* 轴行程为 320mm，*Z* 轴行程为 2100mm，请进行机床安装并调整机床水平。

步骤 1：根据机床的规格，按照说明书，打好地基，把机床垫铁放置在要求的位置。

步骤 2：把机床吊离地面，先将地脚螺栓装在机床的地脚孔上，然后与地基孔一一对应，把机床搁置在调节垫铁上，通过垫铁粗调床身水平。

步骤 3：粗调水平。用三点调整法，即用水平仪分别在机床导轨的两端和中间位置，初步测量和调整导轨横向和纵向的水平状态，要求全长水平在 5 格之内，即 0.1mm。先调整横向水平，再调整纵向水平。

步骤 4：精调水平。用分段调整法，即将导轨分成相等的若干整段来进行测量，并使头尾平稳衔接，逐段检查并读数，然后确定水平仪气泡的运动方向和水平仪实际刻度及格数并进行记录，直至调整至合格范围内。

水平仪放置位置如图 7-1-8 所示。

问题探究

根据学习内容，尝试进行大型龙门加工中心水平精度的调整，并说明调整中的注意事项有哪些。

图 7-1-8　水平仪放置位置

任务 2　主轴传动系统的维修与调整

任务描述

数控机床的主轴传动系统是机床的主运动部件，可以将主轴电动机的动力变成刀具切削加工所需要的切削转矩和切削速度。数控机床的主轴传动系统一般需要选用无级变速的电气变速装置，如交流主轴驱动器、变频器等，因此其机械结构反而比普通机床简单，传动齿轮、轴类零件、轴承等的数量大为减少，有时还采用主轴电动机直接连接主轴的结构。

为了提高效率、充分发挥机床性能，大多数数控机床既能满足大切削用量的粗加工对机床刚度、强度和抗振性的要求，也能满足精密加工所要求的精度，因此其主轴电动机的功率一般较大，主要部件的加工、装配精度比普通机床更高，部件的动、静态性能和热稳定性也更好。了解数控机床常用主轴传动系统的结构和原理，能够进行主轴传动系统的维修与调整，是数控机床维护与维修的主要内容之一。

学前准备

1. 查阅资料了解数控机床主轴传动系统的基本要求和变速方式。

2. 查阅资料熟悉主轴电动机和主轴的常用连接形式。

3. 查阅资料熟悉加工中心典型主轴部件的结构。

学习目标

1. 熟悉数控机床对主轴传动系统的基本要求。
2. 掌握加工中心典型主轴部件的结构。
3. 能够进行主轴传动系统的维修与调整。

任务学习

一、主轴传动系统的工作原理

1. 主轴电动机与主轴的连接

主轴电动机与主轴有 3 种常见的连接结构。

1）主轴电动机和主轴通过传动带连接，如图 7-2-1 所示。此种连接方式常用于低转速/小转矩的主轴。

2）主轴电动机和主轴箱通过联轴器直连，如图 7-2-2 所示。此种连接方式常用于高转速（10000r/min 以上）/小转矩的主轴。

3）主轴电动机和主轴通过齿轮连接，如图 7-2-3 所示。此种连接方式常用于同时满足机床高速和重切削的要求。

2. 主轴的结构与要求

主轴部件具有高精度、高刚性的特点。轴承采用 P4 级主轴专用轴承，整套主轴在恒温条件下组装完成后，均通过动平衡校正及磨合测试，以延长主轴的使用寿命，提高可靠性。如图 7-2-4 所示，主轴外圆设计了冷却油循环槽结构，通过冷却油的循环冷却方式，为主轴单元降温，保证主轴精度的稳定。主轴锥孔形式通常采用 BT40，锥面的锥度为 7：24，拉钉角度为 45°（可选配拉钉角度为 60°），如图 7-2-5 所示。通过拉钉与锥面配合拉紧刀具，并使用端键防止在刀具受到切削力时刀柄转动。

图 7-2-1　主轴电动机和主轴通过传动带连接

图 7-2-2　主轴电动机和主轴箱通过联轴器直连示意图

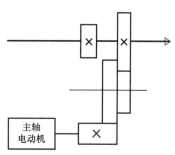

图 7-2-3　主轴电动机和主轴通过齿轮连接

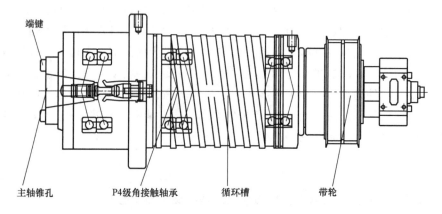

图 7-2-4　主轴结构

端键　主轴锥孔　P4级角接触轴承　循环槽　带轮

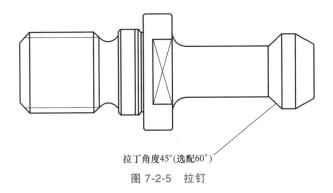

拉丁角度45°(选配60°)

图 7-2-5　拉钉

二、立式加工中心主轴箱结构

主传动部分主要由主轴电动机、主轴箱、主轴组件、打刀缸组件、传动带和带轮组成。动力从电动机经一级带传动传到主轴上，带动主轴旋转。主轴上有打刀装置，在系统控制下实现主轴松拉刀控制。

主轴电动机通过电动机座连接在主轴箱上，电动机与主轴之间的轴距（沿 Y 轴方向）通过调整块和调整螺钉调整。主轴电动机轴端通过胀紧套与带轮连接；带轮与主轴上的带轮通过同步带连接，传动比通常为 1∶1，即主轴电动机轴的旋转角度与主轴的旋转角度完全同步。整个主轴系统的控制方式为半闭环，即通过伺服电动机的内置编码器来控制和检测主轴的转速及定位角度，如图 7-2-6 所示。

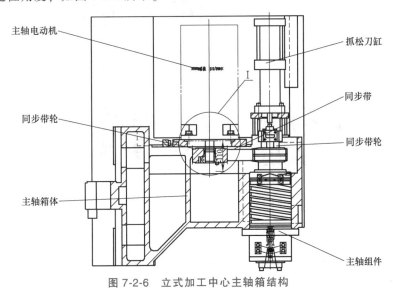

主轴电动机　　　　　　　　　　　　　　　抓松刀缸

同步带

同步带轮

同步带轮

主轴箱体

主轴组件

图 7-2-6　立式加工中心主轴箱结构

三、主轴的装配

1. 主轴组件装配

1）将主轴前端面朝下竖立在工作台面上，将前轴承内圈加热后装入主轴，如图 7-2-7a 所示。镶装轴承前将轴承内圈端面标记与主轴高低标记在圆周方向上对齐，3 个轴承外圈按标记对齐。轴承内圈加热温度为 60℃。

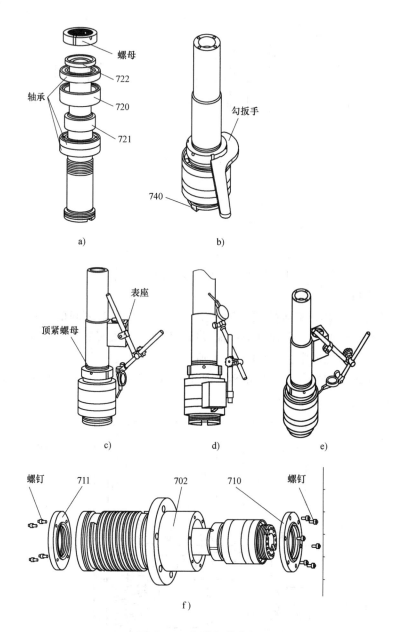

图 7-2-7　主轴组件装配

2）装隔套（722）、前轴承螺母（M72×2），并用勾扳手紧固后再松开 45°［用钳口别住定位键（740）］，如图 7-2-7b 所示。

3）换用力矩扳手再次紧固，力矩值设定为 166N·m。

4）用磁力表座吸在主轴上，测头触在外隔套（720）上，旋转调整外圆与主轴同心，使误差≤0.005mm，如图 7-2-7c 所示。

5）用磁力表座吸在轴承外圈上，测头触在后轴承接触圆处，检验其径向圆跳动误差≤0.004mm 即可，如图 7-2-7d 所示。

6）使磁力表座吸住不动，让测头触在轴承外圈端面上，转动外圈，检查轴向圆跳动，使误差≤0.02mm，如图 7-2-7e 所示。

7）如以上各项超差，可通过调整预紧螺母上的紧固螺钉或轻敲螺母调整。

8）主轴套筒（702）与主轴装配后，再安装加热的后轴承，如图 7-2-7f 所示。

9）装配前后法兰（710、711）。注意：前法兰上的紧固螺钉需涂防松胶。其他零件的装配不再赘述。

10）装配前法兰（710）时，用数显卡尺测量角接触轴承外圈端面至套筒孔端面的距离 K。测量时应在不同位置多次测量，进行加权计算平价 K 值。最终按 $K_1 = K+0.02$mm 确定修配调整法兰盘（710）上凸台的高度值，如图 7-2-8 所示。

11）检查主轴内锥孔的径向圆跳动误差。按主轴部件精度检验标准，内锥孔径向圆跳动误差≤0.006mm，如图 7-2-9 所示。主轴装配图如图 7-2-10 所示。

2. 在主轴箱上安装主轴组件

1）用砂纸、油石、洗油清理所有零部件，倒角，去毛刺。

2）保证主轴箱主轴孔与地面垂直。在主轴轴颈上涂抹少许甘油。将主轴组件用主轴吊环吊起，缓缓落到主轴箱孔内，再用铜棒左右轻轻敲打主轴端面两个螺钉孔的中间部位，使之与主轴箱孔同心，逐渐落入箱内。注意主轴的安装方位，各种管路接口的位置务必与图样一致，如图 7-2-11 所示。

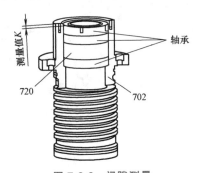

图 7-2-8　间隙测量

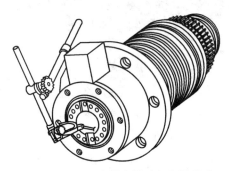

图 7-2-9　检查主轴内锥孔径向圆跳动

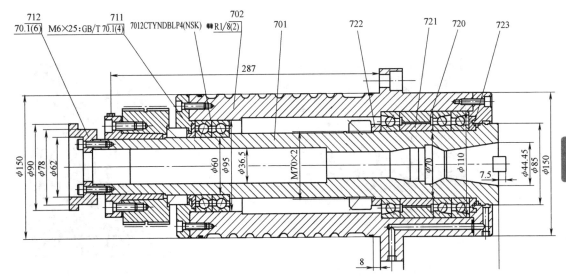

图 7-2-10　主轴装配图

3）用 8 个螺钉按照直径对称方向先预拧紧，再逐渐交替拧紧，涂拧紧标识，确保主轴端面与主轴箱端面接合处 0.02mm 塞尺塞不入。

3. 安装主轴箱

1）清理主轴箱安装面。

2）用吊绳将主轴箱落在立柱上，使主轴箱基准面靠紧立柱导轨。

3）用 16 个螺钉（M10×40）将主轴箱固定。用 6 个螺钉（M8×25）将 2 个压块安装到主轴箱侧面基准导轨一侧，如图 7-2-12 所示。

4）拧紧正面螺钉，拧紧顺序为对角逐渐拧紧，确保各接合面 0.02mm 塞尺塞不入，如图 7-2-13 所示。

图 7-2-11　将主轴组件装入主轴箱

图 7-2-12　安装主轴箱

4. 检测主轴精度

将检验棒插入主轴中，用千分表检测主轴精度（正/侧素线：主轴轴线与 Z 轴的平行度，如图 7-2-14 所示。

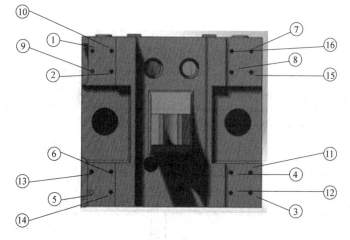

图 7-2-13　安装主轴箱螺钉的顺序

图 7-2-14　检测主轴精度

要求：主轴素线正/侧向，正向后仰 0.015mm，侧向不大于 0.01mm。用千分表检测主轴径向圆跳动，近端为 0.004mm，远端 300mm 处为 0.01mm，如图 7-2-14 所示。

如果正侧向精度超差，根据检测的精度刮研主轴箱底面和侧面，保证接触点不少于 6 个/（25mm×25mm）。

四、主轴抓松刀装置的工作原理及调整

1. 主轴抓松刀工作原理

主轴抓松刀装置如图 7-2-15~图 7-2-18 所示。刀具的夹紧通常用碟形弹簧实现，碟形弹簧可以通过拉杆及拉爪拉住刀柄的尾部，使刀具锥柄和主轴锥孔紧密配合，其夹紧力可达 10000N 以上。松刀时，可通过气缸活塞推动拉杆来压缩碟形弹簧，使夹头胀开，夹头与刀柄上的拉钉脱离，刀具即可拔出，并进行新旧刀具的交换。新刀装入后，气缸活塞后移，新刀具又被碟形弹簧拉紧，完成刀具的松开、夹紧动作。气缸自带电磁阀及消声器，外部安装限位块及行程开关，用于检测气缸松刀及夹刀动作是否到位。另外，主轴清洁吹气管路带调整旋钮，可调整清洁空气的气流大小。

图 7-2-15　立式加工中心抓松刀部位及组件

目前加工中心所用刀具常采用 7∶24 的大锥度锥柄，这种刀柄既利于定心，也为松刀带来了方便。

2. 主轴抓松刀气缸的结构与原理

主轴抓松刀机构可以手动松刀，也可在自动换刀时自动松刀，其控制原理基本相同，如图 7-2-16 所示。当系统输出松刀 Y 信号，并检测松刀到位开关在夹紧状态（X 信号）时，抓松刀电磁阀得电，控制气路导通，气缸动作，推动主轴内的抓松刀机构，使刀具松开，同时检测到抓松刀到位开关松开信号（X 信号），刀具松开完成；当系统输出夹紧信号（Y 信

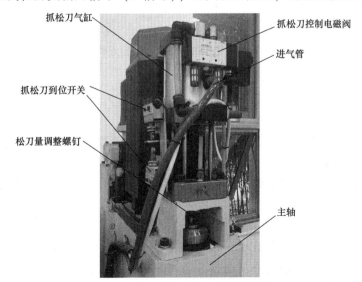

图 7-2-16　主轴抓松刀装置结构图

号）时，松刀电磁阀失电，气缸泄气，在主轴内的松刀机构（碟簧组件）的作用下，刀具夹紧，机械部分复位到原始状态，系统检测到抓松刀到位开关夹紧信号（X 信号），刀具装载完成。

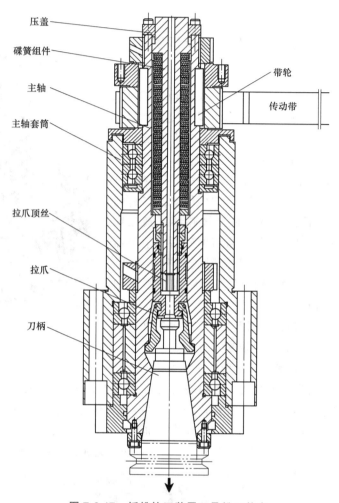

图 7-2-17　抓松拉刀装置刀具松开状态

左侧标注（自上而下）：压盖、碟簧组件、主轴、主轴套筒、拉爪顶丝、拉爪、刀柄
右侧标注：带轮、传动带

五、主轴传动系统的故障原因与处理方法

1. 主轴旋转有噪声（同步带连接式主轴）

原因分析：①动平衡不合格。②同步带损坏或张力超差。③带轮胀紧套松动或受力不均。④主轴轴承问题。

处理方法：①重新给主轴动平衡配重。②调整或更换同步带。③调节带轮胀紧套。④更换主轴轴承。

2. 主轴定向不准（同步带连接式主轴）

原因分析：①同步带损坏或张力超差。②带轮胀紧套松动。③主轴定向参数不准。

处理方法：①重新给主轴动平衡配重。②调整或更换同步带。③在排除前两个原因之后，通过调整参数来调整主轴定向角度。

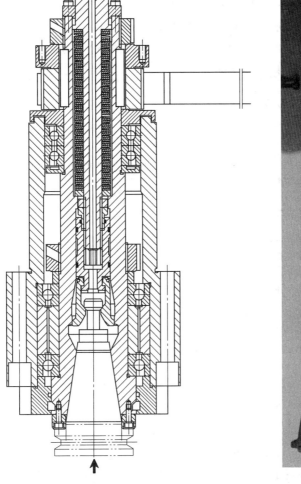

a) 刀具拉紧状态   b) 碟弹组件与拉刀爪的连接

图 7-2-18　抓松刀装置装配图与实物图

具体方法如下：手动轻轻转动主轴，使主轴端面键与刀柄上的键槽完全对应，此时主轴角度为主轴定向角度。此时查看诊断号 445，将其中显示的数据填写在参数 4077 中，主轴定向角度设定完成。

注：如果诊断号中没有 445 号，先将参数 3117#1 设置为 1。

3. 拔刀时发出巨大响声

原因分析：松刀量不够。

处理方法：更换杠杆撞块处的调整垫，加厚调整垫，用测松刀量的仪器测量松刀量，使松刀量达到 0.4mm 以上。

4. 主轴松刀松不开/拔刀时发出巨大响声（气动松夹刀）

原因分析：①主轴锥孔内或刀柄上有切削液、灰尘、污渍等脏物，加工时在切削阻力的作用下，使得刀柄与主轴研死。②主轴拉爪没有完全松开，机械手便强行将刀具从主轴内拔出。③气源压力不足。④打刀缸工作异常。

处理方法：①清理主轴锥孔和刀柄上的污渍，保持清洁度。②调整松刀气缸打刀螺钉，增大打刀量。③通过调整气动三联件的减压阀调整气动系统压力。④更换打刀缸。

另有一些数控机床主轴传动系统的常见故障及处理方法见表 7-2-1。

表 7-2-1 数控机床主轴传动系统的常见故障及处理方法

序号	故障现象	故障原因	故障处理
1	主轴发热	主轴轴承预紧力过大	重新预紧
		轴承研伤或损坏	更换轴承
		润滑油脏或有杂质	清洗主轴箱，重新换油
		轴承润滑脂耗尽或润滑脂过多	涂抹或清理润滑脂
2	主轴在强力切削时停转	电动机与主轴的连接传动带过松	张紧传动带
		传动带表面有油	用汽油清洗
		传动带因使用过久而失效	更换传动带
3	刀具不能正常夹紧	碟形弹簧压缩量过小	调整碟形弹簧行程长度
		弹簧夹头损坏	更换弹簧夹头
		碟形弹簧失效	更换碟形弹簧
		刀柄上拉钉过长	更换拉钉，并正确安装
4	刀具夹紧后不能松开	松刀液压缸或气缸的压力不足	调整液压系统或气动系统的压力
		松刀液压缸行程不足	调整行程
		碟形弹簧压缩量过大	调整碟形弹簧上螺母，减小弹簧压缩量
5	主轴不能机械变速	变档液压缸或气缸压力不足	检测与调整压力
		变档液压缸或气缸研损或卡死	修去毛刺和研伤，清洗后重装
		变档电磁阀卡死	检修电磁阀并清洗
		变档液压缸或气缸拨叉脱落	修复或更换
		变档液压缸或气缸内泄	更换密封圈
		变档检测开关失灵	更换开关
6	主轴噪声过大	主轴部件动平衡不良	重做动平衡
		齿轮磨损	修理或更换齿轮
		轴承拉毛或损坏	更换轴承
		传动带松弛或磨损	调整或更换传动带
		润滑不良	调整润滑油量，保证主轴箱清洁度

任务实施

任务实施 1：图 7-2-19 所示的数控铣床主轴传动系统，在自动换刀时出现主轴定向不良的故障，导致换刀无法正常进行。该主轴传动系统在刚出现故障时，故障频率较低，只要重新开机便可恢复正常工作，但隔一段时间后，故障又重复出现。到了后期，故障频率逐渐增加，直至无法正常工作。

在故障出现后，经过对机床的仔细观察，发现故障的原因是主轴的定向准停位置发生了偏移，而且在偏移点附近手动旋转主轴可以很轻松地将其移动到定位点。但是，如果移动位置过大，则可以明显感觉到主轴反方向恢复定位点的转矩。

故障分析：

根据以上现象，可以判定该机床主轴驱动器的闭环位置调节功能正常（具有反方向恢

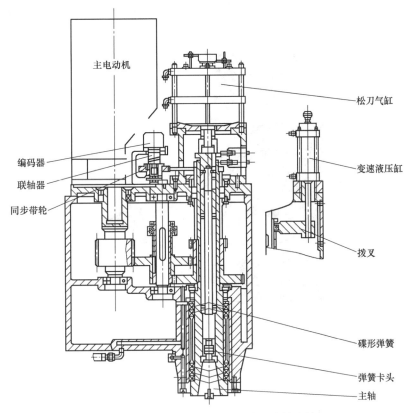

主电动机

松刀气缸

编码器

变速液压缸

联轴器

同步带轮

拨叉

碟形弹簧

弹簧卡头

主轴

图 7-2-19　数控铣床主轴传动系统（齿轮连接）

复定位点的转矩），因此故障主要来自于机械部件的装配和调整。

故障处理：图 7-2-19 中该机床的主轴定向编码器和主轴采用的是同步带连接，因此连接不良应是产生故障的最可能原因。

对主轴进行部分拆装，以便检查。

检查主轴侧同步带轮安装，未发现连接问题，且带轮和主轴无间隙。检查编码器和带轮的连接，发现编码器输出轴和连接套间存在明显的间隙，其紧定螺钉松动。重新固定紧定螺钉后，间隙消除，机床恢复正常。

任务实施 2：立式加工中心上配备 FANUC 0i-F 系统，斗笠式刀库，在自动换刀时，报警 EX1010，主轴换刀时间过长。请完成刀库故障排除。

操作步骤如下：

步骤 1：查看机床状态。刀库刀盘从原位移动到主轴侧，做好准备接刀，根据电气原理图找到主轴相关输入/输出信号，通过信号状态页面查看主轴松刀输出信号（Y 信号），信号状态正常。

步骤 2：查看松刀电磁阀状态正常，接通。

步骤 3：断开通过松刀电磁阀后的气路，查看是否有气压输出，检查发现气压正常。

步骤 4：查看松刀到位接触开关 X 输入信号，通过信号状态页面查看有信号输入，通过检查，电气部分未发现问题。

步骤 5：检查松刀量是否正常。发现松刀量调整螺钉松动，调整至合适的松刀量

（图 7-2-20），使刀具正常松开，无异响发出（调整机械部分前，需要先使刀库复位到正常状态）。

图 7-2-20　主轴松刀量调整示意图

问题探究

分析数控机床主轴噪声的故障原因并给出处理方法。

任务3　进给传动系统的维修与调整

任务描述

数控机床的进给传动系统用来驱动机床的坐标轴运动，可以将伺服电动机的角位移转换为运动轴所需要的直线或回转运动，最终合成为刀具的运动轨迹，实现工件的加工。数控机床的进给传动系统一般采用伺服电动机驱动，无机械变速操纵机构，其传动链短、系统刚性好、摩擦阻力小。

数控机床进给传动系统中的机械传动装置和元件具有寿命长、刚度大、无间隙、灵敏度高和摩擦小的特点，其直线轴进给常采用滚珠丝杠副、静压蜗杆副等，回转轴则以蜗杆传动为主。进给传动系统是直接决定数控机床加工精度和加工效率的重要组成部件，了解数控机床常用进给传动系统的结构和原理，是进行数控机床维修的基础。

学前准备

1. 查阅资料了解数控机床进给传动系统的作用及种类。

2. 查阅资料了解数控机床进给传动系统的典型零部件。

3. 查阅资料了解数控机床进给传动系统的基本要求。

学习目标

1. 熟悉数控机床进给传动系统的基本要求和形式。

2. 熟悉滚珠丝杠副的结构、预紧、支承部件，能够正确使用、维护滚珠丝杠副。

3. 熟悉滚动导轨的精度等级，能够安装和调整滚动导轨。

4. 掌握滚珠丝杠副、滚动导轨等的故障分析方法，能诊断和排除进给传动系统的常见故障。

任务学习

一、进给传动系统的基本要求和形式

1. 进给传动系统的基本要求

（1）高刚度　传动部件的刚度影响系统的定位精度、动态稳定性和响应快速性。采用直连结构、双端支承形式，对滚珠丝杠副进行预紧、预拉伸等，可以提高进给传动系统的刚度。

（2）小转动惯量　转动惯量是影响进给传动系统的快速性的主要因素，进给传动系统的加速度将决定机床的效率，因此应尽可能减小机械零部件的质量和直径，减小转动惯量，提高快速性。

（3）无间隙　通过预紧和消隙措施，消除传动部件及支承部件的间隙，可提高机床的定位精度和系统的稳定性。但是预紧和消隙可能增加系统的摩擦阻力，缩短机械部件的使用寿命，因此使用和维修时必须综合考虑各种因素，尽可能减小间隙。

（4）低摩擦　进给传动系统的摩擦阻力会降低传动效率，影响系统的快速性和灵敏度，产生热量，导致传动部件弹性变形，影响系统的精度和闭环系统的动态稳定性。采用滚珠丝杠副、直线滚动导轨等高效传动部件，是提高精度、避免低速爬行的主要措施。

2. 进给传动系统的基本形式

图 7-3-1 所示是数控机床进给传动系统的主要组件，分别为床身、滑座及工作台组件，立柱及主轴组件。每个进给传动方向的装调主要包括机床直线导轨的安装、滚珠丝杠副的安装与调整、滚珠丝杠副的支承形式及预紧等。

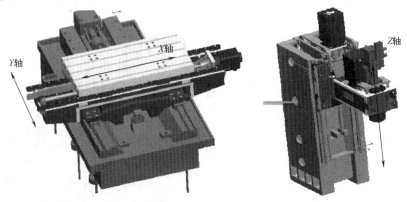

a) 床身、滑座及工作台组件　　　b) 立柱及主轴组件(垂直于X/Y轴)

图 7-3-1　进给传动系统实物图

二、滚动直线导轨的装调维修

1. 立柱直线导轨的安装

1）用油石及洗油清理导轨安装面、螺纹孔，并用抹布擦拭干净。将两个等高块放在立柱两个基面上的中间位置，将大理石平尺（1000mm）架在两个等高块上。将框式水平仪分别放在大理石平尺和导轨基面上，调整立柱水平（中间大线），如图 7-3-2 所示。

图 7-3-2　立柱水平调整

2）将两个等高块置于导轨安装面上，将大理石平尺架在等高块上，测量导轨两端和中间 3 点的扭曲值，3 点气泡位置应相差不超过一小格（0.02mm），如图 7-3-3 所示。

3）将框式水平仪放置在导轨安装面上，以水平仪长度为步长，从导轨安装前端检测至末端，以水平仪任意刻度为零点，分别记录，然后输入计算机计算直线度误差，全长应不大于 0.01mm，如图 7-3-4 所示。

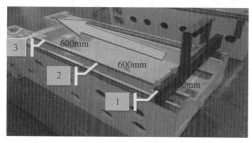

图 7-3-3　立柱导轨安装面扭曲的调整

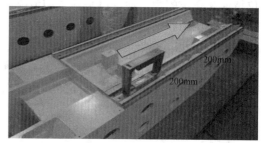

图 7-3-4　立柱导轨安装面直线度的调整

4）安装直线导轨及压块。有 MR 标志的为主导轨，箭头方向指示为基准面方向，先预紧导轨螺钉，再预紧压块螺钉。用小力矩扳手（10N·m）从中间开始锁紧压块螺钉后，再用大力矩扳手（90~95N·m）锁紧导轨螺钉，依次向两边延伸锁紧。安装完导轨后，确保导轨各接合面 0.02mm 塞尺塞不入，如图 7-3-5 所示。

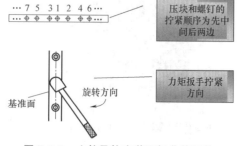

图 7-3-5　立柱导轨安装面扭曲的调整

图 7-3-6　立柱导轨水平面内直线度的调整

5）将表座吸在直线导轨滑块上，表头打在大理石平尺上（先将平尺拉直，使千分表在两端读数相同），测量导轨直线度误差，要求单根导轨立面直线度误差 ≤ 0.01mm/1000mm，如图7-3-6所示。垂直面内的直线度，可以用水平仪检测，如图7-3-7所示。

导轨间的平行度也可以按图7-3-8所示进行检测。一组导轨平行度要求为 0.016mm/1000mm，测量长度 ≤ 500mm 时平行度误差应为 0.008mm。

6）进行 Z 轴丝杠及主轴箱装调。参考主轴装调和滚珠丝杠装调。

图 7-3-7　用水平仪检测立柱
导轨垂直面的直线度

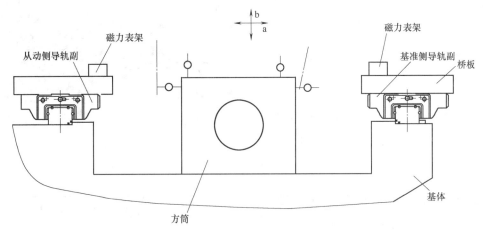

图 7-3-8　一组导轨平行度的调整

2. 床身、滑座的装调

将 Y 轴导轨滑块按照滑座位置摆放好，调整底座水平和导轨直线度，装调方式与调整立柱导轨基本相同。用 11 个螺栓（M12×40）安装导轨，螺栓先预紧。用 11 个螺栓（M8×16）安装压块，用小力矩扳手以 10N·m 力矩拧紧压块装配螺栓，拧紧顺序为从中央到两端。然后用大力矩扳手（90 ~ 95N·m）拧紧直线导轨装配螺栓，拧紧顺序为从中央到两端。保证锁紧后，导轨的固定接合面应 0.02mm 塞尺塞不入，如图7-3-9所示。

图 7-3-9　Y 轴导轨安装

用起重机将滑座吊起，用油石将滑座底面清理干净，然后吊落在滑块上。检验滑座与导轨滑块的接触情况，0.02mm 塞尺应塞不入。用 16 个螺栓（M10×55）将滑座预紧。将 4 个压块用 4 个螺栓（M8×16）安装在基准导轨一侧的压块槽内，拧紧滑座正面螺栓，螺栓拧紧顺序为对角线方向依次拧紧（要求 16 个螺栓全部拧紧），如图7-3-10所示。

X 轴导轨滑块及工作台装调方法与 Y 轴相同，应注意清理安装面、调整直线度及平行度等，如图7-3-11所示。

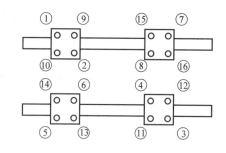

图 7-3-10　Y轴滑座安装

3. 导轨的常见故障及处理

导轨直接影响机床的导向精度。导轨间隙、导轨的直线度和平行度、导轨间隙调整和预紧及导轨的润滑、防护装置都对整机精度有较大的影响。导轨的常见故障及处理方法见表 7-3-1。

三、滚珠丝杠副的原理与装调维修

1. 滚珠丝杠副的传动原理与结构

图 7-3-11　X轴导轨及工作台装调

滚珠丝杠副（简称滚珠丝杠）是目前中、小型数控机床直线轴最常用的传动形式。

表 7-3-1　导轨的常见故障及处理方法（含硬轨）

故障现象	故障原因	排除方法
导轨磨损或研伤	机床的使用时间过长，床身水平调整不良使导轨局部负荷过大	定期进行床身水平调整，修复或更换导轨
	长期进行局部范围加工，负荷过分集中，使导轨局部磨损	合理布置工件的安装位置，避免负荷过分集中
	导轨润滑不良	调整导轨润滑，保证润滑充足
	刮研质量不符合要求	提高刮研修复的质量
	机床防护不良，脏物进入导轨	加强机床保养，保护好导轨防护装置
导轨运动不畅或不能移动	导轨面研伤	修磨机床与导轨面上的研伤
	压板配合不良	调整压板与导轨间隙
	镶条配合不良（硬轨情况下）	调整镶条，一般应保证间隙在 0.03mm 以下，并使得运动灵活
工件有明显接刀痕	导轨直线度超差	调整或修刮导轨，一般应保证直线度误差在 0.015mm/500mm 以下
	镶条松动或弯曲（硬轨情况下）	调整镶条，镶条弯曲在自然状态下一般应小于 0.05mm/全长

滚珠丝杠副是以滚珠作为滚动体的螺旋式传动元件，其结构原理如图 7-3-12 所示。螺母上有滚珠返回的回珠滚道，可以将单圈或数圈螺旋滚道的两端连接成封闭的循环滚道。丝杠的滚道内装满滚珠，当丝杠旋转时，滚珠可以在滚道内自转，同时又在封闭滚道内循环移动。通过滚珠的螺旋运动，可以使丝杠和螺母间产生轴向相对运动。当丝杠（或螺母）固

定时，螺母（或丝杠）即可以产生相对直线运动，带动工作台做直线运动。

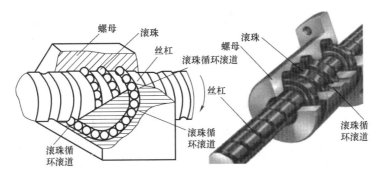

图 7-3-12　滚珠丝杠副的结构原理

2. 滚珠丝杠传动系统的结构

滚珠丝杠传动系统的结构通常有图 7-3-13 所示的 4 种。

（1）双推-自由支承结构　又称一端固定、一端自由支承方式（G-Z 方式），其结构如图 7-3-13a 所示。这种支承方式仅在一端装可以承受双向轴向载荷与径向载荷的角接触球轴承或滚针-推力圆柱滚子组合轴承，并进行轴向预紧，另一端完全自由，不做支撑。这种支承方式结构简单，但承载能力较小，总刚度较低，且随着螺母位置的变化，系统的刚度变化较大，故适用于丝杠长度较短的场合。

（2）双推-支承结构　又称一端固定、一端游动支承方式（G-Y 方式），其结构如图 7-3-13b 所示。这种支承方式在一端可以装承受双向轴向载荷与径向载荷的角接触球轴承或滚针-推力圆柱滚子组合轴承，另一端安装深沟球轴承，仅做径向支承，轴向移动。其与 G-Z 方式相比，提高了临界转速和抗弯强度，可有效防止丝杠高速旋转时的弯曲变形，而其他方面与 G-Z 方式相似，故可用于丝杠长度较长的场合。

（3）双推-双推结构　又称两端固定的支承方式（G-G 方式），其结构如图 7-3-13c 所示。这种支承方式的丝杠两端均固定，两端的轴承都可承受轴向力和径向力。这样的支承方式可通过对丝杠施加适当的预拉力提高刚度，部分补偿丝杠的热变形，但在丝杠热变形伸长超过预拉量时，将使轴承去载而产生轴向间隙。

（4）丝杠固定-螺母旋转的传动结构　又称两端支承方式（J-J 方式），其结构如图 7-3-13d 所示。这种支承方式的丝杠两端都可安装承受双向轴向载荷与径向载荷的角接触球轴承或滚针-推力圆柱滚子组合轴承，丝杠两端采用双重支承，并进行预紧，提高了刚度，但轴承的承载能力和支承刚度必须足够。这种结构可使丝杠的热变形转化为轴承的预紧力，同时由于丝杠不动，可避免临界转速的限制，避免了细长丝杠在高速运转时可能出现的种种问题。此外，由于螺母的惯性小、运动灵活，故可实现高速进给。

3. 滚珠丝杠副的安装与调整

下面的装配案例以立式加工中心 Y 轴装配为例，其结构形式为双推-支承，其他形式的装配方法与此略有不同，此处不再赘述。

（1）准备　将床身、滑座、工作台上的电动机座接合面、轴承座接合面与螺母接合面分别用油石、洗油、抹布清理干净，如图 7-3-14a 所示。将电动机座、轴承座用油石、洗油、抹布清理干净，如图 7-3-14b 所示。

271

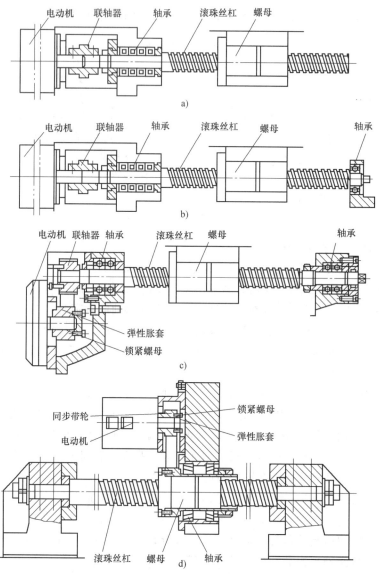

图 7-3-13 滚珠丝杠传动系统的结构形式

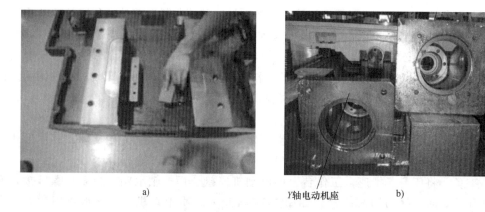

Y轴电动机座

图 7-3-14 滚珠丝杠副的安装准备

（2）螺母座、电动机座装调　将百分表吸在弯板上，测量 Y 轴螺母座检验棒的上素线（正向），将表吸在滑块上，测量检验棒的侧素线（侧向），如不合格，刮研螺母座端面，保证检验棒上素线、侧素线与导轨的平行度误差不超过 0.01mm，如图 7-3-15a 所示。

将百分表吸在滑块上，以中间棒为基准，测量 Y 轴电动机座检验棒的正向和侧向，若其自身不符合要求，则刮研电动机座接合面；正向不符合要求，则配磨调整垫，保证电动机座检验棒正向、侧向误差不超过 0.01mm，如图 7-3-15b 所示。

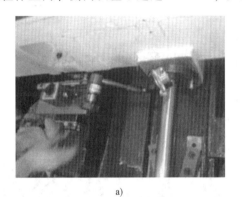
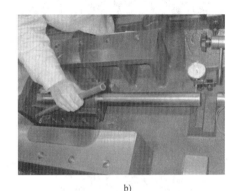

a)　　　　　　　　　　　　　　　　　b)

图 7-3-15　螺母座、电动机座装调

（3）轴承座装调　将百分表吸在 Y 向导轨滑块上，以 Y 轴电动机座检验棒为基准，测量轴承座检验棒的正向。如轴承座自身不符合要求，则刮研轴承座接合面；如正向不符合要求，则配磨调整垫；侧向误差应不超过 0.01mm，如图 7-3-16 所示。

图 7-3-16　Y 向轴承座调整

（4）安装定位销　用 ϕ9.8mm 钻头预钻 Y 轴定位销孔，钻孔深度比销略长。用 ϕ10mm 铰刀铰 Y 轴定位销孔，铰孔深度与销等长。安装 Y 轴电动机座定位销，销应高于电动机座平面 2mm。清理切屑，将检验棒用橡胶锤砸出，如图 7-3-17 所示。

图 7-3-17　安装定位销

（5）安装轴承　将 Y 轴轴承涂润滑脂，填充量为轴承空间容量的 30%～40%，利用专用

273

骨架油封打具将旋转油封装入电动机座内，再用轴承打具把3个电动机座轴承装入电动机座内，如图7-3-18a所示。放入隔套，安装压盖，用22～23N·m的力矩锁紧，用0.02mm塞尺检验缝隙（塞尺可塞入），如图7-3-18b所示。

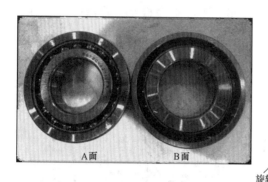
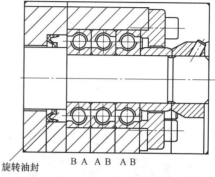

A面　B面

旋转油封　　　B A AB AB

a)

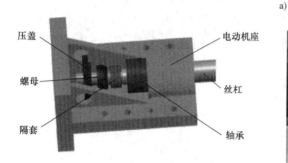

压盖　　　电动机座

螺母　　　丝杠

隔套　　　轴承

b)

图 7-3-18　安装轴承

（6）安装 Y 轴滚珠丝杠　将丝杠穿入电动机座与轴承座之间，用轴承安装工具把1个轴承装入轴承座，使 Y 轴螺母和螺母座接合面靠严，用0.02mm塞尺检验间隙。至塞尺塞不入后，用螺钉把螺母和螺母座紧固连接，如图7-3-19a所示。

安装丝杠锁紧螺母，用百分表测量丝杠径向圆跳动，保证其误差值在0.03mm以内，若超差则轻敲螺母调整。用8N·m力矩拧紧锁紧螺母，如图7-3-19b所示。

X 向（Z 向）螺母座、电动机座、轴承座、丝杠的安装调整与 Y 轴类似。

4. 检测床身精度

（1）X 轴扭曲和 X 轴直线度检测　如图7-3-20所示，箭头方向为工作台移动方向，按三点法测量，扭曲和直线度均应不超过2格。如果直线度和扭曲超差，刮研调整滑座导轨面，并重新检测。

（2）X 轴和 Y 轴垂直度　如图7-3-21所示，先沿 X 轴方向把方向找正，然后沿 Y 轴方向拉表。X、Y 轴垂直度误差不超过0.012mm。如果 X 轴和 Y 轴垂直度超差，则刮研滑座与 Y 轴平行方向的立基面。

（3）基准 T 形槽与 X 轴平行度　如图7-3-22所示，箭头方向为工作台移动方向，T 形槽与 X 轴平行度误差在500mm内应不超过0.016mm。如果 T 形槽与 X 轴平行度超差，则刮研调整工作台与 X 轴平行方向的立基面。

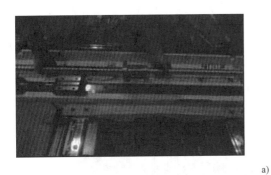

接合面

a)

b)

图 7-3-19　安装 Y 轴丝杠

a) X轴扭曲

b) X轴直线度

图 7-3-20　X 轴扭曲和直线度检测

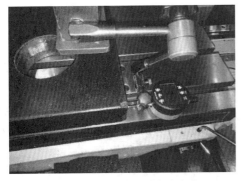

图 7-3-21　X 轴和 Y 轴垂直度

图 7-3-22　T 形槽与 X 轴平行度

（4）X轴（Y轴）与工作台面平行度　如图7-3-23所示，箭头方向为工作台/滑座移动方向。X轴与工作台面的平行度误差不应超过0.019mm，Y轴与工作台面的平行度误差不应超过0.012mm。如果平行度超差，则刮研工作台与滑座接合面。

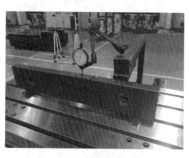

图7-3-23　X轴（Y轴）与工作台面平行度

5. 滚珠丝杠故障维修

滚珠丝杠的常见故障与处理方法见表7-3-2。

表7-3-2　滚珠丝杠的常见故障及处理方法

故障现象	故障原因	处理方法
滚珠丝杠噪声大	支承轴承的安装调整不良	调整轴承压盖，使其压紧轴承端面
	支承轴承损坏	检查或更换轴承
	联轴器松动	紧固联轴器
	润滑不良	改善润滑条件，使润滑油充足
	滚珠破损	更换新滚珠
丝杠运动不灵活	轴向预载荷太大	减小预载荷
	丝杠与导轨不平行	调整丝杠支座位置，保证丝杠与导轨平行
	螺母轴线与导轨不平行	调整螺母座的安装位置
	丝杠弯曲变形	更换丝杠
定位精度不足	丝杠连接或润滑不良	见滚珠丝杠噪声大
	丝杠安装不良	见丝杠运动不灵活
	丝杠调整不良	调整轴向间隙和预载荷，预拉伸到位
	丝杠磨损	更换滚珠或丝杠

四、进给部分常见故障及分析

1. 进给轴快速移动噪声

原因分析：①丝杠与电动机轴不同心。②联轴器松动或受力不均。③轴承预紧不到位。④丝杠和导轨不平行。⑤轴承损坏。

处理方法：①修调电动机与电动机座安装面。②检验联轴器径向和轴向圆跳动，合格后重新紧固联轴器。③检验锁紧螺母是否松动，重新预紧轴承。④检验并调整丝杠与导轨的平行度。⑤更换轴承。

2. 热继电器报警/电动机过热报警

原因分析：①丝杠和导轨不平行。②电动机轴和丝杠不同轴。③轴承损坏或者预紧不到位。

处理方法：①调整丝杠座及轴承座位置。②检验丝杠与电动机座的垂直度，如超差，刮研调整电动机座与电动机接合面。③重新预紧轴承或者更换轴承。

3. Y向重锤链条变形或断裂

原因分析：①链条质量问题。②重锤与导向柱干涉，导致链条负载过大。

处理方法：①更换链条。②调整滑轮架位置，保证重锤和导向柱不干涉，并更换链条。

4. 定位精度超差

原因分析：①电动机座、丝杠座轴承或导轨滑块损坏。②轴承预紧力调整不当（或丝杠窜动）或丝杠精度问题。③电动机联轴器松动。④螺母与拖动部件连接不牢。⑤导轨润滑故障。⑥压板、镶条或贴塑面接触不良。⑦丝杠预拉伸不到位。

处理办法：①更换电动机座、丝杠座轴承及导轨滑块。②重新调整丝杠预紧力或者更换丝杠。③重新调整并紧固电动机联轴器。④重新调整并紧固螺母及拖动部件。⑤调整导轨润滑系统。⑥适当调整压板、镶条及刮研贴塑面。⑦按照计算值重新预拉伸丝杠。

5. 反向间隙超差

原因分析：①丝杠预紧力调整不当（或丝杠窜动）。②螺母与拖动部件连接不牢。③压板、镶条或贴塑面接触不良。

处理办法：①重新调整丝杠预紧力。②重新调整并紧固螺母及拖动部件。③适当调整压板、镶条及刮研贴塑面。最后重新调整参数#1851和参数#1852。

任务实施

某立式加工中心在使用时发现加工工件的 Y 轴方向尺寸误差过大，偏差不规则，CNC无报警。经检查，该机床的伺服驱动系统参数设定、调整正确，伺服电动机运行平稳，CNC的位置跟随误差显示均在 $0 \sim 0.002\text{mm}$ 范围内，表明伺服系统工作正常。检查机床机械进给传动系统，也无明显问题，因此需要对进给传动系统进行全面检查。

1. 分析与检查

经检查，该机床的 Y 轴进给系统丝杠采用的是双推-双推支承结构，丝杠两端均固定，并施加有预拉力。分析进给传动系统可见，其传动链中的任何部分存在间隙或松动，均可能影响定位精度，造成加工零件尺寸超差。为此，需要进行如下检查。

1）定位精度检查。为了检查机床 Y 轴的定位精度，可采用将千分表的表座吸在固定件上，表头压在主轴上的 Y 运动方向，并使表头压缩到 0.1mm 左右，然后将表复零。

将 CNC 的操作方式置于增量进给或手轮方式，增量移动距离或手轮每格移动量选择为 0.01mm，移动 Y 轴观察千分表读数的变化。如果定位精度良好，则每次增量进给或手轮移动，千分表的读数增加 $10\mu\text{m}$。经测量，该机床的 Y 轴反向间隙、同向运动均存在不规则的偏差，进行反向间隙补偿后，仍然未能达到理想的效果。

2）轴向窜动检查。将一粒滚珠置于滚珠丝杠的非驱动端的中心孔内，用千分表的表头顶住滚珠，固定千分表。

将 CNC 的操作方式置于手动（JOG）方式，按正、负方向的进给键，使 Y 轴正、负方向连续换向运动，千分表的读数变化就是丝杠的轴向窜动。测量表明，该机床的滚珠丝杠轴向窜动在 0.003mm 左右，符合要求。

3）传动系统检查。在确认丝杠的轴向窜动正常的情况下，故障范围被缩小到了丝杠连接部分。该机床的伺服电动机和滚珠丝杠连接采用的是联轴器直接连接。

2. 故障处理

检查发现该机床的联轴器胀紧套与丝杠连接松动，重新紧定连接螺钉后故障消除。由于连接该丝杠轴与电动机的联轴器有松动，使得进给传动系统出现了定位误差，在运行中出现不规则打滑，从而使零件加工尺寸出现不规则的偏差。

3. 维修总结

对于使用电动机编码器作为位置测量元件的半闭环控制系统，CNC 所控制的只能是电动机的转角精度，因此，坐标轴的实际位置控制精度受进给传动链的精度影响，当机床定位精度不良时需要进行如下检查与处理。

1）根据传动链的结构形式，采用分步检查的方式，排除可能引起故障的因素，最终确定故障的部位。

2）在日常维护中要注意对进给传动系统的检查，特别是检查联轴器、锥套等连接元件的松动现象。

3）加工工件需要进行定期检测，当出现误差增大现象时，应根据情况进行相关反向间隙补偿、机械调整等处理。

问题探究

直线电动机的原理与特点。

任务4　进给传动系统精度的检测与补偿

任务描述

机床的加工精度是衡量机床性能的最重要指标。影响机床加工精度的因素很多，有机床本身的精度影响，还有因机床及工艺系统变形、加工中产生振动、机床的磨损以及刀具磨损等因素的影响。在上述各因素中，机床本身的精度是一个重要的因素。机床的精度包括几何精度、传动精度、定位精度以及工作精度等，不同类型的机床对这些方面的要求是不一样的。

机床的传动精度是指机床传动链两端件之间的相对运动精度。这方面的误差就称为该传动链的传动误差。数控机床的反向间隙和螺距误差是影响传动精度的主要因素。本任务主要介绍机床反向间隙的测量与补偿、螺距误差补偿的相关参数及设置方法等。

学习准备

1. 查阅资料了解数控机床反向间隙对机床的影响。
2. 查阅资料了解间隙补偿的方法。
3. 查阅资料复习机床运行程序的编写方法。

学习目标

1. 掌握数控机床反向间隙的测量方法。

2. 掌握数控机床反向间隙补偿的设定方法。

3. 掌握螺距误差补偿相关参数及设置方法。

4. 能够进行螺距误差补偿程序的编写。

任务学习

一、反向间隙的测量方法

1）将磁力表座固定，使百分表或千分表的测头与移动部件上的光滑平面接触，数控系统的工作方式选择"手摇"方式，用手摇脉冲发生器×10 档、以每格 0.01mm 的速度前进，以排除这个方向的间隙，停止后将表调零。再反方向摇动手摇脉冲发生器，并记录手摇脉冲发生器反向移动的格数，直到百分表指针开始反向移动时为止，这个记录下来的手摇脉冲发生器反向旋转的格数即是反向间隙，如图 7-4-1 所示。

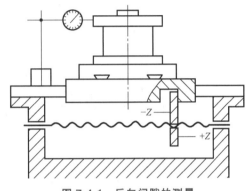

图 7-4-1　反向间隙的测量

也可以先压表 0.2mm 消除间隙，表调零，继续用 MDI 方式走 1 圈，再反向走 1 圈，指针停止位置的差值就是反向间隙。

2）每个位置重复操作不少于 3 次，误差值应基本一致。为避免单次测量的偶然性，在靠近行程的中点及两端的 3 个位置分别进行多次测定，求出各个位置上的平均值，以所得平均值中的最大值作为反向间隙测量值。需要注意的是，在测量时一定要先移动一段距离，否则不能得到正确的反向偏差值。

3）将切削进给时的反向间隙的测量值输入到参数 1851 中，将快速移动时的反向间隙的测量值输入到参数 1852 中，如图 7-4-2 所示。

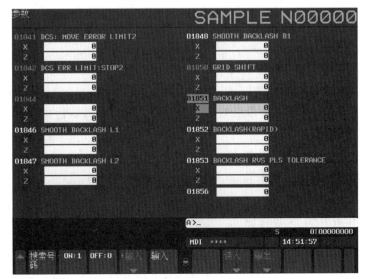

图 7-4-2　反向间隙设定页面

注意：如果用激光干涉仪测量，在测量螺距误差的同时，系统会自动计算出反向间隙补偿值。

二、滚珠丝杠螺距误差补偿方法

在数控加工系统中，加工定位精度很大程度上受到滚珠丝杠精度的影响。一方面，滚珠丝杠本身存在制造误差；另一方面，滚珠丝杠经长时间使用磨损后精度下降。所以必须对数控机床进行周期性检测，并对数控系统进行正确的螺距误差补偿，提高数控机床加工精度。激光干涉仪在数控机床螺距误差测量和补偿中应用非常广泛。将激光干涉仪测出的螺距误差补偿值写入误差补偿参数表中，之后进行补偿，如图 7-4-3 所示。螺距误差补偿的前提是：被检测机床的静态检测精度必须合格。

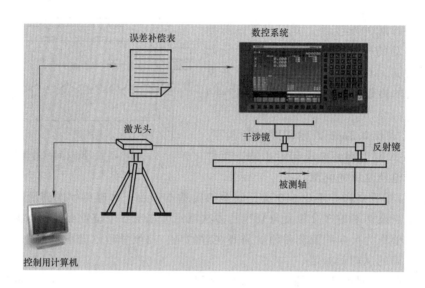

图 7-4-3　滚珠丝杠螺距误差测量与补偿

1. 进行直线轴螺距误差补偿的步骤举例说明

例：Z 轴机械行程：-400~0mm；

螺距误差补偿点的间隔：50mm；

参考点的补偿点号：40；

最靠近负侧的补偿点号：（参考点的补偿点号）-（负侧的机械行程/补偿点的间隔）+1 = 40-400/50+1 = 33；

最靠近正侧的补偿点号：（参考点的补偿点号）+（正侧的机械行程长度／补偿点的间隔）= 40+0/50 = 40。

机械坐标值和补偿点号的对应关系如图 7-4-4 所示。

1）将表 7-4-1 中的 Z 轴相关的参数在参数页面中进行设定：

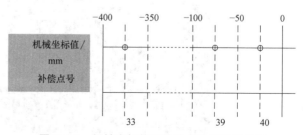

图 7-4-4　机械坐标值和补偿点号的对应关系

280

表 7-4-1 系统需设定的 Z 轴参数

参数号	参数含义	设定值
3620	每个轴的参考点的螺距误差补偿点号	40
3621	每个轴螺距误差补偿的最小位置号	33
3622	每个轴螺距误差补偿的最大位置号（NO.3620）	41
3623	每个轴螺距误差补偿的倍率（设定为 0 时不补偿）	1
3624	每个轴螺距误差补偿的位置间隔	50.0

注：如果系统的最小指令值是 0.1μm，激光干涉仪检测的最小单位是 1μm，补偿倍率参数 3623 要设置为 10。

2）立式加工中心 Z 轴补偿程序的编辑。

%O0086；文件头

G91 G28 Z0；（建立 Z 轴参考点位置（绝对坐标））

G04 X4.0；（暂停 4s）

G00 Z1.0；（正向移动 1mm）

G04 X4.0；（暂停 4s）

G00 Z-1.0；（负向移动 1mm，返回测量位置并消除反向间隙，此时激光测量系统清零）

G04 X4.0；（暂停 4s）

M98 P0087 L8；（调用负向移动子程序 O0087，调用 8 次）

G04 X4.0；（暂停 4s）

G00 Z-1.0；（负向移动 1mm）

G00 Z1.0；（正向移动 1mm，返回测量位置并消除反向间隙）

M98 P0088 L8；（调用正向移动子程序 O0088，调用 8 次）

M30；（程序停止）

%

%O0087；（Z 轴负向移动子程序名为 O0087）

G00 Z-50.0；（轴负向移动-50mm）

G04 X4.0；（暂停 4s）

M99；（子程序结束）

%

%O0088；（Z 轴正向移动子程序名为 O0088）

G00 Z50.0；（轴正向移动 50mm）

G04 X4.0；（暂停 4s）

M99；（子程序结束）

%

3）激光干涉仪测得的定位误差值见表 7-4-2。

表 7-4-2 中，误差值 =（实际机床坐标值）-（指令机床坐标值）。

补偿值 =（前一个误差值）-（后一个误差值）。

实际补偿量的输出 =（补偿值）×（补偿倍率）。

4）螺距误差补偿的输入。选择 MDI 方式，按下功能键"SYSTEM"，按"扩展键"，查找并按下"螺补"键，在"螺距误差补偿"页面输入表 7-4-2 中计算的补偿值，如图 7-4-5 所示。

表 7-4-2 激光干涉仪测量的定位误差值

激光干涉仪测量的定位误差值	计算补偿值在数控系统中的脉冲当量设定
①0	【40】6
②-6	【39】7
③-13	【38】6
④-19	【37】5
⑤-24	【36】5
⑥-29	【35】6
⑦-35	【34】5
⑧-40	【33】7
⑨-47	

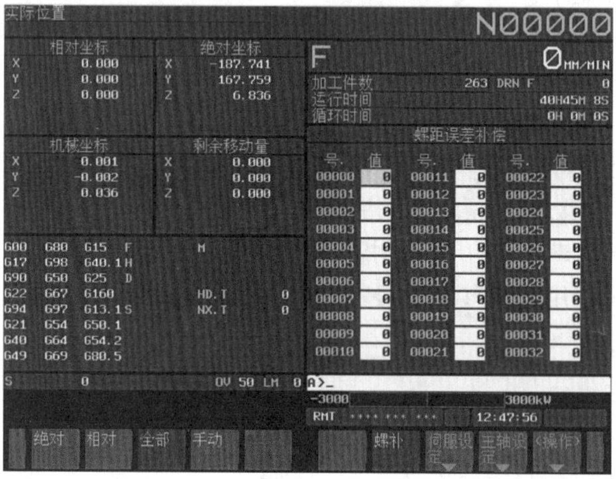

图 7-4-5 螺距误差补偿输入页面

注：1）补偿量的范围为每一个补偿点(-7)~(+7)×补偿倍率(检测单位)。

2）参数 11350#5(PAD)＝1 在螺距误差补偿页面上显示轴名称。

3）在机床建立参考点后，螺距误差补偿才能生效。

2. 旋转轴进行螺距误差补偿的步骤（举例说明）

例：C 轴每转的移动量：360°；

螺距误差补偿点的间隔：30°；

参考点的补偿点号：200。

机械坐标值和补偿点号的对应关系如图 7-4-6 所示。

1）将相关 C 轴参数在参数页面中进行设定见表 7-4-3。

表 7-4-3 中参数（No.3621）的设定值为：

Series 0i−C＝参考点的补偿点的编号 ［参数（No.3620）］。

Series 0i−D＝参考点的补偿点的编号 ［参数（No.3620）］ +1。

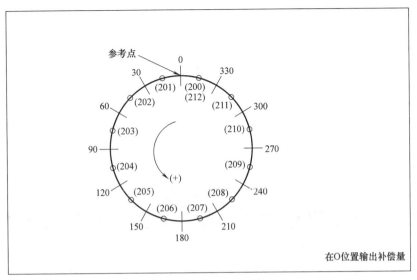

图 7-4-6　机械坐标值和补偿点号的对应关系

表 7-4-3　C 轴补偿相关参数

参数号	参数含义	设定值
3620	参考点的补偿号	200
3621	最负侧补偿点号	201
3622	最正侧补偿点号	212
3623	补偿的倍率(设定为 0 时不补偿)	1
3624	补偿的位置间隔	30.0
3625	每旋转一周的移动量	360.0

2）立式加工中心 C 轴补偿程序的编辑。

%O0086；（文件头）

G91 G28 C0；（建立 C 轴参考点位置（绝对坐标））

G04 X4.0；（暂停 4s）

G00 C-1.0；（负向移动 1°）

G04 X4.0；（暂停 4s）

G00 C1.0；（正向移动 1°，返回测量位置并消除反向间隙，此时激光测量系统清零）

G04 X4.0；（暂停 4s）

M98 P0087 L12；（调用正向移动子程序 O0087，调用 12 次）

G04 X4.0；（暂停 4s）

M98 P0088 L12；（调用负向移动子程序 O0088，调用 12 次）

M30；（程序停止）

%

%O0087；（C 轴正向移动子程序名为 O0087）

G00 C30.0；（C 轴正向移动 30°）

G04 X4.0；（暂停 4s）

M99；（子程序结束）

%

%O0088；（C 轴负向移动子程序名为 O0088）

G00 C-30.0；（C 轴负向移动-30°）

G04 X4.0；（暂停 4s）

M99；（子程序结束）

%

3）激光干涉仪测得的误差值见表 7-4-4。

表 7-4-4　误差值列表

激光干涉仪测量的误差值	计算补偿值在数控系统中的脉冲当量设定
①0	【200】5（此项与【212】数值一致）
②-22s	【201】6
③-11s	【202】-3
④7s	【203】-5
⑤36s	【204】-8
⑥51s	【205】-4
⑦51s	【206】0
⑧51s	【207】0
⑨51s	【208】0
⑩44s	【209】2
⑪33s	【210】3
⑫18s	【211】4
⑬0s	【212】5

表 7-4-4 中，补偿值为 1 个脉冲当量 = 0.001° = 3.6″。

误差值 =（实际机床坐标值）-（指令机床坐标值）。

补偿值 = [（前一个误差值）-（后一个误差值）]/3.6。

实际补偿量的输出 =（补偿值）×（补偿倍率）。

4）螺距误差补偿输入。选择 MDI 方式，按下功能键"SYSTEM"，按"扩展键"，查找并按下"螺补"键，在"螺距误差补偿"页面输入表 7-4-4 中计算的补偿值，如图 7-4-7 所示。

注：从 201 到 212 的补偿量的和必须是 0，否则每转动一周的螺距误差补偿量将会累积起来，成为位置偏移的原因。

3. 造成螺距误差补偿不生效的原因

首先观察系统诊断 No.361（补偿脉冲）。当伺服轴运行经过螺距误差补偿点时，诊断 No.361 中值会根据当前螺距误差补偿点的补偿值相应变化，如果存在变化则补偿生效，不存在变化则补偿未生效。若补偿未生效，应检查是否有以下情况。

1）接通电源后，尚未进行一次参考点返回操作的情形下（使用绝对位置检测器的情况下则除外）。

2）参数 No.8135#0（NPE）设定为 1，即不使用存储型螺距误差补偿。

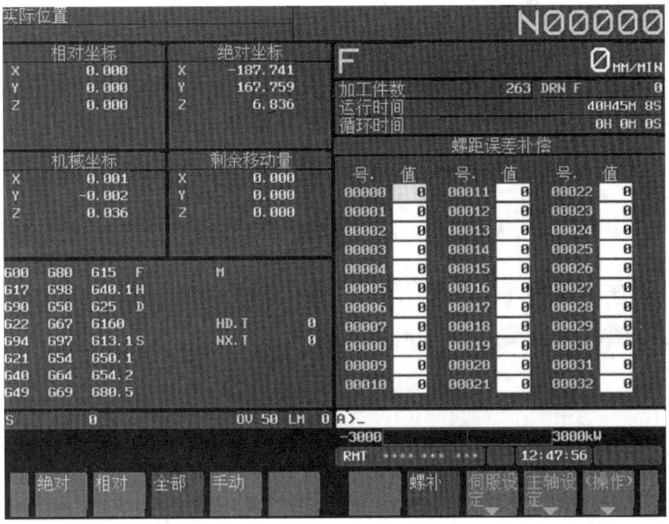

图 7-4-7 螺距误差补偿输入页面

3）螺距误差补偿点的间隔参数 No. 3624 为 0 或补偿倍率参数 No. 3623 为 0。

4）负侧、正侧的补偿点号不在 0~1023 范围内。

5）补偿点号的关系未处在负侧≤参考点<正侧。

任务实施

某加工中心机床在 X、Y 轴插补铣外圆时，发现在圆弧的过象限点位置有明显凸起的刀痕，操作者反映此机床在加工圆时，将工件放在工作台靠两边的位置会好一些。请完成此故障的排查。

故障分析：

1）根据操作者反映的情况，加工程序和加工工艺不会出现问题。过象限点位置有明显凸起的刀痕，这个问题基本可以断定为是由反向间隙补偿不正确而引起的。

2）将工件放在工作台靠两边的位置会好一些，这说明整个行程内的反向间隙是变化的，行程中间位置使用时间较长，磨损严重导致间隙大。

故障排除措施：

1）对 X/Y 两轴预紧丝杠，减小反向间隙，重新进行反向间隙补偿，刀痕减小，但是没有消除。

2）使用激光干涉仪在全行程上进行螺距误差测量，重新进行螺距误差补偿后设备正常。

故障启示：

数控机床使用一段时间（1~2 年）后，应该对机床重新进行螺距误差测量，并进行螺距误差补偿，以消除丝杠磨损带来的误差。

问题探究

1. 在没有激光干涉仪的情况下，还有什么方法进行螺距误差补偿？

2. 如何使用步距规进行螺距误差补偿？

项目小结

1. 每个人通过思维导图的形式，罗列出数控机床主轴部分的机械构成及拆装注意事项。
2. 以小组讨论的形式，对数控机床直线滚动导轨安装过程中的问题进行分析。

拓展训练

根据所学知识，查阅资料了解卧式车床、卧式加工中心、立式龙门加工中心等数控设备与立式加工中心的机械维修有哪些相同和不同之处。

项目8 数控设备精度检验与验收

项目教学导航

教学目标	1. 了解数控机床验收的试运行项目、顺序及性能分析方法 2. 掌握数控机床的几何精度检验方法 3. 能够对试切件的尺寸精度、圆度、直线度、平面度及螺距精度等进行单项检验，并且能够进行综合检验 4. 能够完成数控机床验收单的填写
教学重点	1. 数控设备几何精度检验 2. 数控设备切削加工精度检验
思政要点	专题二　大国重器，中国智造 主题四　浩瀚星空，数控机床助力中国航空鲲鹏展翅
教学方法	教学演示与理论知识教学相结合
建议学时	16 学时
实训任务	任务 1　数控设备的试运行 任务 2　数控设备几何精度检验 任务 3　数控设备切削加工精度检验 任务 4　数控设备验收单

项目引入

数控机床属于高精度、自动化机床，应严格按机床制造厂商提供的使用说明书及有关技术标准进行安装调试。通过本项目的学习，能够完成数控机床的试运行及性能验收，掌握数控机床几何精度、工作精度的测量及调整方法，能够完成验收单的填写。

知识图谱

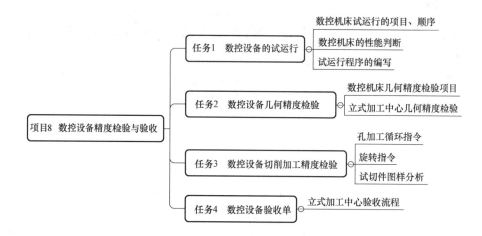

任务1　数控设备的试运行

任务描述

通过本任务学习，掌握数控机床验收试运行的项目内容以及验收的先后顺序，能够对机床的性能做出准确的判断，并完成试运行程序的编写。

学习准备

1. 查阅资料了解数控机床验收的流程。
2. 查阅资料了解数控机床验收的项目。

学习目标

1. 了解数控机床验收的试运行项目及流程。
2. 能够对数控机床的性能做出准确的判断。
3. 能够完成试运行程序的编写。

任务学习

一、数控机床试运行的项目、顺序

不同类型的机床，检验项目有所不同。数控机床性能的检验与普通机床基本一样，主要是通过"耳闻目睹"和试运行，检查各运动部件及辅助装置在起动、停止和运行中有无异常现象及噪声，润滑系统、冷却系统以及各风扇等工作是否正常。

为了保证数控机床在使用中长期稳定运行，在安装调试结束后，必须对其工作可靠性进行检验。往往让整机在带一定负载的条件下，经过一段较长时间的自动运行，来较全面地检查机床功能及工作可靠性，一般分为空运行试验、功能试验和负荷试验。

1. 空运行试验

空运行试验包括主运动和进给运动系统的空运行试验，其试验应按国家标准进行。下面以立式加工中心为例进行介绍，如图 8-1-1 所示。

1）使机床的主运动机构从最低转速开始运行，从转速为 2000r/min 开始，每隔 15min 升高 1000r/min，直至升至最高转速，在最高转速下运行不得少于 1h，然后在靠近主轴定心轴承处测量温度和温升，其温度不应超过 40℃，温升不应超过 15℃，且在各级速度下运转时应平稳，工作机构应正常、可靠。

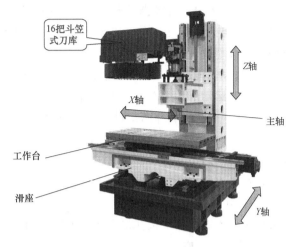

图 8-1-1　立式加工中心

2）对直线坐标上的运动部件，分别用低、中、高进给速度和快速进行空运行试验，其运动应平稳、可靠，高速无振动，低速无爬行现象。

3）机床主传动的空运行功率（不包括主电动机空载功率）不应超过电动机额定功率的 8%。

4）测量整机的噪声，声压级不应超过 83dB（A）。

2. 机床功能试验

机床的功能试验分为手动功能试验和自动功能试验。

（1）手动功能试验　用手动或数控手动方式操作机床各部件进行试验。

1）对各运动部件，在低、中、高速状态下，分别进行两次紧急停止功能试验，动作应灵活、可靠、准确（相邻两次试验的时间间隔不得少于 1min）。

2）对主轴连续进行不少于 5 次的锁刀、松刀和吹气的动作试验，动作应灵活、可靠、准确，并使用主轴拉力测试仪器测试主轴拉刀力。

3）用中速连续对主轴进行 10 次正、反转起动、停止（包括制动）和定向操作试验，动作应灵活、可靠。

4）对各直线坐标上的运动部件，用中等进给速度连续进行 10 次正、反向起动、停止操作试验，并选择适当的增量进给进行正、反向操作试验，动作应灵活、可靠、准确。

5）对刀库以任选方式进行换刀试验。刀库上的刀具配置应包括设计规定的最大重量、最大长度和最大直径的刀具；换刀动作应灵活、可靠、准确。

6）对机床数字控制的各种指示灯、控制按钮、数据输出/输入设备和风扇等进行空运行试验，动作应灵活、可靠。

7）对各直线坐标，在低、中、高速状态下，分别进行两次坐标的软件极限设定试验，动作应准确，并保证设计的行程要求。

8）对各直线坐标，在低、中、高速状态下，分别进行两次坐标极限开关试验，动作应准确、可靠（相邻两次试验的时间间隔不得少于 1min）。

9）对机床的安全、保险、防护装置进行必要的试验，功能必须可靠，动作应灵活、准确。

10）对机床的液压、润滑、冷却系统进行试验，应密封可靠，冷却充分，润滑良好，动作灵活、可靠；各系统不得渗漏。

11）对机床的各附属装置进行试验，工作应灵活、可靠。

12）检查机床相关参数（如各进给轴快移速度、加速度、行程及最高主轴转速等）是否与机床设计要求一致。

（2）自动功能试验　自动功能试验是指用数控程序操作机床各部件进行试验。

1）对各运动部件，在低、中、高速状态下，分别进行两次紧急停止功能试验，动作应灵活、可靠、准确（相邻两次试验的时间间隔不得少于1min）。

2）用中速连续对主轴进行10次正、反转起动、停止（包括制动）和定向操作试验，动作应灵活、可靠。

3）对各直线坐标上的运动部件，用中等进给速度连续进行正、反向起动、停止增量进给方式的操作试验，动作应灵活、可靠、准确。

4）对刀库总容量中包括最大重量刀具在内的每把刀具以任选方式进行不少于3次的自动换刀试验，动作应灵活、可靠。

5）对机床所具备的定位，程序的暂停、急停等各种指令，有关部件、刀具的夹紧、松开以及冷却、气动和润滑系统的起动、停止等数控功能逐一进行试验，应灵活、准确。

6）对各直线坐标，在低、中、高速状态下，分别进行两次坐标的软件极限设定试验，动作应准确，并保证设计的行程要求。

7）对各直线坐标，在低、中、高速状态下，分别进行两次坐标极限开关试验，动作应准确、可靠（相邻两次试验的时间间隔不得少于1min）。

8）检验机床的在线加工功能。

9）检验机床的固定循环功能。

3. 按合格证标准一次校检几何精度

几何精度检验在本项目任务2详述。

4. 机床负荷试验（重切）

在实际工作中，此项验收内容为抽检项目。机床的负荷试验包括承载工件最大重量运转试验，机床主传动系统最大切削抗力试验，机床主传动系统达到的最大功率、最大转矩试验，机床刚性攻螺纹试验。

（1）机床承载工件最大重量运转试验　在工作台允许的最大荷重的均布载荷下，分别以最低、最高进给速度和快速运转，检验工作台快、慢速运行情况及性能的可靠性。用最低进给速度运转时，一般应在接近行程的两端和中间往复进行，每次移动距离应不少于20mm；用最高进给速度和快速运转时，均应在接近全行程上进行，分别往复1次和5次。试验时机床运行应平稳、可靠，无明显爬行现象。

（2）机床主传动系统最大切削抗力试验　主传动系统最大切削抗力试验用钻孔方法进行。试验时，机床传动系统各部件工作应正常、可靠，运转应平稳、准确。

（3）机床主传动系统达到的最大功率、最大转矩试验　试验时，机床传动系统各零部件工作应正常、可靠，无明显颤振现象。

（4）机床刚性攻螺纹试验　刚性攻螺纹实验主要考核数控机床螺纹加工的表现。按照给定的螺纹直径，在一定的主轴转速和切削深度下，依据所设计的螺纹螺距和进给量攻螺纹，评价加工完成后的螺纹孔精度是否达到设计要求。

5. 机床连续空运行试验

机床先后两次进行连续空运行试验，不能合并，应严格按照程序要求进行。机床连续空运行试验应包括机床各种主要功能在内的数控程序，模拟工作状态做不切削的连续空运行，运转时间为48h，逐台进行试验。机床在连续空运行的整个过程中运转应正常、平稳、可靠，不应发生故障，否则必须重新进行运行试验。

连续空运行程序中应包括下列内容：

1) 对无级变速的主轴，运行速度至少应包括低、中、高在内的5种以上正转、反转、停止和定位，其中高速运转时间一般不少于每个循环程序所用时间的10%。对有级变速的主轴，在各级转速下进行变速操作试验，动作应灵活、可靠。

2) 坐标上的运动部件应包括低、中、高进给速度和快速的正负方向运行，运行应在接近全程范围内，并可选任意点进行定位。运行中不允许使用倍率开关，高速进给和快速运行时间应不少于每个循环程序所用时间的10%，动作应灵活、可靠。

3) 刀库中各刀位上的刀具应进行不少于两次的换刀动作试验，动作应灵活、可靠。

4) 对机床坐标联动、坐标选择、机械锁定、定位、直线和圆弧插补、螺距、间隙、刀具补偿、程序暂停、急停等指令，刀具的夹紧、松开等数控功能逐一进行试验，其功能应可靠，动作灵活、准确。

5) 有夹紧机构的运动部件应分别在各自全部运动范围内的任意工作位置上（一般3~5个位置）进行夹紧试验，应可靠、稳定。

6) 机床具有的其他各种数控功能试验。

7) 如程序内有暂停指令，暂停时间不应超过30s。

二、数控机床的性能判断

机床性能主要包括主轴系统性能、进给系统性能，以及自动换刀系统、电气装置、安全装置、润滑装置、气液装置及附属装置等的性能。数控机床性能和数控功能直接反映数控机床各项性能指标，并影响数控机床运行的正确性和可靠性。

1. 主轴系统性能

手动操作选择低、中、高3档转速，主轴连续进行5次正、反转起动、停止，检验其动作的灵活性和可靠性，同时检查负载表上的功率显示是否符合要求。

以手动数据输入方式（MDI方式）使主轴由低速开始逐步提高到允许的最高速度，检查转速是否正常，一般允许误差不能超过机床上所示转速的±10%。在检查主轴转速的同时，观察主轴噪声、振动、温升是否正常，机床的总噪声不能超过80dB。

对主轴准停连续操作5次以上，检查其动作的灵活性和可靠性。

2. 各进给轴的检查

手动操作对各进给轴的低、中、高进给和快速移动进行检查，检查移动比例是否正确，在移动时是否平稳、顺畅，有无杂音存在。

以手动数据输入方式（MDI）通过G00和G01指令功能，检测快速移动和进给速度。

3. 换刀装置的检查

检查换刀装置在手动和自动换刀过程中是否灵活、牢固。

通过手动操作检查换刀装置在手动换刀过程中是否灵活、牢固。

通过自动操作检查换刀装置在自动换刀过程中是否灵活、牢固。

4. 限位、机械零点检查

检查机床软、硬限位的可靠性。软限位一般由系统参数来确定；硬限位通过行程开关来确定，一般在各进给轴的极限位置，因此行程开关的可靠性就决定了硬限位的可靠性。

5. 其他辅助装置检查

检查润滑系统、液压系统、气动系统、冷却系统、照明电路等的工作是否正常。

三、试运行程序的编写

试运行中使用的程序成为考机程序，可以直接采用机床厂调试时的考机程序或自行编制一个考机程序。考机程序包括以下内容：

1）主轴转动要包括标称的最低、中间和最高转速在内的 5 种以上速度的正转、反转及停止运行。

2）各坐标运动要包括标称的快速移动、进给运动，进给移动范围应接近全行程，快速移动距离应在各坐标轴全行程的 1/2 以内。

3）一般常用的自动加工所用的一些功能和代码要尽量用到。

4）自动换刀应至少交换刀库中 1/3 以上的刀号，而且都要装上重量在中等以上的刀柄进行实际交换。

5）必须使用的特殊功能，如测量功能、APC 交换和用户宏程序等（因机床配置决定）。

6）用考机程序连续运行，检查机床各项运动、动作的平稳性和可靠性，并且要强调在规定时间内不允许出故障，否则应在修理后重新开始规定时间考核，不允许分段进行时间累计以到达规定运行时间。

任务实施

以立式加工中心 VMC850 为例。机床采用 FANUC 0i-F 数控系统，3 轴联动，工作台行程为 X 轴 850mm/Y 轴 500mm/Z 轴 540mm，刀库采用 24 把随机刀库，主轴最高转速为 8000r/min。请编写立式加工中心试运行程序。

试运行参考程度如下：

O0002；（程序运行之前刀库内装上重量在中等以上的 24 把刀柄，刀具长度不超过 150mm，且主轴上无刀具）

G90 G54；（绝对值编程，建立坐标系，坐标系建立在 X 轴负方向大于 800mm 且在限位内，Y 轴负方向大于 400mm 且在限位内，Z 轴工作台以上 200mm 处）

G28 Z0；（Z 轴回参考点）

G28 X0 Y0；（X、Y 轴回参考点）

M06 T01；（自动换刀到 1 号刀具）

M03 S1000；（主轴正转 1000r/min）

G00 X800.0 Y400 Z200.0；（3 轴快移）

G01 X600.0 Y300.0 Z100.0 F1000；（3 轴联动进给运动）

G28 Z0；（Z 轴回参考点）

G28X0 Y0；（X、Y 轴回参考点）

M05；（主轴停车）

M06 T02；（自动换刀到 2 号刀具）

M03 S2000；（主轴正转 2000r/min）

G04 X60.0；（暂停 60s）

M05；（主轴停车）

M06 T03；（自动换刀到 3 号刀具）

G01 X500.0 Y200.0 Z300.0 F800；（3 轴联动进给运动）

G04 X2.0；（暂停 2s）

G28 Z0；（*Z* 轴回参考点）

G28 X0 Y0；（*X*、*Y* 轴回参考点）

M05；（主轴停车）

M06 T05；（自动换刀到 5 号刀具）

M03 S1000；（主轴正转 1000r/min）

G00 Z400.0；（*Z* 轴快移）

G01 X500.0 Y200.0 F800；（*X*、*Y* 轴 2 轴联动）

G03 X510.0 R5.0 F400；（*X*、*Y* 轴 2 轴联动走圆弧）

G01 X550.0；（*X* 轴进给运动）

G28 Z0；（*Z* 轴回参考点）

G28 X0 Y0；（*X*、*Y* 轴回参考点）

M05；（主轴停车）

M06 T06；（自动换刀到 6 号刀具）

M03 S2000；（主轴正转 2000r/min）

G00 Z500.0；（*Z* 轴快移）

X400 Y200.0；（*X*、*Y* 轴快移）

G98 G84 X400.0 Y200.0 Z400.0 R10.0 F1；（攻螺纹运动）

G80 G00 Z600.0；（*Z* 轴快移）

G28 Z0；（*Z* 轴回参考点）

G28 X0 Y0；（*X*、*Y* 轴回参考点）

M05；（主轴停车）

M06 T10；（自动换刀到 10 号刀具）

M04 S2000；（主轴反转 2000r/min）

G04 X60.0；（暂停 60s）

M05；（主轴停车）

M06 T12；（自动换刀到 12 号刀具）

M03 S5000；（主轴正转 5000r/min）

G04 X60.0；（暂停 60s）

M05；（主轴停车）

M03 S8000；（主轴正转 8000r/min）

G04 X60.0；（暂停 60s）

M05；（主轴停车）

M30/M99；（程序停止/无限循环该程序）

问题探究

编写数控车床试运行加工程序，测试机床各伺服轴移动与主轴旋转程序。

任务2 数控设备几何精度检验

任务描述

通过学习数控机床几何精度的检验方法，能够使用工具检验直线度、平面度、平行度、垂直度以及旋转部件的径向圆跳动、轴向窜动及轴向圆跳动，能够完成机床几何精度的项目验收及合格证的填写。

学习准备

1. 查阅资料认识工具并了解其使用方法。
2. 查阅资料了解数控机床的几何精度标准。

学习目标

1. 掌握数控机床几何精度的检验方法。
2. 能够根据出厂合格证对数控机床几何精度进行验收。
3. 会查阅数控机床精度验收的相关标准。

一、数控机床几何精度检验项目

数控机床的几何精度检验主要包括：直线运动的直线度、平行度、垂直度；回转运动的轴向窜动及径向圆跳动；主轴与工作台的位置精度等。机床的几何精度会复映到零件上去。主要的几何精度分类如下。

1. 部件自身精度检验项目

1）床身水平：将精密水平仪置于工作台上，分别测量 X、Y 轴方向的水平，通过调整垫铁或支承钉达到要求。

2）工作台面平面度：用平尺、等高量块、指示器测量。床身水平和工作台面平面度是几何精度测量的基础。

3）主轴精度：分为主轴径向圆跳动和主轴轴向窜动的检测。主轴径向圆跳动的检测：在主轴锥孔中插入测量心轴，用指示器在近端和远端测量，体现主轴旋转轴线的状况；主轴轴向窜动的检测：在主轴锥孔中插入专用心轴（钢球），用指示器测量。

4）X、Y、Z 轴导轨直线度：用精密水平仪或光学仪器进行测量。该项目影响零件的形状精度。

2. 部件间相互位置精度

1）X、Y、Z 3个轴移动方向相互垂直度：用直角尺和指示器进行测量。该项目影响零件的位置精度。

2）主轴旋转中心线和3个移动轴的关系：包含主轴和 Z 轴平行、主轴和 X 轴垂直、主轴和 Y 轴垂直，测量方法为在主轴锥孔中插入测量心轴，用平尺指示器和直角尺来进行检测。该项目影响零件的位置精度。

3）主轴旋转轴线与工作台面的关系：立式机床为垂直度、卧式机床为平行度，使用测量心轴、指示器、平尺和等高量块进行检测。该项目影响零件的位置精度。

机床几何精度有些项目是相同的，有些项目依机床品种而异，检验中应注意某些几何精度要求是相互牵连和影响的。例如车床主轴轴线与尾座轴线同轴度误差较大时，可以通过适当调整机床床身的地脚垫铁来减少，但这一调整同时又会引起导轨平行度误差的改变。因此，数控机床的各项几何精度检验应在一次检验中完成，否则会造成顾此失彼的现象。

检验中，还应注意消除检验工具和检验方法造成的误差。例如检验机床主轴回转精度时，检验心轴自身的振摆、弯曲等造成的误差；在表架上安装千分表和测微仪时，由于表架的刚性不足而造成的误差；在卧式机床上使用回转测微仪时，由于重力影响，造成测头抬头位置和低头位置时的测量数据误差等。

机床冷态和热态时的几何精度是有区别的。机床检验应按国家标准规定，在机床预热状态下进行，即接通电源以后，使机床各移动坐标往复运动几次，使主轴以中等的转速运转几十分钟后再检验。下面以立式加工中心为例介绍数控机床几何精度的检验方法。

二、立式加工中心几何精度检验

立式加工中心几何精度检验见表 8-2-1。

表 8-2-1 立式加工中心几何精度检验

序号	检验名称	检验方法	精度/mm	
			允差值	实测值
1	X 轴轴线运动的直线度 a）在 Z-X 垂直平面内 b）在 X-Y 水平面内	 a) b) 使用平尺或钢丝或直线度反射器都应置于工作台上，如主轴能锁紧，则指示器或显微镜或干涉仪可装在主轴上，否则检验工具应装在机床的主轴箱上 测量线应尽可能靠近工作台的中央	$X \leqslant 500:0.01$ $X > 500 \sim 800:0.015$ $X > 800 \sim 1250:0.02$ $X > 1250 \sim 2000:0.025$ 任意 300 测量 长度上为 0.007 $X \leqslant 500:0.01$ $X > 500 \sim 800:0.015$ $X > 800 \sim 1250:0.02$ $X > 1250 \sim 2000:0.025$ 任意 300 测量长度 上为 0.007	

（续）

序号	检验名称	检验方法	精度/mm	
			允差值	实测值
2	Y 轴轴线运动的直线度 a) 在 $Y\text{-}Z$ 垂直平面内 b) 在 $X\text{-}Y$ 水平面内	a) b) 平尺或钢丝或直线度反射器都应置于工作台上,如主轴能锁紧,则指示器或显微镜或干涉仪可装在主轴上,否则检验工具应装在机床的主轴箱上 测量线应尽可能靠近工作台的中央	$Y\leqslant500:0.01$ $Y>500\sim800:0.015$ $Y>800\sim1250:0.02$ $Y>1250\sim2000:0.025$ 任意 300 测量长度上为 0.007 $Y\leqslant500:0.01$ $Y>500\sim800:0.015$ $Y>800\sim1250:0.02$ $Y>1250\sim2000:0.025$ 任意 300 测量长度上为 0.007	
3	Z 轴轴线运动的直线度 a) 在平行于 X 轴轴线的 $Z\text{-}X$ 垂直平面内 b) 在平行于 Y 轴轴线的 $Y\text{-}Z$ 垂直平面内	a) b) 角尺或钢丝或直线度反射器都应置于工作台中央,如主轴能锁紧,则指示器或显微镜或干涉仪可装在主轴上,否则检验工具应装在机床的主轴箱上	$Z\leqslant500:0.01$ $Z>500\sim800:0.015$ $Z>800\sim1250:0.02$ $Z>1250\sim2000:0.025$ 任意 300 测量长度上为 0.007 $Z\leqslant500:0.01$ $Z>500\sim800:0.015$ $Z>800\sim1250:0.02$ $Z>1250\sim2000:0.025$ 任意 300 测量长度上为 0.007	

（续）

序号	检验名称	检验方法	精度/mm	
			允差值	实测值
4	*Z* 轴轴线运动和 *X* 轴轴线运动的垂直度	步骤 1）将平尺或平板平行于 *X* 轴轴线放置 步骤 2）通过直立在平尺或平板上的直角尺检查 *Z* 轴线 如主轴能锁紧，则指示器可装在主轴上，否则指示器应装在机床的主轴箱上。应记录角度 *α* 的值（小于、等于或大于 90°），用于参考和可能进行的修正	0.02/500	
5	*Z* 轴轴线运动和 *Y* 轴轴线运动的垂直度	步骤 1）将平尺或平板平行于 *Y* 轴轴线放置 步骤 2）通过直立在平尺或平板上的直角尺检查 *Z* 轴线 如主轴能锁紧，则指示器可装在主轴上，否则指示器应装在机床的主轴箱上。应记录角度 *α* 的值（小于、等于或大于 90°），用于参考和可能进行的修正	0.02/500	
6	*Y* 轴轴线运动和 *X* 轴轴线运动的垂直度	步骤 1）将平尺或平板平行于 *X* 轴线（或 *Y* 轴线）放置 步骤 2）通过放置在工作台上并一边紧靠平尺的直角尺检验 *Y* 轴线（或 *X* 轴线） 也可以不用平尺来进行本检验，将直角尺的一边平行一条轴线，在直角尺的另一边上检查第 2 条轴线 如主轴能锁紧，则指示器可装在主轴上，否则指示器应装在机床的主轴箱上。应记录角度 *α* 的值（小于、等于或大于 90°），用于参考和可能进行的修正	0.02/500	

（续）

序号	检验名称	检验方法	精度/mm	
			允差值	实测值
7	主轴轴向窜动	应在机床的所有工作主轴上进行检验 当使用非预加负荷轴承时,应施加轴向力	0.005	
8	主轴锥孔轴线的径向 圆跳动 a:靠近主轴端部 b:距主轴轴端部 300mm 处	应在机床的所有工作主轴上进行检验,应 至少旋转两整圈进行检验 注:旋转检验棒 90°、180°、270°后,重新将 其插入主轴锥孔,在每个位置分别检测。4 次检测的平均值即为主轴锥孔轴线的径向 圆跳动误差	a:0.007 b:0.015	
9	主轴轴线和 Z 轴轴线 运动的平行度 a)在平行于 Y 轴轴线 的 Y-Z 垂直平面内 b)在平行于 X 轴轴线 的 Z-X 垂直平面内	将 X 轴线置于行程的中间位置 对于 a):如果可能,将 Y 轴锁紧 对于 b):如果可能,将 X 轴锁紧。 注:旋转主轴 180°,重复测量 1 次,取两次 读数的算术平均值为最终测量值	300 测量长 度上为 0.015	

（续）

序号	检验名称	检验方法	精度/mm	
			允差值	实测值
10	主轴轴线和 X 轴轴线运动的垂直度	如果可能，将 Z 轴锁紧。平尺应平行于 X 轴线放置。此垂直度误差也能从检验项目推出，其相关误差之和不超过这里所示的公差。应记录角度 α 的值（小于、等于或大于90°），用于参考和可能进行的修正	300 测量长度上为 0.015	
11	主轴轴线和 Y 轴轴线运动的垂直度	如果可能，将 Z 轴锁紧。直角尺测量边应平行于 Y 轴线放置，或在测量中考虑该平行度误差。此垂直度误差也能从检验项目推出，其相关误差之和不超过这里所示的公差。应记录角度 α 的值（小于、等于或大于90°），用于参考和可能进行的修正	300 测量长度上为 0.015	
12	工作台面的平面度	将 X 轴和 Y 轴置于工作行程中间，量表置于工作台面中央及两端 3 个位置附近与直规接触，并沿工作台面移动，分别求读出数值的最大差，以其最大值作为测量值。也可用精密水平仪以两锁法做同样测定	$L \leqslant 500 : 0.020$ $500 < L \leqslant 800 : 0.025$ $800 < L \leqslant 1250 : 0.030$ $1250 < L \leqslant 2000 : 0.040$ 任意 300 测量长度上为 0.012	

（续）

序号	检验名称	检验方法	精度/mm	
			允差值	实测值
13	工作台面和 X 轴轴线运动间的平行度	如果可能，将 Y 轴锁紧。指示器测头近似地置于刀具的工作位置，可在平行于工作台面放置的平尺上进行测量。如主轴能锁紧，则指示器可装在主轴上，否则指示器应装在机床的主轴箱上	$X \leqslant 500:0.02$ $X > 500 \sim 800:0.025$ $X > 800 \sim 1250:0.03$ $X > 1250 \sim 2000:0.04$	
	工作台面和 Y 轴轴线运动间的平行度	如果可能，将 X 和 Z 轴锁紧。指示器测头近似地置于刀具的工作位置，可在平行于工作台面放置的平尺上进行测量。如主轴能锁紧，则指示器可装在主轴上，否则指示器应装在机床的主轴箱上	$Y \leqslant 500:0.02$ $Y > 500 \sim 800:0.025$ $Y > 800 \sim 1250:0.03$ $Y > 1250 \sim 2000:0.04$	
14	工作台面和 Z 轴轴线运动间的垂直度 a）在平行于 X 轴轴线的 Z-X 垂直平面内 b）在平行于 Y 轴轴线的 Y-Z 垂直平面内	a) b) a）如果可能，将 X 轴锁紧 b）如果可能，将 Y 轴锁紧 直角尺或圆柱形角尺置于工作台中央。如主轴能锁紧，则指示器可装在主轴上，否则指示器应装在机床的主轴箱上	0.02/500 0.02/500	

（续）

序号	检验名称	检验方法	精度/mm	
			允差值	实测值
15	工作台基准 T 形槽和 X 轴线运动间的平行度	如果可能，将 Y 轴锁紧。如主轴能锁紧，则指示器可装在主轴上，否则指示器应装在机床的主轴箱上。如果有定位孔，应使用两个与该孔配合且突出部分具有相同直径的销定位，平尺应紧靠它们放置	0.025/500	

任务实施

测量立式加工中心垂直度和主轴径向圆跳动。

任务实施 1　测量 Y 轴轴线运动和 X 轴轴线运动间垂直度（在 XY 平面内）。

步骤 1　用抹布将工作台面及方尺擦拭干净，然后把方尺放置在工作台上。

步骤 2　将磁力表座吸在主轴侧边上，表针垂直压在方尺沿 X 轴运动的面上。

步骤 3　移动 X 轴，让方尺两端对 0，确定检验基准，如图 8-2-1 所示。

步骤 4　将磁力表座重新吸在主轴上，表针垂直压在方尺 Y 轴的基准面上。

步骤 5　移动 Y 轴进行检验，查看是否垂直，千分表读数，即为 X 轴与 Y 轴的垂直度，如图 8-2-2 所示。

图 8-2-1　X 轴与 Y 轴垂直度检验——X 轴检验

图 8-2-2　X 轴与 Y 轴垂直度检验——Y 轴检验

任务实施 2　测量主轴锥孔径向圆跳动。

步骤 1　将主轴检验棒安装在主轴上，磁性表座吸附在工作台表面上。

步骤 2　使表头与主轴轴线垂直，摆放到能触碰到检验棒最高点即可。

步骤 3　压表至检验棒最顶端，关闭主轴使能手动盘动主轴，此时记录读数，即为靠近主轴端部锥孔的径向圆跳动，如图 8-2-3 所示。

步骤 4　压表至检验棒末端 300mm 处，同样手动盘主轴，记录读数，即为距主轴端部 300mm 处锥孔的径向圆跳动（取下检验棒，同向旋转检验棒 90°、180°、270° 后重新将其插入主轴锥孔，在每个位置分别检测。4 次检测的平均值即为主轴锥孔轴线的径向圆跳动误差）。

图 8-2-3　主轴径向圆跳动——
靠近主轴端部检验

问题探究

卧式加工中心的检验项目、极限偏差与立式加工中心的精度检验有哪些不同？

任务 3　数控设备切削加工精度检验

任务描述

通过学习能够分析试切件的任务图样，完成试切件的加工，并能认识试切件的精度检验项目及检验合格标准。

学习准备

1. 查阅资料了解精度检验的方法以及检验项目。
2. 查阅资料了解精度检验的过程。

学习目标

1. 掌握数控机床工作精度的检验项目及方法。
2. 能够完成试切件的加工，并对试切件进行精度检验。

任务学习

一、孔加工循环指令

1. 钻孔循环指令 G81 和 G82

指令格式：G98/G99　G81 X ＿ Y ＿ Z ＿ R ＿ F ＿；
　　　　　 G98/G99　G82 X ＿ Y ＿ Z ＿ R ＿ P ＿ F ＿；

指令说明：G81 指令主要用于钻加工定位孔和孔深小于 5 倍直径的孔，如图 8-3-1 所示。G82 指令与 G81 指令的区别是在孔底有进给暂停，孔底平整、光滑，适用于不通孔、锪孔加工，如图 8-3-2 所示。

钻孔过程如下：

动作 1：钻头在安全平面内快速定位到孔中心（初始点）。

动作 2：钻头沿 Z 轴快速移动到 R 点。

动作 3：钻孔。

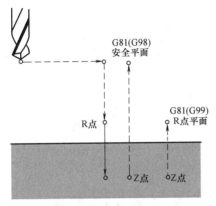

图 8-3-1 钻孔循环指令 G81

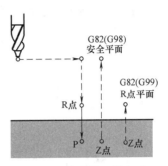

图 8-3-2 钻孔循环指令 G82

动作 4：孔底暂停（G82 有此动作，G81 无此动作）。

动作 5：快速回退到安全平面或 R 点平面。

2. 深孔钻削循环指令 G73 和 G83

指令格式：G98/G99　G73/G83　X __ Y __ Z __ R __ Q __ F __;

指令说明：深度大于 5 倍孔径的孔为深孔，深孔加工不利于排屑和散热，故采用间歇进给，每次进给深度为 Q，最后一次进给深度≤Q。G73 指令的退刀量 d 由系统设定，如图 8-3-3 所示。G83 每次进刀 Q 后快速返回到 R 面，更有利于小孔径深孔加工中的排屑，如图 8-3-4 所示。

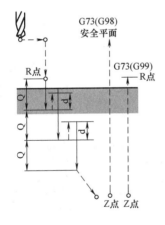

图 8-3-3 高速啄式钻孔指令 G73

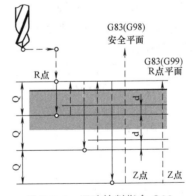

图 8-3-4 深孔钻削指令 G83

深孔钻过程如下：

动作 1：钻头在安全平面内快速定位到孔中心（初始点）。

动作 2：钻头沿 Z 轴快速移动到 R 点。

动作 3：钻孔，深度为 Q。

动作 4：退刀，退刀量为 d（G73）或退回 R 点平面（G83）。

动作 5：重复动作 3、动作 4 直至要求的加工深度。

动作 6：快速回退到安全平面或 R 点平面。

3. 镗孔循环指令 G85 和 G86

指令格式：G98/G99　G85/G86　X ___ Y ___ Z ___ R ___ F ___；

指令说明：G86 指令除了在孔底位置主轴停止并以快速进给向上提升外，与 G85 指令相同。如图 8-3-5、图 8-3-6 所示。

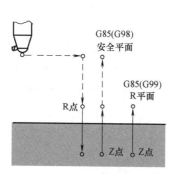

图 8-3-5　镗孔循环指令 G85

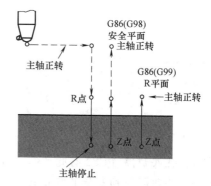

图 8-3-6　镗孔循环指令 G86

镗孔过程如下：

动作 1：镗刀在安全平面内快速定位到孔中心（初始点）。

动作 2：镗刀沿 Z 轴快速移动到 R 点。

动作 3：镗孔加工。

动作 4：主轴停（G86 有此动作，G85 无此动作）。

动作 5：镗刀快速回退到安全平面或 R 点平面。

4. 精镗孔循环指令 G76

指令格式：G98/G99　G76　X ___ Y ___ Z ___ R ___ Q ___ F ___ K ___；

指令说明：G76 与 G85 指令的区别是，G76 指令在孔底有 3 个动作：进给暂停、主轴准停（主轴定向）、刀具沿刀尖的反向移动 Q 值，然后快速退出，当镗刀退回到 R 点或安全平面上时，刀具中心即回退到原来位置，且主轴恢复转动。Q 值一定是正值，偏移方向可用参数设定选择+X、+Y、-X 及-Y 的任何一个。指定 Q 值时不能太大，以避免碰撞工件，如图 8-3-7 所示。

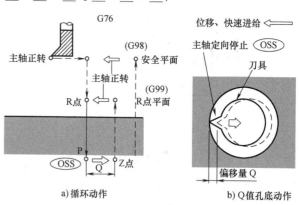

图 8-3-7　精镗循环指令 G76

精镗过程如下：

动作 1：镗刀在安全平面内快速定位到孔中心（初始点）。

动作 2：镗刀沿 Z 轴快速移动到 R 点。

动作 3：镗孔加工。

动作 4：进给暂停、主轴准停（主轴定向）、刀具沿刀尖的反向移动 Q 值。

动作 5：镗刀快速回退到安全平面或 R 点平面。

二、旋转指令 G68、G69

指令格式：G68 X＿ Y＿ R＿；

指令说明：以给定点（X，Y）为旋转中心，将图形旋转 R 角。如果省略（X，Y），则以程序原点为旋转中心。

例："G68 R60；"表示以程序原点为旋转中心，将图形旋转 60°。

"G68 X15．Y15．R60；"表示以（15，15）点为旋转中心将图形旋转 60°。

"G69；"关闭旋转功能 G68。

三、试切件图样分析

试切件通常采用铸铁或铸铝材质，并使用压紧方式来完成加工。轮廓加工完成后，采用三坐标测量机完成试切件几何公差的检验，检验项目如图 8-3-8 所示。试切件的最终形状应由下列加工形成：

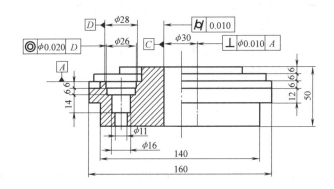

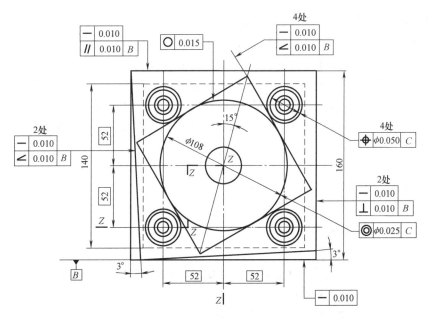

图 8-3-8 试切件图样检验项目

1）通镗位于试件中心、直径为 30mm 的孔。

2）加工边长为 160mm 的外正方形。

3）加工正方形上面边长为 108mm 的菱形（对角线倾斜 75°的正方形）。

4）加工菱形上面直径为 108mm、高为 6mm 的圆台。

5）在外正方形两边上加工角度为 3°或正切值为 0.05、深为 6mm 的倾斜面。

6）镗削直径为 26mm 的 4 个孔和直径为 28 mm 的 4 个孔；在距试件中心处定位这些孔。

7）加工边长为 140mm 的正方形底座，钻削直径为 11mm 的 4 个孔和直径为 16mm 的 4 个孔（此项加工需要预加工完成，用来装夹和找正工件，所加工轮廓不作为精度检验项目）。

加工中心加工的零件加工精度差，一般是由于安装调整时各轴之间的动态误差没调好，或由于使用磨损后，机床各轴传动链有了变化（如丝杠间隙、螺距误差、轴向窜动等）。可经过重新调整及修改间隙补偿量来解决。

当动态跟踪误差过大而报警时，可检查：伺服电动机转速是否过高；位置检测元件是否良好；位置反馈电缆接插件是否接触良好，相应的模拟量输出锁存器、增益电位器是否良好，相应的伺服驱动装置是否正常。

机床运动时超调引起加工精度差可能是加、减速时间太短，可适当延长速度变化时间；也可能是伺服电动机与丝杠之间的连接松动或刚性太差，可适当减小位置环的增益；也可能是两轴联动时的圆度超差，这种变形可能是机械未调整好造成的。轴的定位精度不好，或是丝杠间隙补偿不当，会导致过象限时产生圆度误差。

任务实施

任务要求：采用毛坯尺寸为 170mm×170mm×50mm 的铸铝，根据图 8-3-8 所示，完成试切件加工。

步骤 1：试切件预加工工艺分析与程序编写。

试切件所需检验轮廓，由于装夹定位等条件限制，需要进行预加工。试切件预加工分为两个工序完成：使用压板或平口钳装夹工件，完成正方形底座 140mm×140mm×20mm 铣削加工，完成一个工序加工；翻转工件（如压板装夹需要找正工件），由于试切件在加工时，使用 M10 内六角螺栓通过菱形边之外的正方形底座上的 4 个 $\phi11mm$ 和 $\phi16mm$ 的孔固定，故预加工二工序需要完成 4 个 $\phi11mm$ 和 $\phi16mm$ 的孔加工，高度尺寸也可根据安装方法确定，如图 8-3-8 所示。其加工程序如下：

O0001；

G90 G17 G69 G40 G80；（程序初始化）

G54；（G54 坐标系原点在工件中心）

M06 T1；（$\phi20mm$ 立铣刀铣削）

M03 S2000；

G00 X100.0 Y100.0；（定位到毛坯外面，准备正方形底座 140mm×140mm×20mm 铣削加工）

Z-20.0；（下刀到指定深度）

G41 G01 X70.0 D1.0 F300；（建立左刀补）

Y70.0；

Y-70. 0；

X-70. 0；

Y70. 0；

X100. 0；

G0 Z100. 0；

G91 G28 Z0. 0；

M30；

O0002；

G90 G17 G69 G40 G80；（程序初始化）

G54；（G54 坐标系原点在工件中心）

M06 T2；（中心钻定位 ϕ11mm 和 ϕ16mm 的孔）

M03 S3000；

G00 X52. 0 Y-52. 0；

Z3. 0；（定位到孔中心）

G98 G81 Z-3. 0 R3. 0 F600；（钻中心孔）

Y52. 0；

X-52. 0；

Y-52. 0；

G80 G00 Z100. 0；

M05；

M06 T3；（用 ϕ11mm 麻花钻钻削 ϕ11mm 孔）

M03 S1000；

G00 X52. 0 Y-52. 0 Z3. 0；

G98 G73 Z-53. 0 R3. 0 Q8 F300；（开始钻孔）

Y52. 0；

X-52. 0；

Y-52. 0；

G80 G0 Z100. 0；

M05；

M06 T4；（用 ϕ16mm 扩孔孔加工 ϕ16mm 孔（或铣削加工））

M03 S700；

G00 X52. 0 Y-52. 0 Z3. 0；

G98 G81 Z-38. 0 R3. 0 F450；（开始扩孔）

Y52. 0；

X-52. 0；

Y-52. 0；

G80；

G28 G91 Z0；

M30；

步骤 2：试切件加工工艺分析与程序编写。

预加工完成后，翻转找正工件，用 M10 的螺栓固定，完成中心直径 30mm 孔、160mm×160mm×12mm 的长方体、108mm×108mm×6mm 的菱台、菱台上面 φ108mm×6mm 的圆台、在长方体两边上角度为 3°（正切值为 0.05）且深为 6mm 的倾斜体、直径为 26mm 的 4 个孔和直径为 28mm 的 4 个孔的加工。加工时，需进行粗加工、半精加工、精加工（镗孔精加工留余量 0.03~0.1mm，铣削精加工铣削宽度留余量 0.05~0.15mm）。注意铣削精加工时采用顺铣加工，以保证加工精度。其加工程序如下：

O0003；

G90 G17 G69 G40 G80；（程序初始化）

G54；（G54 坐标系原点在工件中心）

M06 T5；（用 φ30mm 镗刀镗削直径 30mm 的孔）

M03 S3000；

G00 X0 Y0；

Z3；

G98 G76 Z-53.0 Q0.5 R3.0 F300；（镗孔，需要把刀具调整好）

G80 G0 Z100.0；

M05；

M06 T6；（用 φ26mm 镗刀镗削直径 26mm 的孔）

M03 S3500；

G00 X0 Y0；

X52 Y-52.0；

Z3.0；

G98 G76 Z-24.0 Q0.5 R3.0 F400；（镗孔，需要把刀具调整好）

Y52.0；

X-52.0；

Y-52.0；

G80 G0 Z100.0；

M05；

M06 T7；（用 φ28mm 镗刀镗削直径 28mm 的孔）

M03 S3250；

G00 X0 Y0；

X52 Y-52.0；

Z3.0；

G98 G76 Z-24.0 Q0.5 R3.0 F400；（镗孔，需要把刀具调整好）

Y52.0；

X-52.0；

Y-52.0；

G80 G0 Z100.0；

M05；

M06 T8;（用 ϕ20mm 立铣刀铣削）

M03 S4000;

G00 X110.0 Y110.0;（准备长方体 160mm×160mm×12mm 的铣削加工）

Z-31.0;（下刀到指定深度）

G41 G01 X80.0 D8 F500;（建立左刀补）

Y80.0;

Y-80.0;

X-80.0;

Y80.0;

X110.0;

Z-6.0;（提刀到直径 108mm 圆台深度，加工 ϕ108mm×6mm 的圆台）

G0 X54.0;

G01 Y0 F500;（定位到圆台起点）

G02 I-54.0;

G01 Y5.0;

G00 Z3.0;

G68 X0 Y0 R30.0;（加工 108mm×108mm×6mm 的棱台）

Y80.0;

G01 Z-12.0 F500;

Y54.0;

Y-54.0;

X-54.0;

Y54.0;

X80.0;

G00 Z3.0;

G69;

G68 X0 Y0 R3;（加工角度为 3°、深为 6mm 的倾斜体）

X110.0 Y-80.0;

G01 Z-18.0 F500;

X-80.0;

Y110.0;

G00 Z100.0;

G40 G69;（取消刀具补偿指令，取消旋转指令）

G91 G28 Z0;

G91 G28 X0 Y0;

M30;（程序结束）

问题探究

在数控机床加工精度的验收过程中，对于试切件的选择通常考虑哪些要素？

任务4　数控设备验收单

任务描述

通过学习了解数控设备验收项目及流程，能够完成项目验收单的填写。

学习准备

1. 查阅资料了解数控设备的验收项目。
2. 查阅资料了解数控设备的验收流程。

学习目标

1. 掌握数控机床的验收项目及流程。
2. 能够正确填写验收单。

任务学习

数控机床的验收往往以设备到厂至设备调试完成，验收交付给用户期间的各工作流程完成情况作为验收项目验收，即验收单。验收单由设备厂家提供，用户填写此期间的每一事项是否完成。

数控机床的验收流程因设备不同而稍有不同，大部分都会涉及物品清点、机床外观检查、吊装、安装调试、几何精度验收和试切件加工精度验收等工作。下面以立式加工中心验收项目的内容为例做具体分析。

1. 机床包装检查及物品清点

拆箱前应仔细检查包装箱外观是否完好无损；拆箱时，先将顶盖拆掉，再拆箱壁；拆箱后，应先找出随机携带的有关文件，比对装箱单进行物品的清点，包括机床各零部件、线缆及随机资料的清点。机床的随机技术文件包括机床使用说明书、装箱单、合格证、维修配套目录。各文件应齐全、准确。

2. 机床外观的检查

检查机床有无破损、外部部件是否坚固、机床各部分连接是否可靠、数控柜中 MDI/CRT 单元和位置显示单元、各印制电路板及伺服系统各部件是否有破损，伺服电动机外壳有无磕碰痕迹。

3. 吊运安装

按机床安装地基图布置机床垫铁位置，将设备吊运到指定地点。数控机床吊运应单箱吊装，防止冲击振动，具体吊装方法应严格按说明书上的吊装图进行，注意机床的重心和起吊位置。

4. 粗调整精度

粗调整精度主要调整机床水平精度。将数控机床放置于地基上后，应在机床的主要工作面（如机床导轨面或装配基面）上找正水平精度，使地脚螺栓均匀地受力。在压紧地脚过程中，床身不能产生额外的扭曲和变形。

5. 地基灌浆

粗调结束后进行地基灌浆。地基灌浆应没过地脚盘，避免地脚悬空。如果水泥下沉，造成地脚盘悬空，应采用二次灌浆。（小型立式加工中心基本不采用地基灌浆，粗调整精度和精调整精度项可合并调试项目。）

6. 精调整精度

通电开机后，精调整找平时应选取一天中温度较稳定的时间进行。应避免使用会引起机床变形的安装方法，避免引起机床变形，从而引起机床各项精度变化，使机床精度和性能受到破坏。在机床精度精调整结束后，需使用球杆仪和激光干涉仪补偿机床精度。对于安装的数控机床，水泥地基的干燥有一定的过程，因此在机床运行数月或一年后需再次精调一次床身水平，以保证机床的长期工作精度，提高机床几何精度的保持性。

7. 机床动作及相关检验（详见本项目任务1）

注意以下安全功能的检验：

1）整机和各部件的安全防护是否符合设计图样和厂标的规定。

2）机床运转过程中，按下急停按钮后，主轴及各进给轴必须立刻停止动作。

3）各进给轴电气设定的软、硬极限，必须安全可靠。

4）润滑泵无法正常工作、低油位报警或过载报警，断路器跳开时，各进给轴不允许动作。

5）气源压力低于0.45MPa时，主轴、刀库、防护间换刀门不允许动作。

6）主轴工作过程中，松夹刀气缸、防护间门以及刀库不允许动作。

7）主轴未达到设定转速时，各进给轴不允许动作。

8）主轴夹刀未到位时，主轴不允许动作，刀库不允许动作。

9）主轴松刀未到位时，刀库不允许动作。

10）主轴进入换刀区域后，冷却液泵不允许工作。

11）冷却液箱低液位报警时，冷却液泵不允许工作。

12）机床试车过程中，电气柜温度不得超过35℃。

13）排屑器电动机工作正常，排屑器按标牌指示方向旋转。

14）机床照明灯、三色灯工作正常（机床正常，无任何报警信息，三色灯黄灯亮；机床运行程序时，绿灯亮；机床有任何报警，红灯亮；黄灯、红灯不允许同时亮）。

15）机床各报警信息正确可靠。

8. 几何精度验收（详见本项目任务2）

机床的几何精度检验应在低速（手动或机动）状态下进行，在检验方法中未对机床部件位置做特殊要求时，应使移动部件分别位于其行程中间位置。

9. 试切件加工精度验收（详见本项目任务3）

10. 教育培训

11. 其他（特殊要求）

1）整机和各部件的安全防护是否符合设计图样和标准规定。

2）机床防护罩和防护间是否安全可靠；危险部位是否设置了警告标志。

3）机床电气开关部位是否设置了"注意安全"警告标志，其他部位电气安全防护是否符合规定。

问题探究

收集资料，总结大型龙门加工中心与立式加工中心数控设备验收事项的区别。

项目小结

同学们根据项目学习内容通过文字、绘图、思维导图的形式来总结整个项目，并描述自己的收获。

拓展训练

根据所学知识，总结试切件的加工特点，分析数控车床的几何精度检验项目，完成数控车床试切件图样绘制，并完成试切件加工。

参 考 文 献

[1] 龚仲华. 数控机床故障诊断与维修 [M]. 北京：高等教育出版社，2012.

[2] 刘永久. 数控机床故障诊断与维修技术（FANUC 系统）[M]. 2 版. 北京：机械工业出版社，2019.

[3] 张丽华. 数控编程与加工 [M]. 北京：北京理工大学出版社，2014.

[4] 韩鸿鸾，董先. 数控机床机械系统装调与维修一体化教程 [M]. 北京：机械工业出版社，2014.

[5] 王侃夫. 数控机床控制技术与系统 [M]. 3 版. 北京：机械工业出版社，2017.